Werner Gruber
DIE GENUSSFORMEL

Werner Gruber

DIE GENUSSFORMEL

Kulinarische Physik

Mit einem Vorwort von
Johanna Maier

*illustriert von
T. Wizany*

ecoWIN

Werner Gruber
Die Genussformel
Kulinarische Physik
Salzburg: Ecowin Verlag GmbH, 2008
ISBN: 978-3-902404-59-6

Unsere Web-Adressen:
www.ecowin.at
www.diegenussformel.at
www.sciencebusters.at
www.wizany.eu

1 2 3 4 5 6 7 8 / 10 09 08

Alle Rechte vorbehalten
Lektorat: Arnold Klaffenböck
Cover: www.kratkys.net
Coverfoto: Martin Vukovits
Illustrationen: Thomas Wizany
Copyright © 2008 by Ecowin Verlag GmbH, Salzburg
Gesamtherstellung: Druckerei Theiss GmbH, A-9431 St. Stefan, www.theiss.at
In Österreich gedruckt

Inhaltsverzeichnis

Vorwort 9

Was hat Kochen mit der höheren Wissenschaft zu tun? .. 11
    Hypothesen, Theorien und Experimente 11
    Vorurteile – so, wie wir es schon immer
    gemacht haben 22
    Berühmte Wissenschafter, die sich mit dem Kochen
    beschäftigt haben 24
    Forderungen der Kochkunst 28
    Temperaturen – welche Bereiche? 35
    Chaos in der Küche 35
    Rezepte zu diesem Kapitel 37

Kampf ums Gulasch 41
    Theorie des Auskühlens und Erwärmens 41
    Warum ein Deckel? 44
    Wie wärmt man sich eine Packerlsuppe? 48
    Wie wärmt man sich eine Dose Gulasch und
    Linsen mit Speck? 48
    Eine Sulz kommt nicht allein 50
    Das perfekte Gulasch – warum man es verbrennen soll? 54
    Chili, Pfeffer und Tabasco – wie gefährlich
    ist das Zeug wirklich? 63
    Rezepte zu diesem Kapitel 67

Das Spiegelei schlägt zurück 73
    Die Geheimnisse des Eies 73
    Wie lange kocht man ein Drei-Minuten-Ei? 79

Warum darf man Eier nicht zu hart kochen? 84
Wie gewinnt man beim Eierpecken zu Ostern? 88
Der eigentümliche Eierkocher 90
Von Ochsenaugen und Spiegeln 92
Die Mayonnaise mit Abgang und ihre Schwestern 99
Rezepte zu diesem Kapitel 108

Die Rückkehr des guten Geschmacks 115
Warum sprengt man Fleisch? – das perfekte Steak 117
Das Wiener Schnitzel und die Völkerwanderung 127
Slow Food und Ultra-Fast Food 138
Der Schweinsbraten mit einer geräuschvollen
Kruste 144
Die Thermodynamik einer Weihnachtsgans 151
Mit heißem Fett und hohen Temperaturen 159
Rezepte zu diesem Kapitel 162

Bewegte Flüssigkeiten und Gase – rollende Knödel 175
Die Physik der Knödel 175
Dämpfen um jeden Preis 180
Grillen oder Barbecue? 181
Rezepte zu diesem Kapitel 185

Osmose und Diffusion 191
Die Opferwurst 191
Der perfekte Tafelspitz gelingt nur den wenigsten 194
Rezepte zu diesem Kapitel 198

Mit Lichtgeschwindigkeit zurück in die Zukunft 205
Mikrowellen kochen – warum überhaupt? 205
Rezepte zu diesem Kapitel 214

Von Beilagen und mehr 219
Die Sahelzone des Salats 219

Die Körnung des Kartoffelpürees 221
Rezepte zu diesem Kapitel 222

Die wunderbare Welt der Saucen 227
Zu Besuch bei Frau Maier in Filzmoos 227
Die einfachste Sauce 228
Mehl – der Klassiker 230
Rezepte zu diesem Kapitel 232

Im Wendekreis der Torten 237
Das Wiener Rosinengugelhupfproblem 237
Von Torten und Kuchen 241
Schnee aus Eiern 247
Schaumgebäck, Windbäckerei, Baiser, Meringues
oder Spanischer Wind 251
Diverse Omeletts und Salzburger Nockerl 252
Wie mache ich den Teig mürbe? 255
Sandig – und doch gut 255
Der Biskuitteig – flaumig und flauschig 256
Der Strudelteig – einmal wieder selbst gemacht 256
Der gebrannte Teig 257
Mit Pilzen zur perfekten Flaumigkeit – der Germteig .. 258
K. u. K. – Kekse und Karamell 259
Rezepte zu diesem Kapitel 261

Das trauen Sie sich nie – von Molekülen
und Gastronomie!? 267
Rezepte zu diesem Kapitel 271

Die Genussformel 273

Lexikon 283

Wörterbuch: Österreichisch-Deutsch 291

Literatur 295

Anhang 297
   Wichtige Temperaturen für die Zubereitung
   von Speisen 297
   Wichtige Maßeinheiten beim Kochen 298

Stichwortverzeichnis 299

Vorwort

Kochen ist auch Experimentieren. Jedem Gericht auf meiner Speisekarte ging eine Idee voraus, die ich dann, den Gesetzen der Natur folgend, umgesetzt habe. Man könnte jetzt sagen: Kochen ist also Physik. Aber ganz so einfach ist es auch wieder nicht. Denn während Physiker die Natur bis ins kleinste Detail erforschen, versuchen wir Köche, aus all diesen kleinen Details wieder ein neues, großartiges Ganzes zu erschaffen. Es gibt im Grunde nichts, was dem Kochen so nahe steht, als ein Stück lebendige Natur nach seiner Fantasie umzugestalten. Diese Umgestaltung erfordert einen wachen Geist und den Mut, sich über völlig neue Methoden der Kochkunst den Kopf zu zerbrechen.

So war es auch vor etwa fünf Jahren, als sich Werner Gruber für mein Rinderfilet interessierte. Er wollte wissen, warum dieses Gericht bei mir so vollkommen anders geschmeckt hat als jedes andere Rinderfilet, das er bis dahin gekostet hatte. Sein Interesse ging sogar so weit, dass sich das Technische Museum hochoffiziell für mein Rinderfilet interessierte. Gruber bat, mir bei der Arbeit über die Schulter blicken zu dürfen. Ich experimentierte damals sehr viel mit Garen in der Klarsicht- oder Alufolie. Dabei fand ich heraus, dass Fleisch wunderbar zart wird. Vor allem, wenn es darin eingewickelt in einem köchelnden Wasserbad solange gart, bis eine Kerntemperatur von 55 °C erreicht ist.

Seit dieser Zeit ist Gruber auch ein Freund unseres Hauses. Uns verbindet beide die Lust, dass wir ständig über die angestammten Grenzen unseres jeweiligen Berufsstandes hinausblicken. Ein Koch hat sich vor etwa zehn Jahren kaum für Physik interessiert. Und ein Physiker hat sich damals nur in den seltensten Fällen Gedanken darüber gemacht, wie seine Forschungsergebnisse beim Kochen eingesetzt werden können. Davon ist übrigens erstaunlicherweise das Service-Personal ausgenommen. Denn da hat die Physik schon länger Tradition. Mein Ehemann Dietmar etwa forderte Gruber gleich bei seinem ersten Besuch in unserem Haus an der Bar mit physikalischen Tricks heraus. Denn Dietmar hat schon vor Jahrzehnten im Saisongeschäft an der Bar unsere Gäste auf diese Weise unterhalten. Von Gruber wollte er wissen, wie man ein Ei, das mit der Spitze nach unten in ein Sektglas gesteckt wird, umdrehen kann, ohne dabei weder das Glas noch das Ei zu berühren. Auch das ist im Grunde kinderleicht. Man muss nur fest in das Glas hineinblasen. Der Luftdruck hebt das Ei und dreht es um. Sollte es nicht gelingen und das Ei geht dabei zu Bruch, dann müssen Sie sich auch nicht ärgern. Schlagen Sie in diesem Buch einfach das Kapitel „Das Spiegelei schlägt zurück" auf. Dann werden Sie sehen, wie einfach mit Eiern raffinierte Gerichte zubereitet werden können.

Und sollten Sie sich gefragt haben, warum sich ein Physiker ausgerechnet jetzt mit einem Buch über die Kochkunst meldet, obwohl noch nie so viele Kochbücher wie heute erschienen sind, dann kann ich nur antworten: Gerade deshalb! Denn dieses Buch führt Sie weg von einem Kochprinzip, das ich gerne „Malen nach Zahlen" nenne. Dieses Prinzip kann zwar helfen, aber es wird Ihre Kreativität nicht anregen. Und Grubers Tipps und Tricks helfen Ihnen garantiert, wenn Sie beim Kochen nicht nur kopieren, sondern auch gestalterisch tätig sein wollen. Oder – um mit den Worten von Voltaire zu sprechen: „Die Bibel erklärt Gott den Kindern. Newton erklärt Gott den Weisen." In diesem Sinn: Viel Spaß beim Lesen.

Johanna Maier

Was hat Kochen mit der höheren Wissenschaft zu tun?

Hypothesen, Theorien und Experimente

Meist verbindet man mit der Wissenschaft, insbesondere mit der Physik und Chemie, exakte Begriffe und weltumspannende Erklärungen. Die Physik kann erklären, wie das Universum entstanden ist, warum der Himmel blau ist und warum man das Licht sowohl als Teilchen als auch als Welle betrachten kann. Alle Physikerinnen und Physiker rund um den Globus wissen, was Energie oder eine Kraft ist. In den Naturwissenschaften werden allgemein gesprochen sehr exakte Begriffe verwendet. Damit steht die Wissenschaft in einem krassen Widerspruch zur Kochkunst. Manchmal findet man Rezepte, die da lauten könnten: „Man nehme einen Teelöffel davon, rühre dies langsam unter jenes und stelle es bei geringer Hitze auf den Herd …"

Für mich als Physiker ergeben sich da ein paar Fragen. Sind alle Teelöffel weltweit gleich groß? Ist der Teelöffel gestrichen oder gehäuft, und gibt es einen Unterschied, ob ich einen Teelöffel Reis oder einen Teelöffel Mehl nehme?

Bitte schön, was heißt langsam? Eine Zigarettenlänge, die Dauer, wie lange ich benötige, um ein Achterl Wein zu trinken, oder gleich ein Krügerl Bier? (Hinweis für die Leserinnen und Leser aus Deutschland: Ein Achterl Wein entspricht einem Achtelliter Wein, und ein Krügerl Bier ist der umgangssprachliche Ausdruck für einen halben Liter Bier.) Früher wurden Zeitangaben beim Kochen auch mit dem Rezitieren von Gebeten angegeben: „Man rühre den Teig drei ‚Vaterunser' lang …"

Und was heißt „bei geringer Hitze"? Für einen Tieftemperaturphysiker sind −190 °C eine satte hohe Temperatur, während für einen Nuklearphysiker die hohen Temperaturen erst bei ein paar zig Millionen Grad anfangen.

Jetzt könnten Sie einwenden, dass doch jeder, der kocht, weiß, was so ungefähr damit gemeint ist. Aber da ersuche ich Sie doch, etwas Vorsicht walten zu lassen. So ungefähr kochen kann jeder, und essen kann man viel – auch wenn es nicht so perfekt schmeckt, wie man gerne möchte. Manchmal sind es die kleinen Details, die zwischen Vollkommenheit und Durchschnitt entscheiden. Sie, geneigte Leserin und werter Leser, haben sich mit dem Kauf des Buches für Perfektion in der Küche entschieden.

Nun aber zu den Antworten. Die Begriffe „langsam" und „bei niederer" Temperatur sollte man unbedingt meiden. Sie haben weder in der Wissenschaft noch in der Küche etwas zu suchen.

Die Frage nach der Größe des Teelöffels lässt sich schon leichter beantworten. Sie müssen nur in der Tabelle am Anfang oder am Ende des jeweiligen Kochbuches nachsehen, und schon finden Sie die Antwort. Dort sollte die genaue Gewichtsangabe für die jeweiligen Küchengrößen, zum Beispiel wie viel eine Messerspitze und wie groß der Unterschied zwischen einem Kaffee- und einem Teelöffel ist, stehen. Leider kann man keine allgemeine Aussage bezüglich des Gewichts treffen, dass man zum Beispiel festlegt, ein Kaffeelöffel entspricht fünf Gramm. Beim Mehl liegen die einzelnen Stärkekörner viel enger aneinander, während sich beim Grieß mehr Luft zwischen den einzelnen Körnern befindet. Es ist schon sinnvoll, einmal die richtigen Größen in der eigenen Küche zu definieren. Letzten Endes dient es ja nur Ihnen, um vollkommenere Speisen zu erhalten.

Wir Naturwissenschafter haben es einfach, denn wir verwenden SI-Einheiten. Das Internationale Einheitensystem, abgekürzt SI (von frz.: Système International d'Unités), wurde 1960 eingeführt und ist heute das weltweit am weitesten verbreitete Einheitensystem für physikalische Größen. Es regelt alle wichtigen Größen und definiert sie: die Länge (ein Meter), die Masse (ein Kilogramm), die Zeit (Sekunde), die Stromstärke (Ampere), die Temperatur (Kelvin), die Stoffmenge (Mol) und die Lichtstärke (Candela). Aus diesen sieben Größen folgen alle anderen physikalischen Größen, wie zum Beispiel die Spannung. Als Physiker sollte ich in diesem Buch, wenn ich nach SI vorgehen würde, eigentlich Kelvin und nicht Grad Celsius als Temperaturangabe verwenden, aber das möchte ich Ihnen ersparen.

Damit kann man auch gleich die Frage beantworten, wodurch sich ein gutes Kochbuch auszeichnet. Natürlich lässt sich diese Frage nur sehr subjektiv beantworten. Für alle, die gerne in Bilderbüchern blättern und sich einen Gusto holen wollen, ist das Geschriebene eher unwichtig. Möchten Sie aber selbst Hand anlegen, so sollten es nicht die Bilder sein, die für eine Kaufentscheidung wichtig sind. Elementar ist die Tabelle über die Gewichtsangaben von einer Messerspitze, einem Teelöffel und so weiter. In diesem Buch finden Sie die Tabelle im Kapitel „Wichtige Maßeinheiten beim Kochen".

Ein zusätzliches Qualitätskriterium sind die Erklärungen im Kochbuch bei den Rezepten. Entscheidend ist auch, dass beschrieben wird, wo man manche Zutaten erhält. Es ist schön, wenn von den tollsten Gewürzen geschrieben wird, aber keiner weiß, wo man diese beziehen kann. Bestehen noch offene Fragen, und finden Sie dort ehrliche Kommentare? Es gibt nur ganz wenige Bücher mit Rezeptbeschreibungen, die wirklich vollständig sind. Meist wird etwas – sogar ohne böse Absicht – verschwiegen, weil dem Autor selbst nicht klar ist, was gemeint ist. Oftmals wird auch der kritische Teil eines Rezepts nicht ausführlich genug beschrieben. Das kann daran liegen, dass der Autor es selber nicht besser weiß oder weil er gerne ein paar Geheimnisse für sich bewahren will.

Damit sind wir auch schon beim nächsten großen Unterschied zwischen der Wissenschaft und der Kochkunst. Wie werden Daten weitergegeben? Gerade die ältere Generation hat sehr ungern die Familienrezepte herausgerückt. Mit den Worten „Das ist geheim" oder „Das darf ich leider nicht verraten" wurden die besten der besten Rezepte wie ein Augapfel gehütet. In der Wissenschaft ist es genau umgekehrt. Jede Wissenschafterin beziehungsweise jeder Wissenschafter ist glücklich, wenn sie oder er etwas veröffentlichen kann. Dabei handelt es sich meist um eine neue Erkenntnis, und man hofft, dass besonders viele aus dem Kollegenkreis von der Erkenntnis erfahren und diese dann ebenfalls wieder weitergeben. Wer die meisten und natürlich auch die besseren Forschungsergebnisse hat, gilt als der Bessere unter seinesgleichen.

Leider verhält es sich bei Rezepten in der Küche etwas anders. Eigentlich ist es schade, denn wenn man stirbt, geht etwas Wunderbares für immer verloren. Es muss wieder neu entdeckt werden. Würde die Wissenschaft so arbeiten wie manche Damen und Herren in der Küche mit der Weitergabe von Rezepten, so wären wir immer noch mit einem Faustkeil in der Steinzeit. Darum möchte ich Ihnen, geschätzte Leserinnen und Leser, anbieten, Ihre Rezepte für die Ewigkeit zu konservieren. Klicken Sie die Webpage *www.diegenussformel.at* an und veröffentlichen Sie Ihre besten Rezepte – natürlich unter Ihrem Namen und mit Angabe der Herkunft. Diese Rezepte werden dann allen weiteren Generationen kostenlos zur Verfügung stehen – zumindest solange es das Internet gibt.

Dass das Verschwinden von Familienrezepten ein großes Problem darstellt, habe ich schmerzhaft feststellen müssen, als meine Großmutter mütterlicherseits gestorben ist. Sie hatte zwar alle Rezepte aufgeschrieben, allerdings in Maßeinheiten, die man nur sehr schwer nachvollziehen kann. So lautete ein Rezept: „Man nehme ein Maria-Taferl-Häferl Milch und gieße diese über zwei Frühstückshäferl gefüllt mit Mehl und ..." Zum großen Glück hatten wir noch alle Häferl, und nachdem sich meine Mutter die Mühe gemacht hatte, alles auszumessen, konnten diese wunderbaren Rezepte bewahrt werden.

Aus dieser Erkenntnis wurde mir vor ein paar Jahren das schönste Geschenk zu Weihnachten zuteil. Meine Mutter schrieb nach jedem Mittagessen das genaue Rezept auf, nachdem sie gekocht hatte, und legte es in einen Ordner. Nach einem Jahr war die Mappe fast vollständig mit ein paar hundert Rezepten gefüllt – ein ideales Weihnachtsgeschenk. Da meine Mutter zum Glück noch lebt, konnte ich diese Rezepte auch nachkochen und allfällige Fragen stellen. Dabei darf man allerdings nicht vergessen, diese Antworten dann auch den Rezepten beizufügen.

Übrigens erkennt man an den Korrekturen in den Kochbüchern, wie gut und vor allem wie oft jemand wirklich kocht. Meist ist es ja so, dass man ein, zwei Rezepte hat, die man perfekt beherrscht und dafür auch bewundert wird. Aber die anderen Kochergebnisse sind eher durchschnittlich. Man nimmt ein Rezept aus einem Kochbuch, probiert es aus, und es wird nicht so gut wie erwartet. Dann stellt man sich Fragen, wie man denn das Rezept verbessern könnte: „Was wäre, wenn ich dieses oder jenes Gewürz hinzufügen oder weglassen würde, oder könnte ich nicht eine Variation in der Reihenfolge der Zubereitung durchführen?"

Damit kommt man zu Verbesserungsvorschlägen. Es hat sich aber nicht bewährt, über Verbesserungsvorschläge lauthals zu diskutieren, wenn man wo eingeladen ist – außer man möchte den Kontakt zu dem Gastgeber sowieso abbrechen. Diese Verbesserungsvorschläge werden in der Wissenschaft als Hypothese bezeichnet. Es ist wichtig, diese Hypothesen auch zu überprüfen. Zum Glück braucht man nur einen Herd, um diese Hypothesen zu kontrollieren. Also kocht man das gleiche Rezept noch einmal und verändert einzelne Parameter (mehr oder weniger Gewürze, längere oder kürzere Bratdauer, niedrigere oder höhere Temperatur). In der Wissenschaft wird dieser Vorgang als Experimentieren bezeichnet. Mit einem Experiment überprüfen wir eine Hypothese. Das Gericht schmeckt nachher besser, gleich gut oder schlechter. Dies wird alles noch von den Hausfrauen und Hausmännern durchgeführt.

Aber jetzt käme der wichtigste Teil in der Wissenschaft: die Dokumentation. Ich glaube nicht, dass Sie an ein und demselben Rezept, zum Beispiel einem Hirschbraten mit Pfeffersauce mit böhmischen Knödeln und Preiselbeergelatine, wochenlang herumexperimentieren. Einerseits würde die eigene Familie nach ein paar Tagen Hirschbraten – egal wie gut er ist – revoltieren, und andererseits ist das Hirschfleisch auch nicht gerade billig. Also werden Sie das Rezept erst wieder in ein paar Wochen oder sogar erst in der nächsten Saison erneut ausprobieren. Hand aufs Herz: Wie gut können Sie sich nach ein paar Wochen noch an Ihre Hypothese erinnern? Für diesen Fall gibt es eine wunderbare Erfindung: die Post-its. Auf diesen kleinen Zettelchen kann man die Verbesserungsvorschläge notieren und die Kochbücher schonend markieren. Übrigens, in der Naturwissenschaft verwendet man sogenannte Laborjournale. Dabei handelt es sich um Bücher, in die man alles – wirklich alles – hineinschreibt, was man sich zu diesem oder jenem Experiment denkt.

Aber Vorsicht! So sehr ich meine Mutter schätze, aber ihr Fehler bei der Hypothesenbildung besteht darin, dass sie nicht nur einen Parameter ändern will, sondern gleich mehrere. Sie lässt den Braten etwas länger im Rohr, gleichzeitig fügt sie noch ein neues Gewürz hinzu und variiert vielleicht auch noch die Beilage. Vom Standpunkt der Wissenschaft ist dies nicht besonders ratsam

– außer man möchte gleich ein neues Rezept entwickeln. Dabei ist dann wiederum alles erlaubt.

Man sollte nur die Parameter gleichzeitig ändern, die unabhängig voneinander sind. So hat im Regelfall die Bratdauer mit der Menge des verwendeten Salzes sehr wenig zu tun. Beides dürfte man variieren. Man stellt dann beispielsweise fest, dass das Fleisch vielleicht etwas zu durch, dafür aber geschmacklich exzellent ist. Damit hat man mit einem Experiment gleich zwei Parameter überprüft. Beim nächsten Mal muss man nur mehr die Bratdauer berichtigen und ist zufrieden.

Aber leider ist es im Regelfall nicht ganz so einfach. Viele Gewürze entfalten ihren Geschmack erst nach einer bestimmten Zeit, andere Gewürze reagieren sehr empfindlich auf Temperaturen und werden zerstört. Leider gibt es eine Abhängigkeit des Geschmacks von der Koch- beziehungsweise der Brattemperatur und der -dauer sowie den Gewürzen. Also sollte man hier nur einen Parameter ändern: die Menge oder die Art der Gewürze ODER die Brat- beziehungsweise die Kochdauer ODER die Temperatur. Leider kann man diese Aussage auch nicht verallgemeinern. So ist es bei einem Gulasch ziemlich egal, ob man mehr oder weniger Paprikapulver nimmt, außer dass es geschmacklich fader oder aber würziger wird. Aber hier hängen die Faktoren Kochdauer und Würzen nicht voneinander ab. Anders sieht es mit dem Pfeffer aus. Geben Sie etwas fein gemahlenen Pfeffer in eine Sauce, so sollte dies erst in den letzten Minuten erfolgen. Einige Moleküle der Pfefferaromen werden durch eine zu hohe Temperatur zerstört oder dampfen nach längerer Zeit einfach ab. Wir haben dann die wunderbaren würzigen Aromen in der Luft, und in der Sauce bleibt die beißende scharfe Würze übrig. Hier besteht eine Abhängigkeit von Würze, Temperatur und der Zeitdauer. Beim Pfeffern müssen Sie höllisch aufpassen – immer erst ganz zum Schluss in eine Sauce geben.

Sie sehen also, dass Kochen sehr viel mit Wissenschaft zu tun hat. Sobald Sie Hypothesen aufstellen, diese mit Experimenten überprüfen, die Ergebnisse dokumentieren und an andere weitergeben, sind Sie auf dem richtigen Weg. Es ist völlig unerheblich, ob Sie mit einem Herd Experimente zum Kochen machen oder in einem HiTech-Labor an einem Quantenradierer bauen: Solange Sie nur exakt und genau arbeiten und die Ergebnisse wiederholbar sind, dürfen Sie sich als Wissenschafterin oder als Wissenschafter bezeichnen. Eine Theorie, die Sie dann aufstellen, muss folgende Kriterien erfüllen: Messbarkeit, Wiederholbarkeit, Vorhersagbarkeit und Widerspruchsfreiheit.

Was bedeutet dies für das Kochen? Bei der Messbarkeit ist es einfach: Mehrere Personen, die in keinem Abhängigkeitsverhältnis zu Ihnen stehen, müssen unabhängig voneinander Ihr Rezept als gut, sehr gut oder als fantastisch bezeichnen. Wenn Sie diese Kriterien vervollkommnen möchten, sollten Sie zu Doppelblindstudien greifen. Ziemlich aufwendig, aber für eine perfekte Kochtheorie …

Das Kriterium der Wiederholbarkeit sollte auch leicht erfüllbar sein. Wenn Sie dasselbe Rezept wieder auf die gleiche Art zubereiten, sollte das Gericht genauso schmecken wie beim letzten Mal. Die Ausrede, dass das Fleisch das letzte Mal besser war oder die Zutaten frischer waren, gilt nicht. Wiederholbarkeit bedeutet, dass Sie eben wieder nur frische Zutaten verwenden sollten.

Bei der Vorhersagbarkeit ist es in der Küche schwierig. Im Bereich des Geschmacks kann man leider keine Vorhersagbarkeit treffen, da die einzelnen Aromen miteinander harmonieren können oder auch nicht. Das kann man nur durch Ausprobieren feststellen. Wer hätte geglaubt, dass Vanilleeis und Kürbiskernöl zusammenpassen? Ich, ehrlich gesagt, nicht. Trotzdem wurde es ein Renner. Bezüglich des Geschmacks ist im Moment noch keine echte Vorhersagbarkeit möglich, aber die Lebensmitteltechniker arbeiten daran.

Bei den anderen Parametern von Speisen, wie der Luftigkeit von Torten oder der Mürbheit von Fleisch oder der Verteilung von Aromen, können sehr wohl Vorhersagen getroffen werden. Damit ist natürlich auch eine Widerspruchsfreiheit gegeben. Für die Aussage „Fleisch zieht sich ab einer Temperatur von über 80 °C zusammen" darf es keine andere Theorie beziehungsweise kein anderes Experiment geben, die diese Aussage widerlegen. Sonst läge ein Widerspruch vor, und die schöne Theorie müsste durch eine neue ersetzt werden.

Für die exakte Arbeit in der Küche benötigen wir auch exakte Angaben. Dass man die Zutaten abwiegen sollte, versteht sich von selbst. Auch gehen die Uhren in Europa überall gleich genau, und damit kann man die Zubereitungsdauer auch leicht bestimmen. Aber leider hapert es mit den Temperaturen. Man kann die Einstellungen einer Elektroherdplatte nicht mit den Einstellungen einer Gasherdplatte vergleichen. Die Unterschiede sind einfach zu groß. Die Elektroherdplatte wird langsam heiß, und sie bleibt noch lange warm, auch wenn sie schon längst ausgeschaltet ist. Bei der Gasherdplatte ist es wieder anders. Sie liefert immer eine hohe Temperatur, aber abhängig von der jeweiligen Einstellung kann nur die Größe des erhöhten Temperaturbereiches variiert werden. Dafür ist das Gas spritziger. In der Pfanne wird es sofort sehr heiß, daher kann man extrem gut Fleisch oder Gemüse braten.

Zum Glück brauchen wir bei den Platten nicht so viele Einstellungen. Entweder wird die maximale mögliche Hitze benötigt, oder das Lebensmittel soll nur leicht köcheln. Das bedeutet, es dürfen nur ein paar oder überhaupt keine Dampfbläschen entstehen. Diese drei Einstellungen reichen in der Regel aus. Natürlich sind sie bei jedem Herd anders, und selbstverständlich macht es auch einen Unterschied, ob Sie einen großen oder einen kleinen Topf verwenden. Benötigen Sie aber genaue Temperaturangaben über den Kochvorgang, so messen Sie bitte nicht die Herdplatte, sondern messen Sie im Kochgut. Wenn Sie Wasser mit einer Temperatur von 62 °C benötigen, so messen Sie mit einem Thermometer auf halber Wasserhöhe die Temperatur.

Ganz anders sieht es beim Backrohr aus. Ich habe Ihnen von den wunderbaren und köstlichen Rezepten meiner Mutter und auch den möglichst exakten Angaben zu den einzelnen Speisen erzählt. Als sie mir die Rezeptmappe überreichte, musste ich einiges sofort ausprobieren, vor allem ihre flaumigen Torten. Leider waren meine Ergebnisse nicht besonders berauschend. Nach etlichen Telefonaten zwischen meiner Mutter und mir konnten wir das Rätsel lösen. Unsere Backrohre stammten zwar vom selben Hersteller, aber ich musste Torten bei einer um 10 °C höheren Temperatur backen als meine Mutter.

Nun sollte man meinen, dass die Temperatur von zum Beispiel 180 °C in Ansfelden genauso groß ist wie in Wien. Physikalisch ist das so. Die Temperatur ist vom Ort unabhängig. Aber leider ist der Regelmechanismus bei den Herden nicht unbedingt als perfekt zu bezeichnen. Ich habe Backrohre ausgemessen, bei denen die Temperatur vom eingestellten Wert um bis zu 20 °C abwich. Gerade für Torten macht es einen gewaltigen Unterschied, ob Sie eine Torte bei 180 °C oder bei 200 °C backen. Deshalb empfehle ich Ihnen, entweder einen sehr teuren Herd oder ein billiges Backrohrthermometer zu kaufen. Dieses gibt es schon ab fünf Euro, und es macht sich nach der ersten gelungenen Torte bezahlt. Diese Thermometer arbeiten ziemlich präzise, und nach ein paar Einsätzen wissen Sie auch ganz genau, wie die Einstellungen des Backrohrs zu wählen sind, damit im Inneren wirklich 180 °C herrschen.

Wenn Sie sich schon ein Backrohrthermometer zulegen, so empfehle ich Ihnen auch gleich den Kauf eines Bratenthermometers, das man in den Braten hineinsticht. Auch diese Anschaffung ist ihren Preis wert. Bitte kaufen Sie sich keine elektronischen Geräte. Diese sind nur überteuert und können auch nicht mehr als die Temperatur anzeigen. Der große Nachteil besteht darin, dass sie nicht hitzebeständig sind und deshalb nicht während des ganzen Bratvorgangs im Fleisch oder in der Torte bleiben können. Man muss jedes Mal das Backrohr öffnen, den Braten oder die Torte herausnehmen, messen und das Ganze wieder in das Backrohr hineinstellen. Dabei kühlt das Gargut aber ab, und die Messung verliert an Aussagekraft. Wenn Sie sich schon etwas Elektronisches kaufen wollen, dann bitte gleich ein elektronisches

Thermometer mit sechs Temperaturfühlern, hitzefesten Kabeln und einem Interface, damit Sie die Messung am Computer überwachen können. Etwa 800 Euro müssen Sie dafür hinblättern – ob sich das lohnt, müssen Sie freilich selbst entscheiden.

Bei den einfachen Bratenthermometern gibt es auch zwei Ausführungen. Einerseits können die Temperaturen eingetragen sein, andererseits gibt es Bratenthermometer, die verschiedene Piktogramme von Tieren anzeigen. Das ist für mathematische Analphabeten gedacht, die keine Zahlen lesen können. Das Bratenthermometer braucht zum Beispiel bloß in ein Hendl (Hühnchen) hineingesteckt werden, und sobald der Zeiger auf das Hendl auf der Skala zeigt, sollte man es aus dem Backrohr herausnehmen. Aber für ein professionelles Rezept eignen sich solche Angaben nicht: „Der Braten sollte eine Temperatur zwischen Schwein und Rind haben"?! Damit macht man sich nicht besonders beliebt. Bitte wählen Sie daher das Bratenthermometer mit der Temperaturskala.

Worauf müssen wir noch achten, wenn man – wissenschaftlich – genau sein will? Richtig, auf die Lebensmittel. Natürlich sagt Ihnen der Hausverstand, dass frische Lebensmittel besser sind als alte – was im Übrigen so nicht stimmt. Aber dazu später. Leider sind Lebensmittel nur sehr beschränkt normiert. In vielen Rezepten finden Sie die Angabe, dass Sie zum Beispiel fünf Eier benötigen. Aber welche Eier sind nun gemeint? Ist es die Größe S oder L oder sogar XL? Man sollte in den Rezepten angeben, welche Eiergröße gemeint ist. Kleiner Tipp am Rande: Werfen Sie einen Blick auf die Packung, dort ist alles verzeichnet. Der Unterschied kann beträchtlich sein. So entspricht ungefähr ein XL-Ei zwei Eiern der Kategorie S (small). In diesem Buch haben die Eier bei den Rezepten die Größe M, also medium, wenn nicht anders angegeben.

Auch beim Fleisch kann es gewaltige Unterschiede geben. Manchmal wird der Braten perfekt, ein anderes Mal ist er zäh, obwohl man sich exakt an die richtige Zeit und Temperatur gehalten hat. Hier gibt es eigentlich nur zwei ziemlich widersprüchliche Lösungen. Kaufen Sie das Fleisch immer beim selben Fleischhauer Ihres Vertrauens, der in der Regel eher teuer ist. Warum teuer? Gerade durch die Lagerung wird das Fleisch mürbe und besser. Allerdings bedeutet das auch, dass Sie die Lagerkosten mitbezahlen müssen. Leider kommt es auch bei diesen Fleischhauern mitunter vor, dass Sie mit der Qualität nicht zufrieden sind.

Bei großen Lebensmittelketten das Fleisch zu kaufen, ist bei Spitzenköchen verpönt, hat aber auch so seine Vorteile. Die Qualität ist in der Regel ziemlich gleichbleibend. Es handelt sich vielfach nicht um die Spitzenware, aber wenn man kochen kann, dann lassen sich auch aus etwas „Schlechterem" wunderbare Speisen zusammenstellen. Mit ein paar Tricks können Sie zu Hause hier noch nachhelfen. Das Ganze ist natürlich auch billiger. Eines sollten Sie aber meiden: Sonderangebote und Filialen von Lebensmittelketten, die klein sind. Mit diesen habe ich schon sehr schlechte Erfahrungen gemacht. Bei Sonderangeboten wurde das Fleisch meist nicht lange genug gelagert, und das Lager musste rasch wieder für neue Waren frei gemacht werden. Bei kleinen Filialen ist das Fleisch manchmal nicht mehr ganz frisch, um nicht zu sagen verdorben. Damit können Sie niemanden beeindrucken.

Vorurteile – so, wie wir es schon immer gemacht haben

Zum Thema „kulinarische Physik" halte ich seit einigen Jahren Kurse an der Volkshochschule Meidling in Wien. Dort werde ich immer wieder gefragt, ob man etwa dieses oder jenes darf? Darauf gibt es nur eine Antwort: Man darf alles. Ob es dann schmeckt, ist eine andere Frage. Gegen die Gesetze der Naturwissenschaft können Sie ohnehin nicht verstoßen, dafür sorgt schon das Universum, und der Rest ist Probieren. Leider wird den Kindern in der Schule das Ausprobieren abgewöhnt. Das ist aber wichtig – sonst gäbe es keinen Fortschritt und damit auch keine besseren Rezepte. Ich hatte das große Glück, einen wunderbaren

Chemielehrer zu haben. Professor Hagenbuchner aus dem BRG Traun hat mir beigebracht, dass man manche Dinge schlicht ausprobieren muss. Dass man vorher über die Hypothese und nachher über das Ergebnis nachdenken sollte, hat er mir zwar auch gesagt, aber das habe ich erst später verinnerlicht. Liebe Leserinnen und geschätzte Leser, probieren Sie doch beim Kochen auch ein bisschen herum. Sie müssen ja das Experiment nicht mit einem ganzen Schwein starten, es reicht vielleicht auch ein kleines Stück davon. Was kann schon passieren? Es schmeckt nicht? Gut – na und? Faschieren, neu würzen, Laibchen daraus formen und in der allergrößten Not Käse dazugeben, dann wird es sicher wieder genießbar. Und wenn etwas gelungen ist, weil Sie etwas probiert haben, so freuen Sie sich doch, nicht wahr?

Aber vergessen Sie eines nicht: Bitte keine Experimente, wenn Gäste kommen. Wirklich. Außer es sind Physikerinnen, Physiker, Chemikerinnen oder Chemiker – die hätten Verständnis. Allerdings müssten Sie dann auch mit Hypothesen Ihrer Gäste rechnen.

Gerade beim Kochen gibt es eine Menge von Vorurteilen. Kochen ist eine Wissenschaft, die gerne ohne naturwissenschaftliche Grundlagen betrieben wurde und durchaus tolle Ergebnisse geliefert hat. Durch Ausprobieren und teilweise auch durch glückliche Zufälle entstanden die besten Rezepte, die sich dann zum Glück erhalten haben. Aber mit der Naturwissenschaft kann man effizienter etwas Neues entwickeln. Man muss sich jedoch von Althergebrachtem lösen, ohne es zu vergessen. Nicht alles, was die Generationen vor uns gemacht haben, war falsch, aber auch nicht alles ist richtig.

Ein Kursteilnehmer hat mir einmal eine nette Geschichte zu diesem Thema erzählt: Die Mutter hatte immer beim Rinderbraten das hintere Stück abgeschnitten und ihn erst dann zubereitet. Die Tochter fragte nach, warum sie denn das hintere Stück Fleisch wegschneidet. Die Mutter: „Na, das hat mir meine Mutter, deine Großmutter, so beigebracht. Wir können sie ja beim nächsten Besuch fragen." Als die beiden bei der Großmutter waren, fragten sie nach, warum man denn das hintere Stück Fleisch beim Rinderbraten wegschneiden sollte. Auch hier lautete die Antwort: „Weil es meine Mutter mir so beigebracht hatte. Fragt doch beim nächsten Besuch die Urgroßmutter." Als die Tochter die Urgroßmutter im Altersheim besuchte, fragte sie diese nach dem Grund für das Entfernen des Fleisches. Diese lachte nur kurz auf und meinte: „Ja, liebes Kind, wir waren damals arm, und die Kasserolle war zu klein. So musste ich jedes Mal etwas Fleisch wegschneiden, damit der Braten in die Kasserolle passte."

Wie Sie sehen, gibt es Gründe, die keine mehr sind. So besteht die Meinung, dass man Fleisch kein zweites Mal mehr einfrieren darf, wenn es einmal aufgetaut wurde. Mit den heutigen Gefriergeräten ist dies aber kein Problem mehr, wenn man es richtig macht.

Ich habe es mir zur Aufgabe gemacht, Altüberliefertes auf seine Richtigkeit zu überprüfen. Manches ist auch heute noch richtig, manches ist zwar richtig, aber die Erklärung ist falsch, und anderes ist reiner Unsinn, den man vermeiden sollte. Natürlich kann man nicht alles überprüfen, aber dafür gibt es ja dieses Buch.

Berühmte Wissenschafter, die sich mit dem Kochen beschäftigt haben …

Nicht erst seit den letzten Jahren beschäftigen sich Physik und Chemie mit dem Kochen. Da gab es früher schon andere Kapazunder, die wesentliche Beiträge für das heutige Kochen geliefert haben.

Einer der Ersten war Denis Papin (1647–1712). Er war sowohl Physiker, Mathematiker und Erfinder als auch Feinspitz. Gerade die Suppen haben es ihm angetan, besonders die Suppen aus Rinderknochen. So überlegte er, ob es nicht möglich sei, die Knochen weich zu kochen, um auch diese genussvoll zu verspeisen. Allerdings konnte man die Knochen solange kochen, wie

man wollte, sie wurden nicht weich. Nach längerer Überlegung kam er auf die Idee, doch einfach die Kochtemperatur zu erhöhen. Vielleicht würden die Knochen dann weich werden. Da Wasser eine Kochtemperatur unter normalen Umständen von maximal 100 °C erreichen kann, muss man die Randparameter ändern. Erhöht man den Druck, so beginnt Wasser erst bei viel höheren Temperaturen abzudampfen. Bei den heutigen Druckkochtöpfen werden Temperaturen von rund 125 °C erreicht. So entwickelte Papin den ersten Druckkochtopf und stellte diese Erfindung der Royal Society, der englischen Akademie der Wissenschaften vor. Zu seinem Unglück explodierte der Druckkochtopf während der Vorführung. Also erfand er auch noch zusätzlich das Sicherheitsventil, und ab nun konnte der Druckkochtopf gefahrlos verwendet werden. Über die genauen Drücke beziehungsweise über die erreichten Temperaturen ist leider nichts bekannt.

Papin erfand ebenso die erste funktionierende Dampfmaschine und das U-Boot, das er auch im Jahr 1669 höchstpersönlich selber ausprobierte. – Leider erfuhr er niemals, dass Knochen nicht weich gekocht werden können. Sie würden bei höheren Temperaturen einfach verdampfen. Natürlich gibt es die Möglichkeit, den Kalk in den Knochen mit Salzsäure aufzulösen. Dadurch würde der Rest der Knochen weich werden – aber wirklich gesund und vor allem schmackhaft wäre das nicht mehr.

Ein anderer wichtiger Physiker, der sich für die Naturwissenschaft des Kochens interessierte, war Sir Benjamin Thompson, Reichsgraf von Rumford (1753–1814). Als Experimentalphysiker und Erfinder hatte er einen bedeutenden Anteil an der Weiterentwicklung der Wärmelehre. Er erkannte als Erster, dass Wärme kein Stoff ist, der in einem Gegenstand steckt, sondern dass beispielsweise Wärme durch Reibung entstehen kann. Als es Thompson nach München verschlug, um dort die Armee zu reformieren, war er so über die Armut und das Elend der einfachen Soldaten bestürzt, dass er zum Sozialreformer wurde. Durch seine naturwissenschaftlichen Kenntnisse konnte er den Leuten direkt helfen. Er erfand einen geschlossenen Herd, der nur die Hälfte des sonst üblichen Brennstoffes benötigte. Damit konnten sich arme Leute viel Geld sparen.

Ebenfalls erfand er die sogenannte Rumford-Suppe, ein billiges, aber nahrhaftes Eintopfgericht, das europaweite Verbreitung in der Armenfürsorge fand. Hauptbestandteil der Rumford-Suppe waren Kartoffeln, die bislang von der bayrischen Bevölkerung misstrauisch abgelehnt wurden. Sie bestand aus einigen Kilogramm Perlgraupen, gelben Erbsen, Brot, etwas Salz, Sauerkraut, vier Pfund Speck oder Fleisch, dafür aber aus vielen Kartoffeln und Wasser. Die Rumford-Suppe wurde als schmackhaft beurteilt und daraufhin auch weltweit in den meisten Armenküchen gerne gekocht und ausgeteilt. Im 19. Jahrhundert fand diese Suppe mit weniger Wasser, dafür aber mit Hühnerbrühe und um andere edlere Zutaten verfeinert, Eingang in bürgerliche Kochbücher. In seinen letzten Lebensjahren beschäftigte sich Rumford mit der Erforschung der Kaffeemaschine und der Kaffeezubereitung.

Eine andere wichtige Physikerin ist zwar nicht durch das Kochen berühmt geworden, aber auch für sie war es ein Thema, sich damit zu beschäftigen. Maria Skłodowska mit ihrem Mädchennamen, besser bekannt als Madame Curie (1867–1934), entdeckte das Radium, das Polonium und leistete Bahnbrechendes auf dem Gebiet der Kernphysik. Ihr Schaffen war von einem außerordentlichen Fleiß geprägt. Ihr Problem bestand darin, dass sie zu wenig Zeit für ihre Forschungen hatte. So überlegte sie, wie sie etwas Zeit „sparen" konnte. Mithilfe einiger Berechnungen konnte sie die Zubereitung der Speisen optimieren und damit mehr forschen.

In den letzten Jahren taucht immer wieder ein Begriff auf, der mit der Naturwissenschaft und dem Kochen verknüpft ist: die Molekulargastronomie. Dieser Begriff geht auf den österreichisch-ungarischen Physiker Nicholas Kurti (1908–1998) zurück. Er galt als begnadeter Experimentalphysiker, der hauptsächlich in Oxford lebte. Durch seine wegweisenden Arbeiten auf dem Gebiet der Tieftemperaturphysik wurde er Mitglied der Royal Society und Jahre später ihr Vizepräsident.

Mit einigen Kolleginnen und Kollegen wollte er wöchentlich die aktuellen Probleme der Physik in einem entspannten Rahmen diskutieren. So traf sich die illustre Gesellschaft, die auch kulinarisch verwöhnt werden wollte, jedes Mal in einem anderen Gourmettempel. Allerdings, wer könnte es bei der englischen Küche nicht verstehen, fand das Servierte nicht immer Anklang. Die Mitglieder des angesehenen Zirkels aber gingen physikalisch an das Problem heran und stellten Hypothesen auf, wie man denn die Speisen verbessern könnte. Nach einigen unbefriedigenden Restaurantbesuchen trafen sie sich nur mehr privat, und dann wurde aufgekocht. Viele überlegten sich physikalische Tricks, mit denen man besser kochen konnte. Diese Erkenntnisse wurden schließlich in dem Buch „But the Crackling is Superb", was so viel heißt wie „Die Schweinsbratenkruste ist hervorragend", niedergeschrieben. Kurti wollte mithilfe der Physik kulinarische

Probleme lösen. Er entwickelte einige interessante Rezepte, von denen Sie manche in diesem Buch nachlesen können. Ebenfalls organisierte er ein paar wichtige internationale Workshops zum Thema Molekulargastronomie.

Forderungen der Kochkunst

Warum kochen wir überhaupt? Die Antwort „Weil wir das immer schon so gemacht haben" wäre wohl etwas zu kurz gegriffen. Viele Menschen würden sagen: „Damit wir die Nahrung besser verdauen können." Also können wir festhalten:

- Harte, fasrige, schwer verdauliche Lebensmittel sollen genießbar gemacht werden.

Jeder vernünftige Mensch würde dem zustimmen. Das Problem besteht nur darin, dass sehr wenige Lebensmittel hart, fasrig und schwer verdaulich sind. Spontan fallen mir nur Sellerie, Brokkoli, rote Rüben und Kartoffeln ein. Aber bitte schön, was ist mit dem Rest? Es gibt noch eine zweite zentrale Forderung der Kochkunst:

- Weiche, gummiartige Lebensmittel sollen bissgerecht gemacht werden.

Damit stellt sich die Frage, was man sich unter gummiartigen Lebensmitteln vorstellen kann? Nun, damit ist Fleisch gemeint. Fleisch ist in rohem Zustand nicht hart und fasrig, sondern weich und gummiartig. Erst durch das Zubereiten wird Fleisch hart, und damit kann man es leichter beißen. Das steht in einem krassen Widerspruch zu der Aussage, die man in manchen Kochbüchern findet: Fleisch muss man weich kochen. Aber: Fleisch ist schon weich.

Das Problem liegt in einer sprachlichen Ungenauigkeit. Eigentlich meint man, dass man Fleisch mürbe kochen will. Der Gegensatz weich zu hart sollte eigentlich durch den Gegensatz zäh zu mürbe ersetzt werden. Durch das Kochen wird das Fleisch einerseits fester, andererseits lassen sich die Fasern leichter voneinander trennen – das Fleisch ist mürbe. Aber auch hier gilt wieder: Nicht jedes Fleisch ist zäh. So können Sie einen gut abgehangenen Rinderlungenbraten auch roh verspeisen. Mit ein paar wunderbaren Saucen ist dies eine exzellente Vorspeise. Allerdings haben manche Schwierigkeiten, rohes Fleisch ausreichend gut zu kauen. Deshalb wurde das Beef Tatar erfunden – das Fleisch wird genügend zerkleinert und entsprechend gewürzt. Ich persönlich finde aber, dass es dadurch an Geschmack verliert. Häckselt man das Fleisch, so entsteht Wärme, und ein Teil des Eiweißes beginnt zu gerinnen. Deshalb sollte das Fleisch mit der Hand sehr fein geschnitten oder noch besser geschabt werden. Aber jedem das Seine. Damit sind wir schon bei der dritten zentralen Forderung der Kochkunst:

- Die Speisen sollen gut schmecken.

Damit tun sich Naturwissenschafter freilich schwer. Was heißt gut? Über Geschmack lässt sich nicht streiten – er ist relativ. Der Genuss hängt von vielen Parametern ab. So kann man sagen, dass Speisen, die monoton schmecken, zum Beispiel gekochter Reis, nicht zu einem wahren Genuss führen. Ich persönlich liebe Reis, aber haben Sie einmal versucht, Reis ohne Beilage zu essen? Der erste Bissen schmeckt hervorragend. Der zweite, dritte und vierte Bissen geht auch noch, aber spätestens beim zehnten Bissen können Sie auf den restlichen Reis verzichten. Ohne Abwechslung auf dem Teller gibt es keinen Genuss.

Dann sind da noch die Geschmacksstoffe. Diese können der Eigengeschmack des Lebensmittels sein und durch Gewürze oder auch durch die Zubereitung verändert werden. Allzu oft wird auf den Eigengeschmack des Lebensmittels vergessen und mit vielen Gewürzen das feine Aroma übertüncht. Verstehen Sie mich bitte nicht falsch, ich liebe Gewürze – aber alles mit Maß. Man kann mit einfachen Mitteln, ohne dass es einen großen Zeitaufwand darstellt, dieselbe Beilage so variieren, dass allein die Beilagen eine wunderbare Speise darstellen.

Vor einem Jahr habe ich in einem Restaurant eine wunderbare Martinigans verköstigen dürfen. Die Gans schmeckte hervorragend, der Knödel war ein Gedicht, aber das Kraut hatte mein eigentliches Interesse geweckt. Normalerweise wird entweder Blaukraut (Rotkohl) oder ein gedämpfter Krautsalat gereicht. Aber in diesem Restaurant wurden drei gedämpfte Krautsalate gereicht, und alle drei hatten einen unterschiedlichen Geschmack. Die Variation war vorzüglich, und so schmeckte jeder Bissen anders, aber doch gut. Das brachte mich auf die Idee, dies auch mit anderen Beilagen auszuprobieren: Gleichzeitig wurden als Beilage Reis mit einem Hauch von Curry, Reis natur – ohne Gewürze – und Reis gekocht mit ein paar angebratenen Streifen grünem Paprika geboten. Zumindest bei meinen Gästen kam diese Variation des Geschmacks an. Jeder Bissen ein anderer Geschmack ist durchaus zu empfehlen. Man sollte aber auch hier nicht übertreiben und nicht unbedingt einen Streifzug durch die gesamte Küche der Welt auf einem Teller veranstalten.

Befinden sich Saucen auf dem Teller, so sollten sie nicht zu dick sein. Auch dies hat einen Einfluss auf den Geschmack. Je dickflüssiger die Sauce ist, desto weniger werden wir sie schmecken können. Dies hängt mit der Löslichkeit der Geschmacksstoffe zusammen – sie können dann nicht leicht im Mund abdampfen und die oberen Berciche der Nase erreichen. Nur dort können wir die Aromen der Speise wahrnehmen.

Selbstverständlich hat auch die Zubereitung einen wesentlichen Einfluss auf den Geschmack. Damit werden wir uns in weiten Teilen dieses Buches beschäftigen.

Was zeichnet eigentlich eine gute – eine wirklich gute –, eine weltmeisterliche Speise aus? Jetzt wird natürlich jeder von uns sagen, dass er auch gut kochen kann und ein wahrer Meister seines

Faches ist. Ohne Ihnen nahetreten zu wollen, geschätzte Leserin und werter Leser: Ich glaube, es gibt nur ganz wenige wirklich begnadete Köchinnen und Köche – ich persönlich würde mich nur als durchschnittlich einschätzen. Wäre ich kein Physiker, dürfte ich dieses Buch nicht schreiben. Vor ein paar Jahren wurde ich von einem Museum in einen österreichischen Gourmettempel eingeladen. Es sollte eine Kooperation zwischen der dortigen Köchin, dem Museum und mir besprochen werden. Aber bevor es zu dem Gespräch kam, speisten wir fürstlich. Am Tisch saßen drei Personen, alle mit einem anderen Geschmack, und wir wählten, wie es der Zufall so wollte, alle das gleiche achtgängige Menü. Nachdem das Abendessen verspeist war, hatte ich zwei wesentliche Erkenntnisse gewonnen.

Die erste Einsicht lautete: Eine perfekte Speise schmeckt wirklich allen – nicht nur einem selbst. Alle Speisen, die man selber zubereitet, schmecken einem – außer die Hypothesen waren schlecht gewählt –, sonst würde man etwas anderes kochen. Also kocht man für sich und natürlich auch für jene, die noch am Tisch sitzen. Diese können sich aber nur schwer gegen das Essen wehren. In Familien entwickelt sich im Laufe der Jahre eine Art Familiengeschmack. Es werden bestimmte Gewürze nicht verwendet beziehungsweise kommen gar nicht auf den Tisch, damit der Haussegen nicht schief hängt. Aber bei anderen Familien ist es anders. Natürlich wird in jeder Familie perfekt gekocht, aber würde es auch anderen schmecken, und würden diese dann über 100 Euro dafür zahlen? Wenn dies der Fall ist, eröffnen Sie bitte einen Gourmettempel und erfreuen Sie die Welt mit Ihren Speisen. Die wirklich hohe Kunst des Kochens besteht nun darin, dass tatsächlich alle Gäste nicht nur zufrieden, sondern enthusiasmiert sind. Eine wirklich hohe Kunst …

Die zweite Erkenntnis, die ich gewinnen konnte, war, dass das Ambiente stimmen muss. Gerade wenn wir Nahrung zu uns nehmen, möchten wir ungezwungen sein, was nicht bedeutet, dass man alle Regeln des guten Anstands über Bord fallen lassen muss. Aber erst wenn man sich willkommen fühlt, nicht als ein Fremdkörper, der einem Mühe und Arbeit bereitet, wird Essen zu einem wahren Genuss. Dieses Lokal, von dem ich gerade schrieb, war das „Hubertus" in Filzmoos – bei dieser Gelegenheit ein herzliches Dankeschön an die Familie Maier. Der Vollständigkeit halber möchte ich noch erwähnen, dass es natürlich noch viel mehr Lokale gibt, in denen ich mich sehr wohl gefühlt habe und wo die Köchinnen und Köche auch exzellent kochen können.

Weitere Forderungen an die Speisen wären:

- Das Auge isst mit.

Nur wenn die Nahrungsmittel schön arrangiert sind, kommt wahrer Genuss auf. Fleischlaibchen mit einem lieblos angerichteten Kartoffelpüree können zwar gut schmecken, aber wenn der Charme der Speise fehlt, ist es einfach um das Essen schade. Mit ein paar Kleinigkeiten können Sie Schwung auf den Teller bringen, ohne dass es einen großen Aufwand darstellt. Dazu kann ich Ihnen das Buch von Michael Schuyt und Joost Elffers mit dem Titel „Die Radieschenmaus im Käseloch" sehr empfehlen.

Die letzte Forderung der Kochkunst entspricht eher einem Gesetz.

- Das Gesetz vom letzten Bissen.

Stellen wir uns vor, wir haben eine Hauptspeise und eine Beilage – in meinem Fall ein Wiener Schnitzel mit einem Kartoffelsalat oder ein Schweinsbraten mit Knödel oder ein Gulasch mit Nockerl –, und beides schmeckt gleich gut, dann bleibt, wenn wir mit dem Essen fast fertig sind, beim letzten Bissen also, immer noch eine Kleinigkeit der Hauptspeise und der Beilage übrig. Wir müssen gar nicht daran denken, wir handeln automatisch. Ich kenne Spitzengastronomen, welche sich genau überlegen, ob sie noch eine Kartoffel (einen Erdapfel) auf den Teller legen oder nicht. Es sollte sich alles schön bis zum letzten Bissen ausgehen. Dies gilt allerdings nur, wenn einem beides gleich gut schmeckt.

Wenn allerdings Vorlieben zwischen der Hauptspeise und der Beilage bestehen, dann sieht das Ganze wieder anders aus. Manche essen dann lediglich das, was ihnen auch wirklich schmeckt. Das ist wahrscheinlich das Vernünftigste und Gesündeste. Andere wiederum heben sich das Gute bis zum Schluss auf und verspeisen das weniger Gute zuerst. Wieder andere verspeisen zuerst das Gute, und für den Fall, dass sie noch hungrig sind, verputzen sie auch noch den Rest. Ich persönlich gehöre zu jener Gruppe, der (leider) alles schmeckt, was sich beim Gewicht bemerkbar macht …

Temperaturen – welche Bereiche?

Beim Kochen müssen wir verschiedene Temperaturbereiche unterscheiden. Unter Kochen im klassischen Sinn versteht man das Zubereiten von Speisen bei 100 °C, etwas allgemeiner das Zubereiten von Speisen bei Temperaturen von über 60 °C. Aber man kann hier etwas präziser sein. Es gibt verschiedene Temperaturbereiche, mit denen wir arbeiten. Eine Tabelle finden Sie am Ende des Buches.

Bereitet man Speisen zu, so ist es ratsam zu wissen, welche Temperaturbereiche welche Kochgeräte abdecken. Wie kalt kann der Gefrierschrank werden, wenn es sein muss? Wie kalt ist der Kühlschrank? Oder welche Temperatur kann man mit einer Herdplatte oder im Backrohr erreichen? Gerade die Temperaturen, bei denen sich die Lebensmittel verändern, sind für das Kochen wichtig. Entweder sollte man sie vermeiden – das Zusammenziehen von Bindegewebe –, oder man führt sie bewusst herbei, weil damit geschmacklich etwas bezweckt wird: die Maillard-Reaktion, um mehr Aromen zu haben. Aber dazu etwas später.

Chaos in der Küche

Dass eine Küche sauber und aufgeräumt sein sollte, versteht sich von selbst. Also, warum sollte man hier von Chaos sprechen? Was ist eigentlich Chaos? Darunter versteht man nicht die Unordnung oder den Zustand eines Objektes. Würden Sie meinen Schreibtisch sehen, so würde er manchen von Ihnen als chaotisch erscheinen. Ist er aber nicht, und das soll keine Ausrede sein. Unter Chaos versteht man die Abhängigkeit des Endzustandes eines Prozesses von den Anfangsbedingungen. Die Definition klingt zwar ziemlich theoretisch, ist aber sehr brauchbar. Wenn Sie ein Gulasch zubereiten, so können Sie eine Zwiebel mehr oder weniger nehmen, und das Gulasch wird immer noch gut schmecken. Verwenden Sie eine Zwiebel weniger, wird es etwas weniger nach

Zwiebel schmecken; nehmen Sie eine Zwiebel mehr, wird es stärker danach schmecken.

Aber es gibt auch Rezepte, die extrem von den Anfangsbedingungen abhängen. Bei vielen Teigen ist es wichtig, dass Sie die Zutaten in der richtigen Reihenfolge zusammenrühren. Wenn Sie die Abfolge verändern, erhalten Sie etwas ganz anderes, als Sie sich wünschen. Das Endergebnis hängt sehr stark von den Anfangsbedingungen ab. Solche Rezepte werden als chaotisch bezeichnet. Man muss sehr genau auf die richtigen Mengenangaben und die genaue Zubereitung achten. Diese Form von Rezepten sollte man, so weit es geht, vermeiden.

Ich hielt einmal einen Vortrag über Vanillekipferl. Dabei stellte ich auch die Rezepte meiner beiden Großmütter vor, Sie finden diese in meinem Buch „Unglaublich einfach. Einfach unglaublich". Eine sehr nette Dame kam dann am Ende des Vortrags auf mich zu und erklärte mir, dass ihre Vanillekipferl die besten auf der Welt seien (kann man leicht sagen) und ihr Rezept ganz anders ginge. Dafür müsse man tiefgefrorene Butter mit soundso viel Mehl in einem Mixer bei der höchsten Stufe vermischen und so weiter. Ich habe die Dame dann gefragt, was denn passiert, wenn die Butter nicht gefroren ist, ob man das Ganze mit der Hand vermengt. Die Dame blickte mich mit großen Augen an und meinte: „Na, dann funktioniert das Rezept nicht. Aber man muss sich eben nur exakt an das Rezept halten." Damit sind wir genau beim Problem. Dieses Rezept ist chaotisch und zu vermeiden. Einmal vergisst man eine Kleinigkeit oder schreibt für andere nicht wirklich jedes Detail auf, und schon werden die weltbesten Vanillekipferl nichts mehr als ein paar kümmerliche Krümel.

Rezepte zu diesem Kapitel

Rumford-Suppe
1 Teil   Gerstengraupen
1 Teil   getrocknete (gelbe) Erbsen
4 Teile   Kartoffeln
         etwas Speck
         altes Bier (beliebige Menge)

Alles miteinander vermengen und mit Wasser solange köcheln lassen, bis die Kartoffeln weich sind. Mit Brot servieren.

Beef Tatar
400 g   mageres Rindfleisch, feinst faschiert, besser aber mit einem scharfen Messer sehr fein hacken oder noch besser fein schaben, ganz frisch.
2   Eidotter
2   Essiggurkerl, klein gehackt
1   kleine Zwiebel, fein geschnitten
2   fein gehackte Sardellenfilets
1 TL   Kapern, zerdrückt
1 TL   Schnittlauch
1 EL   Estragonsenf
1 TL   Paprikapulver
         Salz
         Pfeffer aus der Mühle

Zu diesem Rezept gibt es zwei Zubereitungsarten:

1. Art: Man formt aus dem Fleisch eine Kugel und macht in der Mitte eine Vertiefung. In diese Vertiefung wird das rohe Eigelb hineingelegt. Um dieses Fleischbällchen legt man die restlichen Gewürze. Der Gast kann sich dann am Tisch das Tatar selber abmischen und nach seinem eigenen Geschmack zubereiten.

2. Art: Alle Zutaten werden miteinander vermengt und glatt gerührt, kleine Kugeln geformt und sofort serviert.

Man reicht zum Beef Tatar frisch getoastetes Brot mit Butter oder auch Bratkartoffeln.

Steak Tatar

400 g	Lungenbraten, in dünne Scheiben geschnitten
	Salz
	Pfeffer
	diverse Saucen

Das Fleisch appetitlich auf einem Teller anrichten, mit den Saucen dekorieren. (Diverse Saucenrezepte finden Sie in diesem Buch im Kapitel „Von Beilagen und mehr".)

Dazu reicht man frisch getoastetes Brot mit Butter oder mit Bratkartoffeln.

Hirschbraten mit Pfeffersauce mit böhmischen Knödeln und Preiselbeergelatine

1 kg	Hirschfleisch von der Keule, würzen mit Salz und Pfeffer
	ein paar Scheiben Speck, rund 3 mm stark
2	Karotten (Möhren), in Scheiben geschnitten
100 g	Knollensellerie, in Streifen geschnitten
2	große Zwiebeln, fein gehackt
	Rotwein (je besser, umso besser der Braten)
2 EL	Balsamicoessig

Das Hirschfleisch von der Haut und den Sehnen befreien, mit Salz einreiben und mit Pfeffer würzen. In einer Kasserolle kräftig anbraten, bis sich eine dunkle Farbe auf dem Fleisch bildet. Dann die Karotten, Sellerie und Zwiebeln dazugeben und kurz anschwitzen lassen. Mit etwas Rotwein aufgießen und einen halben Liter heißes Wasser dazugeben. Das Fleisch mit dem Speck bedecken. Den Deckel auf die Kasserolle, und ab ins Rohr. Bei 130 °C für rund 90 Minuten braten. Nach rund 50 Minuten Bratdauer den Speck entfernen, den Balsamicoessig hinzufügen und weiterbraten.

Nach der Bratdauer den Deckel entfernen und den Braten in einem warmen Backrohr (rund 60 °C) rasten lassen. Dann in Scheiben aufschneiden, mit der Pfeffersauce garnieren, die böhmischen Knödel dazugeben und garnieren. Nicht nach jedermanns Geschmack, aber interessant: mit Lebkuchenkrümeln garnieren.

Böhmische Knödel
1 kg	Mehl
1 TL	Zucker
	Germ beziehungsweise Hefe (Instant-Germ/-Hefe oder 1 Würfel frische Hefe)
1/3 l	lauwarmes Wasser
2	Eier
2 TL	Salz

Das Mehl mit den Eiern und dem Salz in einer Schüssel vermengen. In einer anderen Schüssel den Germwürfel in lauwarmem Wasser mit Zucker auflösen. Diese Mischung oder direkt den Instant-Germ mit dem Mehl-Dottergemisch vermengen. Den Teig kneten, vielleicht noch mit etwas Wasser oder Mehl versetzen. Der Teig sollte glatt sein und sich leicht von der Schüssel lösen. Ein feuchtes Tuch über die Schüssel geben und warten, bis der Teig aufgeht. Die Schüssel an einen warmen Ort stellen – vielleicht auf einen Heizkörper. Die Menge des Teiges sollte sich verdoppeln.

Aus dem Teig große Rollen formen. Aus dieser Menge gehen sich rund vier bis fünf Rollen aus. Ein großes Gefäß mit Salzwasser erhitzen und die Rollen einlegen. Das Wasser darf nicht kochen, sondern es sollte nur ziehen. Achtung, die Knödel gehen im Wasser nochmals auf – also nicht unbedingt alle Rollen gleichzeitig ins Wasser legen. Nach rund 25 Minuten können die Rollen herausgenommen und in rund zwei Zentimeter starke Scheiben geschnitten werden. Am Teller anrichten.

Besitzen Sie einen Dampfgarer, die Rollen im Dampfgarer zubereiten.

Pfeffersauce
1 l	brauner Wildfond
1/4 l	Sauerrahm
40 g	Mehl
	Pfefferkörner, zerstoßen

2 EL	Preiselbeerkompott oder -marmelade
1 EL	scharfer Senf
	Rotwein, zum Abschmecken

Den Sauerrahm mit dem Mehl verrühren, bis eine glatte Masse entsteht, mit etwas Wildfond versetzen und in den heißen Wildfond einrühren. Der Wildfond darf nicht kochen. Rund fünf Minuten lang köcheln lassen, die zerstoßenen Pfefferkörner dazugeben und noch fünf Minuten lang köcheln lassen. Zum Schluss die übrigen Zutaten dazugeben und nach dem eigenen Gusto abschmecken.

Preiselbeergelee

4 Blatt	Gelatine
5 EL	Zucker
10 EL	Preiselbeeren, mit einer Gabel zerdrückt

Die Gelatine in kaltem Wasser für ein paar Minuten einweichen und dann in einem kleinen Topf bei geringer Hitze unter ständigem Rühren mit etwas Wasser auflösen. Den Zucker einrühren und mit den Preiselbeeren verrühren. In kleine Schüsselchen gießen und über Nacht – nicht im Kühlschrank – kalt stellen. Dann aus den Schüsselchen stürzen und am Teller appetitlich anrichten.

Kampf ums Gulasch

Bevor wir uns mit der Zubereitung eines perfekten Gulaschs beschäftigen können, sollten wir uns etwas mit dem Begriff der Wärme auseinandersetzen. Ohne Wärme erhalten wir nur ein kaltes Gulasch, und das schmeckt nicht.

Theorie des Auskühlens und Erwärmens

Betrachten wir einen Kochtopf mit Wasser. Zugegeben, es gibt Spannenderes, aber es war eine der ganz großen Leistungen der Physik, erklären zu können, was passiert, wenn man diesen Topf erhitzt. Wasser setzt sich aus einzelnen kleinen Molekülen zusammen, die wiederum aus je zwei Wasserstoffatomen und einem

Sauerstoffatom bestehen. Die Wassermoleküle in dem Topf bewegen sich mit unterschiedlichen Geschwindigkeiten. Manche sind schneller, manche langsamer. Damit können wir auch die Temperatur des Wassers erklären. Die Temperatur des Wassers oder eines anderen beliebigen Körpers ist proportional zum Quadrat der durchschnittlichen Geschwindigkeit der einzelnen Moleküle beziehungsweise der Atome. Das bedeutet: Je schneller sich die einzelnen Moleküle im Durchschnitt bewegen, umso höher ist die Temperatur. Man sollte nur Wert darauf legen, dass es sich um die Durchschnittsgeschwindigkeit handelt. Das heißt, es können sich auch einige Moleküle schneller und langsamer bewegen.

Im Alltag verwenden wir auch gerne den Begriff der Wärme. Natürlich hat dieser Begriff auch etwas mit der Temperatur zu tun, es ist aber nicht das Gleiche. Unter der Wärme verstehen wir Physiker die Summe der Bewegungsenergien aller Teilchen. Nun könnte man einwenden, dass die Wärme doch proportional zur Temperatur ist. Aber vergleichen wir einen weiß glühenden Eisennagel mit einer mit lauwarmem Wasser gefüllten Badewanne. In diesem Nagel werden sich die einzelnen Eisenatome schneller bewegen als die Wassermoleküle in der Badewanne. Also ist die Temperatur des Nagels höher als die des Wassers. Aber dafür hat die Badewanne mit dem Wasser eine höhere Wärme. Es gibt mehr Wassermoleküle in der Badewanne, und damit ist auch die Gesamtenergie für die Bewegung eine größere.

Diese Molekül- beziehungsweise die Atombewegung erklärt auch, warum ein Wassertropfen verdunstet. Manche Moleküle bewegen sich schneller als andere. Sie möchten aus dem Wassertropfen abhauen. Aber die langsameren Wassermoleküle versuchen die schnellen im Tropfen zu halten. Für die, die es genau wissen wollen: Es handelt sich um die Wasserstoffbrückenbindung, durch welche die schnellen Moleküle an den Wassertropfen gebunden werden. Zusätzlich sorgt der Luftdruck dafür, dass die „fliehenden" Moleküle in den Wassertropfen hineingedrückt werden. Trotzdem gelingt es einzelnen Molekülen immer wieder,

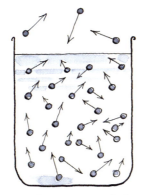 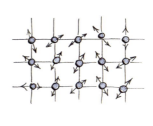

In einem Topf mit Wasser – links – befinden sich Wassermoleküle. Sie sind der Einfachheit halber als kleine graue Kugeln gezeichnet. Sie bewegen sich alle. Manche sind schneller, andere langsamer. Oberhalb des Topfes ist das Wasser verdampft – die einzelnen Moleküle bewegen sich durchschnittlich schneller –, sie haben eine höhere Temperatur. In einem Gas, wie zum Beispiel Wasserdampf, ist der mittlere Abstand höher. Auch in einem Festkörper – rechts – können sich die einzelnen Atome oder Moleküle bewegen. Aber hier können sie nur um ihren Gitterplatz schwingen – manche schneller, manche langsamer.

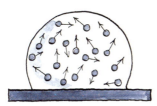 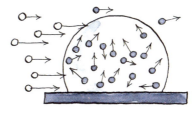

Auch in einem Wassertropfen – links – bewegen sich die einzelnen Wassermoleküle ungeordnet. Durch einen Luftstrom – rechts – werden einzelne Wassermoleküle aus dem Tropfen herausgerissen. Der Tropfen beginnt zu verdampfen.

abzuhauen. Dadurch wird der Tropfen kleiner, und die langsameren Moleküle bleiben zurück.

Jetzt könnte man ganz vorsichtig den Wassertropfen anblasen. Dabei würden sich viele Luftmoleküle über den Wassertropfen hinwegbewegen, und manche dieser Luftteilchen würden einzelne Wassermoleküle herausreißen. Dadurch wird der Wassertropfen schnell kleiner, bis nichts mehr übrig bleibt. Der Wassertropfen ist verschwunden, ohne dass er erwärmt wurde.

Beim Verdampfen von Wasser wird zuerst die Geschwindigkeit der einzelnen Moleküle durch Erhitzen so stark erhöht, dass sich an den heißesten Stellen am Topfboden Dampf bildet. Beobachtet man den Boden eines Topfes mit kochendem Wasser, so erkennt man, dass sich nur an ganz bestimmten Stellen Dampfblasen bilden. An diesen Stellen ist der Topf nicht perfekt gearbeitet, sondern es gibt ganz kleine Spitzen (die so klein sind, dass man sie mit freiem Auge gar nicht erkennt), die sich besonders schnell erhitzen. Dort entstehen rasch Temperaturen von über 100 °C, und das flüssige Wasser wird gasförmig. Wenn man genau hinsieht, erkennt man, dass die Dampfblasen durchsichtig sind. Oberhalb des Topfes bildet sich dann ein Nebel. Dieser wird zwar gerne als Wasserdampf bezeichnet, aber das ist falsch. Es sind kleinste Wassertröpfchen, die an der kalten Luft kondensieren und einen Nebel bilden. Besonders eindrucksvoll kann man dieses Phänomen im Winter in der Nähe eines offenen Fensters beobachten.

Beim Verdampfen erhalten die einzelnen Wassermoleküle durch die Wärmequelle, zum Beispiel durch die Herdplatte, eine so hohe Geschwindigkeit, dass die schnellen Moleküle rasch aus der Flüssigkeit abhauen können. Einerseits wird dadurch die Flüssigkeit im Inneren des Topfes weniger, und andererseits kann keine höhere Temperatur als 100 °C erreicht werden.

Damit stellen sich folgende Fragen: Wie kann man rascher kochen oder Speisen warm halten? Weshalb kühlen Speisen überhaupt aus?

Warum ein Deckel?

Ein Deckel verhindert, dass die schnellen Wassermoleküle an die Umgebung abgegeben werden. Sie können zwar aus dem Wassertopf entweichen, sobald sie aber auf den Deckel treffen, kondensieren sie wieder. Dabei erwärmen sie den Deckel. Sobald der De-

ckel aber die Temperatur des heißen Wassers hat, können sich die einzelnen Wassermoleküle nicht mehr am Deckel festsetzen. Sie gelangen aber auch nicht ins Freie. Also werden sie teilweise wieder ins Wasser zurückkehren, um das Wasser, dieses Mal von oben, zu erwärmen. Kurz gesagt: Ein Deckel verhindert, dass schnelle Wassermoleküle das Gefäß verlassen.

Was macht man aber, wenn man keinen Deckel bei der Hand hat? Sie können zum Beispiel einen flüssigen Deckel aus Öl verwenden. Öl weist eine geringere Beweglichkeit als Wasser auf. Es verdampft erst bei viel höheren Temperaturen. Da Öl auf Wasser schwimmt, sammelt es sich genau zwischen der Luft und der Flüssigkeit. Versuchen die schnellen Wassermoleküle aus der Flüssigkeit abzuhauen, müssen sie durch die Ölschicht. Aber das Öl lässt die Moleküle nicht vorbei. Daher bleiben sie in der Flüssigkeit. Dadurch erhitzt sich die Flüssigkeit sogar schneller, als wenn man einen Deckel verwenden würde.

Natürlich brauchen wir keine zentimeterstarke schwimmende Schicht aus Fett auf der Gulaschsuppe. So wichtig Fett als Geschmacksträger ist, aber Sie sollten es nicht übertreiben. Es reicht schon, wenn sich tausende und abertausende kleinste Fetttröpfchen auf der Gulaschsuppe befinden. Jedes einzelne Tröpfchen hält die schnellen Wassermoleküle zurück. Natürlich gibt es zwischen den Tröpfchen immer noch genügend freien Platz zum Entkommen, aber der ist bedeutend kleiner geworden. Dieses System wird auch bei der Französischen Zwiebelsuppe angewandt. Da verwendet man allerdings Käse, der auf der Oberfläche schwimmt – Käse ist auch nichts anderes als Fett, zumindest für diesen Fall.

Es ist Winter, und Sie haben bei einem der Christkindlmärkte eine feurige Gulaschsuppe erstanden. Sie rühren kräftig um, damit die Suppe etwas auskühlt, um sich nicht die Zunge zu verbrennen, dann nehmen Sie den ersten Löffel zu sich. Natürlich ist am ersten Löffel nur etwas Saft, um den Geschmack der Suppe zu bestimmen. Alles ist in Ordnung, der Geschmack, die Temperatur, und nun langen Sie zu. Sie beladen den Löffel mit dem mürbe gekochten Fleisch, den kleinen Bohnen und den Kartoffelstückchen, alles versetzt mit der roten würzigen Sauce. Sie sind zufrieden, doch auf einmal brennt es im Mund höllisch, und am liebsten würden Sie das ganze Zeug sofort ausspucken. Die Zunge brennt, der Gaumen schmerzt, und hoffentlich ist noch nichts in den Hals gekommen. Die Kartoffeln, die kleinen Luder, können einem den Genuss der Gulaschsuppe ganz schön vermiesen. Man glaubt, dass der Saft der Suppe eine angenehme Temperatur hat, aber dann wird man von der Temperatur der Kartoffeln überrascht. Warum kühlen Kartoffeln nicht so schnell aus wie die übrigen Zutaten?

Dieses Phänomen lässt sich mit der Wärmekapazität erklären. Jeder Körper kann Wärme aus der Umgebung aufnehmen und natürlich auch wieder abgeben. Manche Stoffe können dies leichter als andere. Machen wir ein einfaches Experiment: Greifen Sie gleichzeitig ein Stück Holz und ein Stück Metall mit je einer Hand an. Welches ist kühler? Eigentlich sollten beide Körper die gleiche Temperatur haben – haben sie auch –, aber sie fühlen sich unterschiedlich warm an. Beide Körper waren ja lange genug im selben Raum, damit verfügen sie über die gleiche Temperatur. Aber warum gibt es diesen Unterschied? Unsere Hände haben eine Körpertemperatur, die über der Temperatur des Metalls und des Holzes liegt. Sobald wir das Metall berühren, fließt die Wärme von der Hand in das Metall. Dieses wird dabei erwärmt, während unsere Hand abkühlt. Beim Holz passiert (fast) nichts. Es fließt praktisch keine Wärme, denn Holz braucht sehr lange, bis es Wärme aufnehmen kann. Das bedeutet aber auch, dass Holz, wenn es einmal erwärmt wurde, die Wärme wieder langsam abgibt.

Bei den Kartoffeln ist es genauso. Sie nehmen die Wärme langsam auf – man muss sie auch entsprechend lange kochen –, und bei Berührung im Mund geben sie die Wärme wieder langsam ab. Leider nicht langsam genug, sodass man sich leicht die Zunge verbrennen kann.

Wie können Sie dieses Problem lösen? Ganz einfach, indem Sie die Kartoffeln in kleine Würfel mit einer Kantenlänge von rund einem bis eineinhalbem Zentimeter schneiden. Dabei haben die Kartoffeln ein kleines Volumen, aber eine große Oberfläche. Über die relativ größere Oberfläche können sie leichter die Wärme an die Sauce abgeben. Dadurch bleibt die Sauce auch länger heiß und kühlt trotz Umrührens nicht so schnell aus, und Sie verbrennen sich nicht so schnell den Mund.

Eine andere Methode, um Suppen warm zu halten, wenn man Fett vermeiden möchte, besteht in der Verwendung von Blätterteig. Dazu benötigen Sie feuerfeste Schüsseln, die Sie mit der Suppe füllen, aber bitte nicht randvoll. Dann nehmen Sie runde Scheiben von Blätterteig, die etwas größer als die Schüsseln sind, und legen sie darauf. Den Rand biegen Sie um und dichten so die Suppe ab. Das Ganze wird mit etwas Eiklar bestrichen und ins Rohr gestellt. Nach ein paar Minuten ist der Blätterteig fertig, die Suppe heiß und kann nun serviert werden. Die Gäste müssen sich zuerst durch den Blätterteig arbeiten, bis sie die Suppe erreichen. Diese Methode wurde für sehr große Staatsempfänge entwickelt, damit man in Ruhe die einzelnen Suppen anrichten kann und auch mit längeren Strecken beim Servieren kein Problem hat. Blätterteig verändert den Geschmack nicht und ist auf alle Fälle eine tolle Idee, die interessant aussieht.

Wie wärmt man sich eine Packerlsuppe?

Was hat Genuss mit einer Packerlsuppe (Tütensuppe) zu tun? Nun, seien wir ehrlich: Wer hat sich nicht schon einmal eine Packerlsuppe zubereitet? Manchmal muss man auch mit etwas Suppe aufgießen, also warum nicht einfach einen Suppenwürfel verwenden? Es gibt dazu sogar einen einfachen Trick, mit dem die Suppe um einiges besser schmeckt.

Normalerweise steht auf der Packung, dass man die Suppe meist nur etwas aufkochen muss, und schon ist man fertig. Allerdings schmeckt diese Suppe noch stark nach Industrie. Manche Moleküle, die für die Herstellung und Haltbarkeit benötigt wurden, sind durch den Kochvorgang noch nicht zerstört worden. Deshalb ist es notwendig, dass man die Suppe etwas länger kocht. Nach rund 10 bis 20 Minuten sind nur mehr die Moleküle in der Suppe, die man haben will. Allerdings bedeutet dies auch, dass man das natürlich nur für ungebundene Suppen und Suppen mit massiven Einlagen durchführen kann. Eine Fritattensuppe sieht nach 20 Minuten Kochdauer nicht mehr sehr schön aus.

Ein anderer Nachteil besteht darin, dass zwar die Suppe besser schmeckt, aber dass die Küche nach Industriechemie riecht. Aber dort muss man ja nicht essen, oder man kann ja lüften.

Wie wärmt man sich eine Dose Gulasch und Linsen mit Speck?

Dosengulasch ist sicher nicht der Höhepunkt des Genusses. Aber es kann passieren, dass Sie einmal eine solche Dose als Juxgeschenk bekommen haben, dass es einmal am Abend spät geworden ist, dass sich im Kühlschrank nichts mehr befindet und Sie enormen Hunger haben – und sich daher ein Dosengulasch zubereiten.

Die meisten, die ich zu diesem Thema befragt habe, meinten, dass sie nicht die Bedienungsanleitung gelesen haben – wozu

auch? Aber genau darin verstecken sich wichtige Hinweise zur Zubereitung von Dosengulasch. Liest man nach, so findet man, dass man die Dosen in geöffnetem Zustand mindestens 20 Minuten im Wasserbad erhitzen sollte. Die meisten Personen haben aber einfach die Dose geöffnet, den Inhalt in einen kleinen Topf gegeben und das Ganze einmal kurz aufgekocht. Nachdem es heiß war, haben sie vielleicht ein bisschen nachgewürzt und alles hinuntergeschlungen. Über den Geschmack waren sie nicht besonders begeistert – ich verstehe auch, warum. Natürlich möchte man in hungrigem Zustand nicht 20 Minuten mit einem Wasserbad zubringen. Also erscheint das direkte Erwärmen doch besser zu sein. Aber man sollte sich fragen, warum diverse Firmen einen solchen Hinweis auf der Dose angebracht haben.

Bei der Produktion von Gulasch kommt es zur Trennung von Saft und Fleisch. Das Fleisch lagert sich im unteren Bereich des Topfes an, während sich im oberen Bereich der Saft sammelt. Würde man nun von dem großen Topf die einzelnen Dosen befüllen, so gäbe es Dosen, die mit Fleisch gefüllt wären, und Dosen, in denen sich nur Saft befände. Für den Käufer wäre es ein Glücksspiel, ob es Gulaschfleisch oder Gulaschsaft gibt. Um die Menge des Fleisches und des Saftes in allen Dosen ungefähr gleich zu halten, gibt man in die fertige Masse Bindemittel dazu. Diese sorgen dafür, dass ein einheitlicher Brei aus Saft und Fleisch entsteht. Der

Nachteil ist aber, dass diese Bindemittel einen Beigeschmack haben. Die Bindemittel werden erst nach rund 20 Minuten langem Kochen zerstört. Deshalb ist es notwendig, ein solches Gulasch rund 20 Minuten zu kochen – sonst schmeckt es fürchterlich.

Sie können natürlich Ihr Gulasch auch 20 Minuten im Kochtopf dahinköcheln lassen, aber möglicherweise brennt es dann an. Über eines müssen wir uns schon im Klaren sein: Auch die Gulaschdose, die 20 Minuten lang gekocht wurde, ist immer noch kein kulinarischer Höhepunkt, aber es schmeckt schon besser, als wenn Sie es nur kurz aufwärmen würden. Durch das lange Kochen geht aber der Fast-Food-Effekt verloren – rasch kommt man so nicht zum Essen. Hier empfiehlt es sich, doch Dosen mit einem anderen Inhalt zu wählen: Linsen mit Speck oder Chili con Carne. Der Inhalt dieser Dosen muss nicht lange erwärmt werden, ein einfaches Aufkochen sollte eigentlich genügen.

Interessanterweise ist bei einer Firma der Hinweis auf 20 Minuten Wasserbad vor Kurzem auf der Bedienungsanleitung verschwunden. Ich glaube, die Firma erkannte, dass diesen Hinweis sowieso niemand gelesen hatte …

Eine Sulz kommt nicht allein

Was hat ein Gulasch mit einer Sulz (Sülze) zu tun? Das eine ist rot und wird gerne gegessen, während das andere durchsichtig und wabbelig ist und nur von einer kleinen Randgruppe geliebt wird. Wir werden noch sehen, dass beide Speisen sehr wohl verwandt sind.

Betrachten wir einmal die Herstellung einer Sulz:

500 g	Schweinsschulter
1/2	Schweinskopf
2	Schweinshaxen (Schweinefüße)
	einige Schweinsschwarten

1	Karotte
2	Lorbeerblätter
1 Prise	Majoran
1 TL	Salz
1 Prise	Pfeffer
1	mittelgroße Zwiebel
2 Zehen	Knoblauch

Für die Garnitur:
    Essig, Kernöl, geschnittene Zwiebel

Das Fleisch, also die Schwarten, Schweinshaxen und den Schweinskopf mit Wasser bedecken und mit den Gewürzen solange bei geringer Hitze kochen, bis das Fleisch weich ist. Dann das Fleisch mit einem Sieb herausnehmen, vielleicht sogar überkühlen lassen, damit es sich leichter schneiden lässt. Das Fleisch von den Knochen lösen und klein schneiden und in eine Schüssel geben. Die Karotte ebenfalls klein schneiden und dazugeben. Dann den Sud in die Schüssel mit dem Fleisch gießen und zum Gelieren kalt stellen. Nach rund zwölf Stunden ist die Sulz fertig und kann nun in Würfel geschnitten werden. Gut schmeckt die Sulz mit geschnittenen Zwiebeln, Essig und Kernöl, einer Prise Pfeffer darüber und Brot.

    Dieses Rezept ist schon genussfertig, sprich es schmeckt. Aber das große Geheimnis der Sulz wird durch die vielen Gewürze verdeckt. Betrachten wir ein einfacheres Rezept: Ein paar Schweinsschwarten in Wasser leicht köcheln lassen. Nach einer Stunde den Topf vom Herd nehmen und die Flüssigkeit gelieren lassen.

    Diese Sulz schmeckt zwar nach nichts, verdeutlicht aber die Sulzherstellung. Es geht darum, dass durch das lange Kochen Wirkstoffe freigesetzt werden, die gelieren können. Bei dem Wirkstoff handelt es sich um das sogenannte Kollagen. Es ist das wichtigste Eiweiß in der Haut, den Sehnen, den Knorpeln und dem Bindegewebe. Es sorgt dafür, dass Fleisch zäh ist, oder wenn es nur zu einem geringen Anteil vorhanden ist, dass das Fleisch butterweich, also mürbe ist.

Beim Kollagen bilden drei Moleküle eine Tripelhelixstruktur. Die drei langen Moleküle sind miteinander verschraubt.

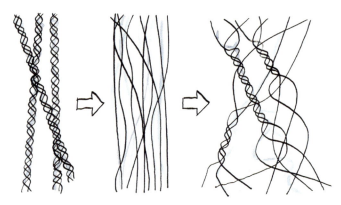

In der linken Grafik sieht man die einzelnen Kollagenfasern, die sich aneinanderlagern. Erhöht man die Temperatur, löst sich die Tripelhelixstruktur, und die einzelnen Moleküle lösen sich voneinander. Sinkt die Temperatur wieder, so versuchen die einzelnen Moleküle sich wieder zu verschrauben. Aber das gelingt ihnen nicht mehr. Dabei werden Wassermoleküle eingeschlossen. Das Fleisch wird wieder fest.

Bei vielen Hautcremes wird damit geworben, dass durch die Anwendung dieses oder jenes Produktes das Kollagen verstärkt und damit die Haut gestrafft wird. Vom chemischen Standpunkt handelt es sich bei dem Kollagen um ein Makromolekül, das wiederum aus drei einzelnen Molekülen besteht. Die drei langen Moleküle bilden eine sogenannte Tripelhelixstruktur.

Sie winden sich eng anliegend, ähnlich wie bei einem Zopf, umeinander. Kommt Wasser dazu und haben wir eine Temperatur von über 50 °C, so lösen sich diese Moleküle. Sie denaturieren und bilden die sogenannte Gelatine. Sobald die Temperatur wieder sinkt, versuchen die Moleküle einander wieder näher zu kommen. Dies können sie aber nur bedingt, da sich etwas Wasser zwischen den Molekülen befindet. Das Wasser wird nun eingeschlossen. Es kann sich nicht mehr bewegen. Nehmen Sie einen Kunststoffbeutel mit etwas Wasser, so ist zwar das Wasser eingeschlossen, das Ganze aber noch ziemlich schwabbelig. Ist der Beutel aber prall gefüllt, so wird er hart und fest. Ähnlich verhält es sich mit dem Kollagen und dem Wasser – es wird in Hohlräumen gebunden. Sobald das Wasser zu kalt ist (unter 50 °C), können sich die einzelnen Moleküle nicht mehr umgruppieren, und die Gelatine erstarrt.

Oft steht in den Rezepten, dass man die Gelatine im Kühlschrank kalt stellen sollte. Vom Standpunkt der Naturwissenschaft ist dies aber nur zum Weinen. Sollte man diesen Ratschlag nämlich befolgen, so beginnt die Gelatine tatsächlich zu „weinen". Das Problem besteht darin, dass die Gelatine dann zu rasch abkühlt. Die einzelnen Kollagenmoleküle versuchen mit anderen Kollagenmolekülen beim Abkühlen eine Verbindung einzugehen. Dies gelingt ihnen auch, aber manchmal ist die Verbindung nicht perfekt. Das Wasser könnte noch entweichen. Möglicherweise ist das Makromolekül auch noch etwas gestaucht oder verbogen. Wenn es etwas mehr Zeit hat, wird es sich andere Moleküle als Partner suchen und kann dann entspannter stabilere Verbindungen eingehen. Das Wasser ist dann besser gebunden und die Gelatine hart und fest. Aber wenn die Gelatine zu rasch abkühlt, bleibt zu wenig Zeit für die Moleküle, um sich gute, verlässliche Partner zu suchen. Es entstehen zwar Verbindungen, diese sind aber lose, und das Wasser wird dabei nicht gut gebunden. Nach einer Nacht im Kühlschrank bilden sich dann kleine Tropfen auf der Oberfläche der Sulz – die Gelatine hat „geweint". Die Gelatine ist dann auch nicht besonders fest, und wenn man Pech hat, ähnelt sie mehr einer Sauce. Wie Sie Saucen mit Gelatine binden, erfahren Sie später.

Benötigen Sie aber wirklich rasch gute Gelatine, so können Sie natürlich zusätzlich ein paar Blätter Gelatine einrühren. Die Gelatine wird dann aber möglicherweise sehr hart.

Sie sollten auch nicht während des Erstarrungsprozesses in der Gelatine herumstochern. Durch das Umrühren werden die Verbindungen zwischen den einzelnen Molekülen wieder zerstört, und auch dann beginnt die Gelatine wieder zu „weinen".

Selbstverständlich spricht nichts dagegen, dass Sie die Gelatine in den Kühlschrank stellen, sobald sie eine Temperatur von unter 50 °C hat. Dieses wunderbare Molekül Kollagen wird uns durch das Buch noch oft begleiten. Aber sehen wir einmal, was die Sulz mit dem Gulasch gemein hat.

Das perfekte Gulasch – warum man es verbrennen soll?

An mein erstes Gulascherlebnis kann ich mich noch erinnern. Es roch in der Küche meiner Großmutter väterlicherseits ausgesprochen gut. Dann wurde das Gulasch auf einem Teller mit Nockerl und einem aufgefächerten Essiggurkerl serviert. Der Saft, unbeschreiblich lecker und feurig, aber nicht zu scharf, und dann der erste Bissen Fleisch. Die Zähne beißen zu, es knirscht, und am liebsten möchte man den Brocken Fleisch wieder ausspucken. Ich habe ein knorpeliges Stück Fleisch erwischt, igitt. Natürlich habe ich damals meine Großmutter gefragt, warum sie denn in ihr gutes Gulasch so schlechtes Fleisch mit Knorpeln und Sehnen gibt. Ohne diese „Kruspeln" würde es doch viel besser schmecken. Meine Großmutter antwortete mir nur: „Das haben wir schon immer so gemacht. Und in ein gutes Gulasch gehören einfach diese Kruspeln." Da wusste ich als Fünfjähriger, dass dieses Problem gelöst werden muss.

Nehmen wir ein einfaches Gulaschrezept. Es müssen rund zwei Kilogramm Zwiebeln geschnitten werden. Da taucht schon das erste Problem auf. Wenn ich manchmal in Haushalte eingeladen werde, um zu kochen, so stelle ich fest, dass meist keine geeigneten Messer vorhanden sind. Wenn ich Glück habe, gibt es ein scharfes Messer und sonst nur Buttermesser. Liebe Leserin-

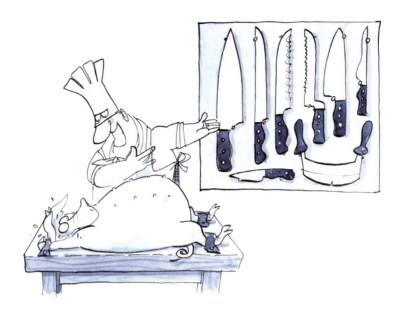

nen und Leser, kauft bitte gute Messer! Ich weiß, dass dies nicht billig ist, aber es lohnt sich. Mit einem Brotmesser, einem langen Fleischmesser, einem kleinen Fleischmesser (Ausbeinmesser für das Entfernen von Knochen und das Häuten), einem Gemüse- und/oder Obstmesser, einem Fischmesser, einem Käsemesser und einem Allzweckmesser sind Sie vorne dabei. Mit guten Messern macht auch das Kochen mehr Spaß.

Nun sollte man die Messer auch richtig verwenden. Die meisten Leute schneiden nicht, sondern sie drücken oder versuchen das Lebensmittel zu spalten. Ich habe schon erlebt, wie Leute mit einem Buttermesser versucht haben, einen Laib Brot zu teilen, indem sie einfach von oben auf das Messer gedrückt haben. Sicherlich kann man damit Aggressionen und überschüssige Kraft abbauen, aber eigentlich sollte man Brot eher „sägen". Man spricht ja auch von einer Brotsäge. Wichtig bei einem Messer ist, dass man schneidet, ähnlich wie bei einer Säge. Ist das Produkt besonders hart, wie zum Beispiel Karotten (Möhren), reicht es tatsächlich, das Lebensmittel zu spalten.

Betrachten wir vielleicht nur kurz ein Thema, das Sie sicher kennen: das Schneiden von Hartkäse. Um Hartkäse in feine, dünne Scheiben zu schneiden, sollten Sie ein Käsemesser und einen warmen Käse verwenden. Viele glauben, dass man Käse besonders gut schneiden kann, wenn man ihn einfriert. Diese Meinung kommt daher, dass man Fisch kurz einfriert, damit man ihn in hartem Zustand besser schneiden kann. Was für den Fisch stimmt, ist aber beim Käse grundsätzlich falsch. Versucht man kalten Käse zu schneiden, wird er bröckelig und zerfällt. Optimalerweise sollte der Hartkäse eine Temperatur von über 20 °C aufweisen. Die Käsemesser haben einen feinen Wellenschliff. Dieser sorgt dafür, dass aus dem Käse kleinste Partikel herausgelöst werden. Diese Partikel sind dann wie die Kugeln in einem Kugellager dafür verantwortlich, dass das Messer, wenn man den Käse „sägt", einen geringen Widerstand hat. Man könnte hier von einem spanabhebenden Verfahren sprechen.

Zurück zum Gulasch und Zwiebelschneiden. Werden die Zwiebeln eher zerdrückt oder mit einem Küchengerät, egal ob maschinell oder händisch, zerhäckselt, so werden viele Zellen zerstört. Dadurch gelangt Sauerstoff in die Zellen, und die Zwiebeln werden süß. Um dies zu vermeiden, schneiden Sie Zwiebeln mit einem scharfen Messer.

Für alle, die Angst vor den Tränen haben, sei ein einfacher, aber hilfreicher Tipp genannt: die Zwiebel kurz unter kaltes Wasser halten und dann schneiden. Der Wasserfilm verhindert, dass aggressive Substanzen aus den Zellen herauskommen und unsere Augen reizen. Mit der Genauigkeit müssen Sie es hier ausnahmsweise nicht so gründlich nehmen – Zwiebeln zerkochen, diese sollten aber schon zerkleinert werden.

Die Zwiebeln kommen dann in einen großen Topf und werden mit etwas Fett goldgelb angeröstet. Wenn sie eine goldgelbe Farbe haben, gibt man zwei Kilogramm Rindfleisch dazu. Das Fleisch sollte in Würfel mit rund zwei bis drei Zentimetern Kantenlänge geschnitten sein.

Jetzt würde meine Großmutter sagen, sollte es sich um einen Wadschinken (Rinderhesse) handeln, denn der ist zäh und stark von Sehnen durchwachsen. Ich aber sage, es sollte ein Fleisch frei von Sehnen sein, es muss aber auch nicht gerade ein Rinderlungenbraten sein. Erkundigen Sie sich bei Ihrem Fleischhauer, was er gerade im Angebot hat, sagen Sie ihm aber nicht, was Sie vorhaben, denn dann wird sich in Ihrem Einkauf ein Wadschinken befinden, egal ob Sie wollen oder nicht.

Für die Feinspitze unter uns: Man könnte das Fleisch noch etwas bemehlen und erst dann zu den goldgelben Zwiebeln dazugeben. Wie wir später noch sehen werden, bilden sich aufgrund der Maillard-Reaktion mehr Geschmacksstoffe, als wenn das Fleisch nicht bemehlt worden wäre.

Nachdem auch das Fleisch etwas Kruste gebildet hat, geben Sie das Paprikapulver dazu, zwei bis drei Esslöffel süßen und einen Esslöffel scharfen Paprika. Ehe Sie den Paprika hinzufügen, sollten Sie ein Glas mit kaltem Wasser bereitstellen. Sobald der gesamte

Paprika beim Fleisch und den Zwiebeln ist, nur einmal kurz umrühren und dann sofort mit kaltem Wasser ablöschen. Danach noch einmal umrühren und mit Wasser so weit aufgießen, bis das Fleisch komplett mit Wasser bedeckt ist. Der Paprika darf unter keinen Umständen zu lange einer zu hohen Temperatur ausgesetzt sein – er wird sonst bitter. Nun kann man natürlich noch weiter würzen. Je nach persönlichem Geschmack: ein paar Körner Kümmel, etwas Majoran oder zwei Esslöffel Tomatenmark oder Ketchup – das Salz nicht vergessen. Man kann auch einen Teil des Wassers durch etwas Rotwein ersetzen. Wie Sie unschwer erkennen, ist das Gulaschrezept ein nicht chaotisches: Wir können die Menge der Anfangszutaten leicht variieren und erhalten leicht unterschiedliche Ergebnisse, die alle ungefähr gleich gut schmecken. Bei einem chaotischen Rezept dürften wir nicht den Hauch der Rezeptur ändern, sonst wäre das Ergebnis katastrophal.

Nachdem das Gulasch zwei Stunden auf kleiner Flamme geköchelt hat, schalten Sie die Herdplatte aus – und fragen sich, ob Sie etwas vergessen haben könnten. Das Gulasch riecht gut, aber die Sauce ist nicht sämig, sondern sie ähnelt einer dünnen Brühe. Nun würde meine Großmutter wohl sagen, dass man mit Mehl nachhelfen könnte. Aber vergessen wir nicht, dass wir Fleisch verwendet haben, das im Vergleich zu sehnigem Fleisch wenig Knorpel aufweist. Es fehlt das Kollagen, dass uns eine schöne Bindung macht.

Nun gäbe es zwei Möglichkeiten. Mit dem Fleisch werden ein paar Stück Ochsenschlepp in das Gulasch gegeben. Der Ochsenschlepp besteht fast nur aus Kollagen – wenn sich das herauslöst, liefert es eine wunderbare Bindung. Zusätzlich gibt es immer ein paar Personen, die sagen, dass ihnen ein Gulasch nur dann schmeckt, wenn sie auch Sehnen zu zerbeißen haben. Diesen können Sie dann den Ochsenschlepp auf dem Teller servieren – sie werden überglücklich sein. Für die Personen, die auf den sehnigen Teil verzichten wollen, einfach den Ochsenschlepp auslösen, sprich das noch verwertbare Fleisch herausschneiden, zurück zum Gulasch geben und den Rest wegschmeißen.

Eine andere Möglichkeit – ohne Ochsenschlepp – besteht in der Verwendung von Gelatineblättern. Sie sind in jedem Lebensmittelgeschäft, meist in der Abteilung für Süßwaren, erhältlich. Es gibt auch ein Gelatinepulver. Diese Blätter können gegen Ende des Kochvorganges untergerührt werden. Sie sollten aber vorher kurz in warmem Wasser angefeuchtet werden. Ebenfalls dürfen sie nicht in das kochende Gulasch eingerührt werden – die einzelnen Moleküle werden ab 80 °C zerstört, und das Kollagen kann nicht mehr gelieren. Das ist auch der Grund, warum man das Gulasch nur leicht köcheln lassen sollte und unter gar keinen Umständen kochen darf. Dabei würde das mühselig herausgelöste Kollagen zerstört werden. Sie sollten auch kein Gulasch im Druckkochtopf zubereiten, außer Sie möchten eine Gulaschsuppe haben – auch hier wird das Kollagen zerstört.

Nachdem das Gulasch nun ausgekühlt ist, bemerken Sie, dass es fest geworden ist. Es hat seine Sämigkeit verloren – nun könnte man es wie eine Sulz schneiden. Danach wärmen Sie es wieder auf. Dabei kommt es zu einem interessanten Effekt: Das Gulasch brennt an. Zuerst erreicht der untere Bereich des Topfes eine höhere Temperatur. Dabei wird das Gulasch flüssig, und es versucht die oberen Bereiche zu erwärmen. Das flüssige warme Gulasch kann aber nicht aufsteigen, weil der obere kalte Bereich noch hart und fest ist. Sie dürfen also nicht vergessen, umzurühren. Aber bitte nicht den rechten Bereich des Topfes mit dem linken Bereich vertauschen, sondern immer von unten nach oben. Dabei werden die warmen flüssigen mit den kalten und festen Bereichen vermengt. Zum Glück wird ein Teil des Gulaschs ein wenig anbrennen. Normalerweise ist dies verpönt, aber wenn es nicht zu stark anbrennt, liefert dies zusätzliche Geschmacksstoffe. Diese entstehen erst bei Temperaturen von über 140 °C bis 200 °C durch die Maillard-Reaktion. Über diese Reaktion werden wir noch später diskutieren. Speisen beginnen bei rund 200 °C zu verbrennen, also muss man vorsichtig sein, damit das Gulasch beim Aufwärmen zusätzliche Aromen liefert, aber dennoch nicht wirklich verbrennt. Dies ist auch der Grund, warum man in Wien sagt, dass man ein Gulasch mindestens zwei Mal anbrennen lassen sollte.

Wenn das Gulasch als Ganzes wieder flüssig ist, lassen Sie es wieder abkühlen und führen dieselbe Prozedur noch einmal durch. Natürlich könnten Sie das Gulasch auch nur einmal anbrennen lassen, dann dafür ordentlich, aber ich bezweifle, dass Sie das möchten. Es kann nämlich sehr schnell gehen, dass das Gulasch dann tatsächlich verbrannt ist. Also lieber zwei Mal gerade leicht angebrannt als ein Mal zu viel. Dieses Gulasch muss nicht mehr mit Mehl gebunden werden, es erhält seine Sämigkeit aufgrund von Kollagen. Nun ist das perfekte Rindsgulasch fertig.

Interessanterweise gibt es nicht nur das kollagengebundene Gulasch, sondern auch das stärkegebundene Gulasch und diverse Mischformen. Beim Kartoffelgulasch haben wir entweder Kartoffeln verwendet, die etwas Stärke abgeben, oder wir müssen später das Gulasch mit Mehl oder Kartoffelstärke binden. Warum das Mehl Saucen so gut bindet, wird später verraten. Als Mischform könnte man das Chili con Carne bezeichnen: Die Bindung erhält es einerseits vom Fleisch und andererseits von der Stärke der Bohnen.

Es gibt aber nicht nur das klassische Rindsgulasch, sondern man kann auch noch andere Arten von Gulasch unterscheiden:

Andrassy-Gulasch: Rindsgulasch mit Haluska (gekochte Fleckerl mit geröstetem Speck) als Beilage.

Bauerngulasch: Rindsgulasch mit kleinen Semmelknödeln.

Bosnisches Gulasch: Gulasch aus Rinds- und Hammelfleisch und Kartoffeln.

Debreziner Gulasch: Im Rindsgulasch werden kurz vor dem Fertigwerden zwei grüne, in Streifen geschnittene Paprikaschoten mitgedünstet, zuletzt zwei Stück Debreziner Würstchen, in Scheiben geschnitten, beigegeben und leicht erwärmt. Mit Salzkartoffeln servieren.

Esterházy-Gulasch: Ist ein Rahmgulasch, mit extra gedünsteter Wurzeljulienne (ohne Zwiebeln), Kapern und Erbsen vermischt. Man reicht dazu Salzkartoffeln.

Fiakergulasch: Ein Saftgulasch wird mit Spiegelei, Fächergurken, Einspänner (einem Würstel) und rotem Paprikasalat garniert. Als Beilage wird ein Semmelknödel serviert.

Gulasch auf Fiumer Art: Rindsgulasch mit Speckwürfeln, Kartoffeln und zerteiltem Kohl.

Herrengulasch: Zum fertigen Saftgulasch werden Pommes frites serviert.

Hunyadi-Gulasch: Schweinsgulasch.

Kaisergulasch: Gulasch aus Lungenbratenparüren mit abgeschmalzenen Nudeln.

Gulasch auf Karlsbader Art (Karlsbader Gulasch): gebunden mit 1/8 l Sauerrahm und 10 g Mehl. Als Beilage werden Nockerl gereicht.

Karoly-Gulasch: Rindsgulasch mit Paradeisern (Tomaten) und würfelig geschnittenen Kartoffeln.

Lungenbratengulasch: Gulasch mit Lungenbratenparüren, angesetzt mit einem Schuss Rotwein.

Palffy-Gulasch: Rindsgulasch, obenauf garniert mit würfelig geschnittenem, in Butter gedünstetem Wurzelwerk.

Gulasch auf Pester Art: Gulasch mit Tarhonya und grünem Paprika.

Serbisches Gulasch: Rindsgulasch mit in Streifen geschnittenen grünen Paprikaschoten garniert, oder zwei nudelig geschnittene Paprikaschoten werden mitgedünstet, zuletzt geschälte, ausgedrückte, würfelig geschnittene Paradeiser dazugemengt.

Szegediner Gulasch: Dabei handelt es sich um ein Gulasch mit Sauerkraut und Sauerrahm. Es wird ähnlich wie ein Rindsgulasch zubereitet, aber zusätzlich mit etwas Essig abgelöscht und dann gleich Sauerkraut, etwa halb so viel wie Fleisch, dazugegeben. Das Gulasch hat nichts mit der gleichnamigen ungarischen Stadt Szeged zu tun, sondern der Name leitet sich vom ungarischen Dichter József Székely ab.

Triester Gulasch: Rindsgulasch, mit Polenta garniert.

Zelny-Gulasch: Das ist die tschechische Variante des Szegediner Gulaschs.

Zigeunergulasch: Gulasch aus Rind-, Kalb- und Schweinefleisch, mit geröstetem Speck, Sauerrahm und Kartoffeln.

Gulasch auf Znaimer Art: Rindsgulasch, mit einer Julienne von kleinen Gurken obenauf garniert (mit „Znaimer Gurken").

(Quelle: teilweise übernommen aus Franz Maier-Bruck, Das große Sacher-Kochbuch. Die österreichische Küche, Weyarn 1994)

Chili, Pfeffer und Tabasco – wie gefährlich ist das Zeug wirklich?

Warum geben Köchinnen und Köche bei manchen Gulaschsorten etwas Sauerrahm dazu? Nun, einerseits wird das Gulasch voller, was zum Beispiel beim Kartoffelgulasch erwünscht ist. Zusätzlich hat es den Vorteil, dass er dem Gulasch die Schärfe nimmt. Früher, als die ungarischen Köchinnen ihr „Pörkelt", wie sie das Gulasch in ihrer Landessprache nannten, den Wienern vorsetzten, hatten diese ein Problem mit der Schärfe. Also gaben die Köchinnen etwas Sauerrahm dazu, und schon wurde das Gulasch milder. Man sollte auch heute all seinen Gästen etwas bieten. Aber gerade beim Gulasch ist dies schwierig. Manchen ist es zu scharf, den anderen zu mild. Also einfach zwei kleine Schüsselchen mit Sauerrahm (Saurer Sahne) und mit Chilipulver auf den Tisch stellen, und alle sind zufrieden.

Manche geben auch Chili in ihr Gulasch – warum auch nicht? Chili ist eine Gewürzmischung, die aus Cayennepfeffer, Kreuzkümmel, Knoblauch und Oregano besteht. Manchmal finden sich auch noch Zimt, Muskat, Gewürznelken und Koriander in der Mischung. Chili wird hochgelobt, weil er Bakterien zerstört; gleichzeitig wird davor gewarnt, dass Chili den Magen-Darm-Trakt schädigt. Die Schärfe erhält Chili durch das Capsaicin im Cayennepfeffer. Es stimmt, dass Capsaicin tatsächlich antibakteriell und fungizid wirkt. Also ist es sinnvoll, Speisen mit Cayennepfeffer einzureiben, um die Haltbarkeit zu erhöhen. Aber es nimmt keinen Einfluss auf die Schleimhäute des Magens oder des Darms. Es wird wieder genauso ausgeschieden, wie es reingekommen ist – mit viel Hitze.

Damit stellt sich die Frage, warum es beim „zweiten Mal" erneut brennt. Haben wir auch am Popo Geschmacksrezeptoren? Natürlich nicht, aber das Capsaicin wirkt nicht über die Geschmacksrezeptoren, sondern es aktiviert die Wärmerezeptoren. Diese werden aktiv, wir haben das Gefühl, dass wir verbrennen, die Durchblutung steigt, aber tatsächlich passiert gar nichts. Diese Wärmerezeptoren befinden sich am ganzen Körper, und sobald sie aktiviert werden, empfinden wir einen unangenehmen Hitzereiz, sobald das scharfe Zeug wieder rauskommt. Übrigens empfinden wir ein Glücksgefühl, wenn der Schmerzreiz nachlässt – doch sollte man nicht nach diesem Motto kochen: Zuerst etwas so Scharfes anbieten, dass die Gäste fast verbrennen, und ihnen dann ein rettendes Getränk reichen, sodass die Schmerzen sofort vergehen.

Es hat sich schon herumgesprochen, dass es nichts nützt, Wasser nach einem Capsaicin-Debakel zu trinken: Der Schmerzreiz wird heftiger. Auch Bier oder Wein bringt relativ wenig. Capsaicin ist zwar in Alkohol löslich, aber die Konzentration in Bier oder Wein ist zu gering, als dass es helfen würde. Es braucht schon ein Stamperl Wodka, um das Capsaicin aus dem Rachenraum wegzuspülen – aber zu jedem Bissen einen Wodka? Besser ist die Verwendung von Milch oder milchhaltigen Produkten. Capsaicin löst sich exzellent in fetthaltigen Produkten. Das bedeutet, dass das Capsaicin von den Rezeptoren aus dem Rachenraum direkt in die einzelnen Fetttröpfchen springt und sich dann leicht wegspülen lässt. Im Fall des Falles verschaffen Milch, fetthaltige Getränke und in der größten Not auch Speiseöl Linderung.

Manche möchten diese übermäßige Schärfe vermeiden. Deshalb entfernen sie die Samenkörner aus der Chilischote. Diese enthalten aber nur wenig Capsaicin. Wichtiger sind die feinen Fäden, an denen die Samenkörner hängen – sie verursachen die ultimative Schärfe. Es gibt sogar eine Einheit für die Schärfe: die Scoville-Skala (SCU). Der Pharmakologe Wilbur L. Scoville beschäftigte sich als Erster mit der Bestimmung des Capsaicin-Gehalts durch Verdünnung und Verkostung. Das funktioniert so: Probanden erhalten eine Lösung, die immer weiter verdünnt wird, bis sie keine Schärfe mehr feststellen können. Der Grad der Verdünnung, bei dem keine Schärfe mehr erkennbar war, wurde als Scoville-Grad (SCU für Scoville Units, auch: SHU für Scoville Heat Units) angegeben. Früchte ohne feststellbare Schärfe haben auf der Scoville-Skale 0 SCU, reines Capsaicin hat etwas zwischen 15.000.000 und 16.000.000 SCU. Man sollte die Scoville-Skala aber nicht überschätzen – sie gibt nur grobe Richtwerte an. Jeder Mensch hat unterschiedliche Toleranzen gegenüber Capsaicin. Zusätzlich kann die Toleranzschwelle durch vermehrten Konsum von Capsaicin nach oben verschoben werden. Trotzdem, keine schlechte Idee, und vielleicht kann man in Zukunft sein Gulasch in Scoville-Einheiten bestellen: „Herr Ober, heute bitte ein Rindsgulasch mit 10.000 SCUs!" Das klingt schon wissenschaftlicher als wenn man sagt: „Bitte ein scharfes Gulasch." Zur Übersicht, damit Sie wissen, was 10.000 SCUs bedeuten:

0	keine Schärfe wahrnehmbar, kein Capsaicin enthalten
0–10	Gemüsepaprika
100–500	Peperoni
1.000–10.000	Sambal (indonesische Chilipaste)
2.500–5.000	Tabascosauce
2.500–8.000	Jalapeño-Chili – eine spezielle Chilisorte
30.000–50.000	reiner Cayennepfeffer
~50.000	Dave's Insanity Sauce – erste Sauce aus Habanero-Konzentrat
100.000–350.000	Habaneros, die schärfsten Paprikas, die Sie kaufen können – aber Vorsicht, nicht alle Habaneros sind scharf!
577.000	Habanero Red Savina, galt lange Zeit als die schärfste Habanero-Sorte
1.001.304	Naga Jolokia – tatsächlich DIE schärfste Habanero-Sorte
5.300.000	Polizei-Pfefferspray
15.000.000–16.000.000	Blair's 16 Million Reserve, reines Capsaicin (Kristalle), Schutzhandschuhe und Augenschutz empfohlen, damit sollte man nicht mehr würzen.

Bei dieser Tabelle handelt es sich nur um eine grobe Übersicht. Es wurden auch einige Sorten nicht angegeben, da die Ergebnisse (Indian PC-1, Dorset Naga) nicht eindeutig waren beziehungsweise von anderen Forschern nicht bestätigt werden konnten.

Also können wir unser Gulasch ohne Bedenken für die Gesundheit mit Chili würzen, so stark wir wollen, solange wir nicht mit der „Blair's 16 Million Reserve" arbeiten. Aber zum Glück wurden davon nur 999 Flaschen produziert. Vorsichtiger sollten Sie allerdings mit der Tabascosauce sein. Sie ist zwar nicht bei den SCUs vorne dabei, aber in ihr befindet sich Essigsäure. Diese ist – im Übermaß genossen – für den menschlichen Körper gefährlich, da sie tatsächlich die Schleimhäute der Verdauungsorgane angreift.

Rezepte zu diesem Kapitel

Französische Zwiebelsuppe

1 kg	Zwiebeln, in dünne Scheiben geschnitten
100 g	Butter
1 1/2 l	Rindsuppe
	ein paar Scheiben Weißbrot
2 Gläser	herber Weißwein, am besten Grüner Veltliner
1	Knoblauchzehe
125 g	Emmentaler Käse
1 EL	Olivenöl
	Salz
	Pfeffer

Zwiebeln mit der Butter in einem Topf erhitzen und die Zwiebeln unter Rühren goldbraun anschwitzen. Mit heißer Rindsuppe ablöschen, salzen und noch 30 Minuten köcheln lassen. Wein in den letzten fünf Minuten hinzugeben. Mit Salz und Pfeffer würzen. Weißbrotscheiben rösten beziehungsweise toasten und dann mit einer durchgeschnittenen Knoblauchzehe einreiben. Die Suppe in feuerfeste Tassen füllen. Weißbrotscheiben drauflegen, alles dick mit geriebenem Käse bestreuen und einige Tropfen Olivenöl drüberträufeln. Im heißen Ofen überbacken oder unter den Grill schieben, bis der Käse schmilzt und bräunt.

Chili con Carne

600 g	Rindfleisch, leicht fettig, aber ohne Sehnen (z. B. ein Gab)
2–4	Chilischoten, fein gehackt
2	rote Paprika, in Würfel geschnitten

1	Zwiebel, fein geschnitten
1	Knoblauchzehe, gepresst
300 g	geschälte Tomaten (zur Not aus der Dose)
2 EL	Ketchup
1/3 l	Rindsuppe (man kann auch 1/6 l Rindsuppe und 1/6 l Rotwein verwenden)
200 g	rote Bohnen, aus der Dose
200 g	weiße Bohnen, aus der Dose
100 g	Maiskörner, aus der Dose
2 EL	frisches Basilikum, fein gehackt
	Salz
	Pfeffer
	Olivenöl oder Butter

Etwas Olivenöl oder Butter erhitzen und die Zwiebel, den gepressten Knoblauch, die Paprikawürfel darin anschwitzen und die Chilischoten dazugeben. Das Rindfleisch in zwei Zentimeter große Würfel schneiden. Das Fleisch pfeffern und zu den Zwiebeln geben und anbraten. Die Tomatenwürfel sowie Ketchup einrühren und Rindsuppe (mit Rotwein) zugießen. Das Ganze solange kochen, bis das Fleisch mürbe ist – rund 30 Minuten. Dann die Bohnen abschwemmen, ebenfalls dazugeben und für zehn Minuten mitköcheln lassen. Die Flüssigkeit sollte alles bedecken. Mit Salz und Pfeffer abschmecken. Maiskörner und Basilikum zum Schluss untermengen, aufkochen lassen und dann servieren.

Gulasch

2 kg	Rindfleisch, nicht sehnig, würfelig geschnitten (z. B. ein Gab)
2 Stück	Ochsenschlepp, im Ganzen
1,8 kg	Zwiebeln, geschnitten
3 EL	süßes Paprikapulver
2 EL	scharfes Paprikapulver
1 TL	Cayennepfeffer
1 TL	Salz
2 TL	Tomatenmark
	nach Belieben: etwas Majoran
	etwas Mehl
	Öl

Die Zwiebeln goldgelb anrösten, die Rindfleischwürfel bemehlen und dann zu den goldgelben Zwiebeln dazugeben. Den Paprika untermengen und sofort mit Wasser ablöschen. Das Wasser sollte alles bedecken, auch den Ochsenschlepp, den man noch hinzugibt. Nun fügt man die restlichen Gewürze hinzu.

Das Gulasch rund zwei Stunden köcheln lassen und vom Herd nehmen. Wenn Zeit ist, das Gulasch wieder erwämen, dabei das Umrühren von unten nach oben nicht vergessen. Wenn das Gulasch wieder kocht, noch rund eine halbe Stunde lang köcheln lassen und dann wieder vom Topf nehmen. Diese Prozedur noch rund ein bis zwei Mal wiederholen.

Mit Kartoffeln, Knödeln oder Spätzle servieren.

Kartoffelgulasch

3	große Zwiebeln, in Nudelform geschnitten
1 kg	Kartoffeln (halb festkochend und halb weich), würfelig geschnitten
2 EL	süßes Paprikapulver
1 EL	scharfes Paprikapulver
1 KL	Cayennepfeffer
1 Prise	Salz
1 KL	Tomatenmark
	nach Belieben: etwas Majoran
1/8 l	Sauerrahm
2 EL	Mehl
	Frankfurter Würstel
	etwas Fett

Im zerlassenen Fett die Zwiebeln goldgelb anschwitzen und danach die Kartoffeln dazugeben. Sofort mit Wasser ablöschen und die restlichen Gewürze dazugeben und kräftig verrühren.

Rund 45 Minuten kochen lassen. Danach den Sauerrahm mit dem Mehl verrühren und glatt streichen. Den Topf vom Herd nehmen und den Sauerrahm mit dem Mehl unterrühren. Das Ganze nur noch einmal kurz aufkochen lassen. Die Würstel in feine Scheiben schneiden, auf den Tellern anrichten und das Gulasch darübergeben.

Haussulz

2	Schweinsfüße, der Länge nach gespalten
2	Kalbsfüße, der Länge nach gespalten
	gekochte Rindfleischreste, falls vorhanden
500 g	Speckschwarte, gut gereinigt

4 l	Wasser
1	Petersilienwurzel
1/4	Sellerieknolle, würfelig geschnitten
	Petersilie, frisch, fein gehackt
1	rote Zwiebel, der Länge nach halbiert, an den Schnittflächen angebraten
1	Lorbeerblatt
10	Pfefferkörner
	Thymian
	Salz

Die Kalbs- und Schweinsfüße mit den Speckschwarten im Wasser rund eine Stunde lang kochen. Während des Kochens den Schaum abschöpfen. Nach einer Stunde das Wurzelwerk, die Zwiebel und die Gewürze dazugeben. Das Ganze noch rund zwei Stunden köcheln lassen. Danach nimmt man die Füße und das Gemüse heraus und entfernt das Fleisch von den Knochen. Das Fleisch und Gemüse werden nudelig geschnitten und kommen in kleine Gefäße.

Die Fettaugen von der Flüssigkeit entfernen und in die Schälchen geben. Umrühren in den Schälchen schadet nicht, damit auch überall die Gelatine hingelangt. Die Schälchen an einem kühlen Ort – auf keinen Fall im Kühlschrank – kalt stellen. Am nächsten Tag die Schälchen je auf einen Teller stülpen – am besten hält man die Schälchen kurz unter warmes Wasser. Mit etwas fein geschnittener Zwiebel, Essig und Öl, Salz und Pfeffer servieren.

Den übrig gebliebenen Aspik in ein Marmeladeglas geben und gut verschließen. Er kann dann zum Beispiel für Huhn in Aspik verwendet werden.

Huhn in Aspik

2	Hühnerbrüste
1 Bd.	frisch gehackte Petersilie
1 EL	Balsamicoessig
100 g	Karotten, in Scheiben geschnitten
100 g	Sellerie, fein nudelig geschnitten
100 g	Erbsen
10	Kirschtomaten
4	kleine Baby-Fenchel
	Salz, Pfeffer
	Öl

Die Hühnerbrüste salzen, pfeffern und etwas scharf anbraten. Aus der Pfanne nehmen und mit klein geschnittener Petersilie und Balsamicoessig beträufeln. Danach abkühlen lassen.

Karotten, Sellerie, Erbsen und Fenchel kurz kochen lassen, bis alles weich ist, und dann abkühlen lassen. In die Teller etwas Aspik geben und fest werden lassen. Alle Zutaten drauflegen, mit Aspik übergießen und kalt stellen – nicht im Kühlschrank. Etwas Olivenöl und Balsamicoessig drüberträufeln.

Salsa-Sauce

4	Fleischtomaten blanchieren, häuten, das Innere entfernen und das Fruchtfleisch vierteln
4	Knoblauchzehen, zerdrückt
1	Zwiebel, klein geschnitten
2 TL	frischer Oregano
4 EL	Rotweinessig
4 EL	Olivenöl
1 EL	Tomatenmark
1 KL	roter Tabasco
	Salz
	Pfeffer, fein gemahlen

Alles miteinander vermengen. Optimalerweise in einem Mörser gemeinsam zerstampfen. Von einem Mixer rate ich ab – er verfälscht zu sehr die Aromen. Zum Schluss mit Salz und schwarzem Pfeffer aus der Mühle nach Belieben abschmecken.

Das Spiegelei schlägt zurück

Das Ei lässt sich aus der heutigen Küche nicht mehr wegdenken. Es ist sowohl eine Hauptspeise, wenn man das Omelett oder das Frühstücksei erwähnt, als auch ein wichtiger Beitrag zu anderen Speisen, bei Saucen oder einfach nur als Garnierung. Mit einem Ei in den Speisen liegt man immer richtig. Dennoch gibt es gerade bei der Zubereitung von Eiern große Vorurteile, die sich meist aber als falsch herausgestellt haben.

Die Geheimnisse des Eies

Was sind eigentlich die Bestandteile eines Eies? Ein Hühnerei weist, von außen besehen, zunächst einmal eine Schale aus Calciumcarbonat auf. Diese ist durchsetzt von rund 7000 bis 17.000 Poren. Die Poren sind von Proteinfasern verschlossen. Die Fasern verhindern, dass Bakterien in das Innere des Eies eindringen können. Direkt unter der Haut liegen zwei dünne Häute, darunter das Eiweiß und im Inneren der Dotter, der durch die Dotterschnüre gehalten wird.

So weit, so gut. Aber wie lange können Eier gelagert werden, ohne dass es zu einer geschmacklichen Veränderung kommt? Was glauben Sie? Viele schätzen die Lagerdauer auf vier bis acht Wochen. Aber tatsächlich sind Eier, wenn man es richtig macht, monatelang haltbar. Im Inneren des Eies verändern sich die Moleküle kaum. Aber es können sowohl Wasserdampf als auch Kohlendioxid aus dem Inneren des Eies nach außen gelangen. Dadurch nimmt die Viskosität des Eiklars ab, die Dotterhaut wird unelastisch, was eine Vergrößerung der Luftkammer zur Folge hat. Pro Tag wird ein Ei um 0,0017 g/cm³ leichter. Dies können Sie jedoch verhindern, wenn Sie nur dafür sorgen, dass die Poren des Eies absolut luftdicht sind.

Früher verwendete man eine heute teilweise schon vergessene Technik: die „Kalkeier". Im Sommer waren die Eier billiger als im Winter. So kaufte man im Sommer die billigen Eier, legte sie in Steinguttöpfe und übergoss das Ganze mit gelöschtem Kalk oder mit Wasserglas. Wasserglas ist eine farblose Flüssigkeit, in der Kaliumsilikat gelöst ist. Da das Wasserglas Glas angreift, sollte man Steinguttöpfe verwenden. An der Außenseite der Schalen lagert sich Kalk ab und verschließt die Poren. So können die Eier längstens ein halbes Jahr lang gelagert werden. Wichtig wäre es aber, dies mit möglichst frisch gelegten Eiern durchzuführen, da der CO_2-Verlust direkt nach dem Legen am größten ist. Heute werden Eier, die für eine längere Lagerung bestimmt sind, mit Mineralöl bestrichen. So werden Eier haltbar gemacht, und das mit nur geringen Einflüssen auf die Qualität. Die „Kalkeier" sind nicht zu verwechseln mit den „Soleiern". Bei denen geht es nicht um Haltbarkeit, sondern um Geschmack.

Einige von Ihnen werden jetzt aber einwenden, dass sie lieber frisch gelegte Eier verarbeiten. Alles, was frisch ist, ist besser, sagt der Hausverstand, aber der ist bekanntermaßen kein Physiker oder Chemiker. Versuchen Sie einmal frisch gekochte Eier zu schälen. Man könnte nun einwenden, dass die Eier nicht genug abgeschreckt – oder sollte man sagen erschreckt – worden sind. Aber das Abschrecken der Eier hat wirklich nichts mit der Schälbarkeit zu tun. Es dient lediglich dazu, dass die Eier nicht nachkochen. Die Schälbarkeit hängt ausschließlich vom pH-Wert ab, und dieser wiederum ist vom Alter des Eies abhängig. Frisch gelegte Eier lassen sich unter gar keinen Umständen leicht schälen. Kaufen Sie am Bauernmarkt wirklich frisch gelegte Eier, kochen Sie diese und versuchen Sie diese zu schälen – es gelingt nicht. Gelingt es doch, so lassen Sie sich bitte Ihr Geld zurückgeben – Sie sind einem Betrüger aufgesessen. Eier sollten rund 14 Tage nach dem Legen gelagert werden, bevor man sie verwendet. Erst dann haben sie ihr volles Aroma erreicht.

Betrachten wir die Inhalte eines Hühnereies. Schlägt man ein Ei auf, so erkennt man das Eiklar und den Dotter. Das Eiklar selber lässt sich wiederum in zwei Arten unterteilen: den dünnflüssigen und den dickflüssigen Anteil, der sich in der Nähe des Dotters befindet. Das Eiklar besteht aus verschiedensten Proteinen. Das wichtigste mit einem Anteil von 54 Prozent ist das Ovalbumin, das erst bei 84,5 °C erstarrt. Das Conalbumin gerinnt schon bei 62,5 °C und hat einen Anteil von zwölf Prozent. Ich möchte Sie nicht mit der Liste von Proteinen im Eiklar langweilen, aber ein spezielles Protein aus den vielen will ich noch hervorheben: das Ovomucin, das zwar nur einen Anteil von dreieinhalb Prozent des Eiklars aufweist und bei 70 °C denaturiert, aber für die Schaumbildung, den Eischnee enorm wichtig ist. Es befindet sich rund vier Mal so viel Ovomucin im dickflüssigen Anteil des Eiklars als im übrigen Eiklar.

Der Dotter besteht aus Fett, Wasser und Proteinen. Damit sich das Wasser und das Fett nicht voneinander trennen, gibt es sogenannte Netzmittel. Diese werden bei der Mayonnaise ge-

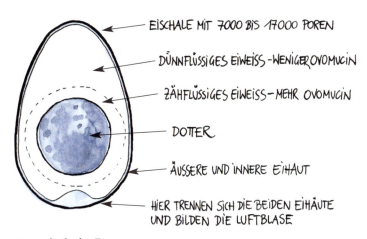

Die Bestandteile des Eies

nauer besprochen. Der Dotter beginnt bei einer Temperatur von 65 °C hart und fest zu werden.

Damit können wir ein spannendes Experiment durchführen. Kaufen Sie bitte ein paar Eierkartons und gehen damit in die Sauna. Dort gibt es Stufen, auf denen es sich die Besucher bequem machen. Auf den unteren Stufen nehmen normalerweise die Anfänger Platz, oben sind die Profis, denen es nicht heiß genug sein kann. Stellen Sie nun auf jede der Stufen einen Karton. Aus eigener Erfahrung empfehle ich Ihnen, niemandem zu erklären, warum Sie dies tun. Stellen Sie ganz ruhig die Kartons auf, und entspannen Sie sich. Natürlich können Sie auch die Sauna verlassen. Aber nach 40 Minuten sollte man die Eier wieder mitnehmen und zu Hause aus jedem Karton ein Ei über einer Schüssel vorsichtig öffnen. Sie werden feststellen, dass bei dem Ei aus einem Karton der Dotter hart und fest ist, während das Eiklar noch flüssig ist. Ein Teil des Eiklars ist zwar leicht milchig, aber es ist eindeutig flüssig. Wenn man das noch nie gesehen hat, ist man sehr verblüfft. Man würde es nicht erwarten.

Aber mithilfe der Physik lässt sich dieses Phänomen leicht erklären. Der Dotter gerinnt bei 65 °C. Darum können wir uns sicher sein, dass auf dieser Stufe eine Temperatur von mindestens 65 °C geherrscht hat. Der Hauptanteil des Eiklars gerinnt aber erst bei Temperaturen von über 65 °C. Er wird also flüssig bleiben. Nur das Conalbumin gerinnt bereits bei 62,5 °C. Da es aber nur zu zwölf Prozent im Eiklar vorhanden ist, hat es kaum einen Beitrag zur Festigkeit des Eiklars. Mit diesem Experiment kann man zeigen, dass es erst bei bestimmten Temperaturen zu Veränderungen im Ei kommt. Unter diesen Temperaturen passiert rein gar nichts.

Viele glauben, dass die Temperatur von innen nach außen in das Ei eindringt. Dies ist richtig, aber leider gibt es auch ein Missverständnis. Es liegt in der Annahme, dass der Dotter erst dann hart wird, wenn die Temperaturerhöhung durch das Ei gedrungen ist. Dies ist so einfach gesagt, aber leider nicht immer richtig. Die

Temperatur kann nichts verursachen. Erst bei einer bestimmten Temperatur kann etwas passieren. Die Temperatur kann nicht einfach eindringen, sondern es wird etwas warm und weist dann eine bestimmte Temperatur auf. Dringt die Wärme in das Ei ein und liegt die Temperatur unter 62 °C, passiert nichts; liegt die Temperatur bei 65 °C, wird der Dotter hart; liegt die Temperatur bei 82 °C, wird das Eiweiß hart. Es kann aber passieren, dass das Eiweiß zwar 82 °C, der Dotter aber unter 65 °C aufweist – dann erhalten wir ein weiches Ei.

Was geschieht eigentlich, wenn Eiklar oder allgemein gesagt Proteine hart und fest werden? Dazu eine kurze Einführung über die Moleküle. Die gesamte Welt besteht aus Atomen. Es gibt rund 96 verschiedene Arten von Atomen. Im Universum ist Wasserstoff am weitesten verbreitet, dicht gefolgt von Helium, Kohlenstoff, Sauerstoff, Eisen und auch Stickstoff. Diese Atome können sich zu Molekülen zusammenschließen. Diese Atome bilden dann ein Molekül. Das bekannteste Molekül ist wohl Wasser. Es besteht aus zwei Atomen Wasserstoff und einem Atom Sauerstoff. Wenn wir Luft einatmen, so atmen wir Stickstoffmoleküle, bestehend aus zwei Stickstoffatomen, Sauerstoffmoleküle, bestehend aus zwei Sauerstoffatomen, und ein paar Edelgasatome, wie Helium oder Argon, ein. All diese Moleküle sind sehr einfach gebaut. Solange keine allzu großen Kräfte auf die Moleküle einwirken, bleiben die Atome auch zusammen. Es gibt aber wesentlich komplexere Moleküle. Diese bestehen aus Tausenden von Atomen. Manche dieser Atome sind dann wie auf einer Perlenschnur aufgereiht. Die Atome können aber auch Ringe oder Verzweigungen bilden, oder es kommt zu einer Kombination aus all dem Genannten. Auf gut Deutsch, Moleküle können sehr komplex aufgebaut sein. Sie bestehen vor allem aus Kohlenstoff- und Wasserstoffatomen.

Für das Kochen müssen wir uns fast nur mit diesen komplexen Molekülen beschäftigen – aus ihnen besteht alles Leben. Diese Kohlenstoffverbindungen können, obwohl sie sehr filigran aufgebaut sind, auch sehr stabil sein. Das erklärt auch, warum wir nicht durch eine Tischplatte greifen können. Die Kraft zwischen den einzelnen Atomen in den Molekülen und die Kraft zwischen den einzelnen Molekülen sind größer als die Kraft unserer Hand und den damit verbundenen Kräften zwischen unseren Molekülen. Ist aber die Kraft groß genug, nehmen wir zum Beispiel einen Hammer, um die Tischplatte zu zerstören, so können einzelne Moleküle aufbrechen beziehungsweise kann auch die Kraft zwischen den einzelnen Molekülen überwunden werden. Zerreißen Sie ein Blatt Papier, so haben Sie sicher ein paar Moleküle zerstört.

Gerade die Kohlenwasserstoffmoleküle weisen eine enorme Formenvielfalt auf. Deshalb teilt man auch die Chemie in zwei Bereiche: die organische (Kohlenwasserstoffverbindungen) und die anorganische (der Rest) Chemie. Meist sind die Kohlenwasserstoffmoleküle sehr lang und bestehen aus einigen tausend Atomen. Manche Moleküle behalten die längliche Form bei, während sich andere verkringeln. Warum sich manche verkringeln und andere Moleküle dies nicht tun, wie genau das passiert und wie die verkringelte Form genau aussieht, weiß bis heute niemand. Wer das als Erster beantworten kann, darf nach Stockholm fahren, erhält den Nobelpreis und ein mäßig schlechtes Abendessen …

Vom kulinarischen Standpunkt ist das Wissen über das Verkringeln gar nicht so wichtig. Wesentlich ist aber, dass die Moleküle unter Temperatureinfluss ihre Form ändern können. Sie verkringeln sich dann anders. Dies kann ebenfalls durch Säuren, Laugen oder Alkohol geschehen. Durch die Formänderung verhalten sich die Moleküle dann anders. Manche lösen sich nicht mehr in Wasser auf, sie flocken aus. Oder sie waren vorher weich und biegsam und werden nachher hart und fest. Es gibt alle Möglichkeiten. Diese Formänderung wird Denaturierung genannt. Wichtig für das Kochen ist zu wissen, bei welchen Temperaturen welche Moleküle denaturieren und was dabei passiert.

Aber, geschätzte Leserinnen und liebe Leser, keine Sorge! Wenn Sie jetzt weiterlesen, werden Sie keine Abhandlung über

Chemie und organische Moleküle erhalten – vielleicht nur ein paar kleine, aber für das Kochen wichtige Details. Essenziell ist die Denaturierungstemperatur und was dabei passiert.

Beim Dotter wären das 65 °C, und er wird bei dieser Temperatur hart. Beim Eiklar, damit es vollständig hart und fest ist – sprich denaturiert –, sind das 82,5 °C. Bei diesen Temperaturen verändern die Moleküle ihre Struktur so weit, dass sie fest werden.

Wie lange kocht man ein Drei-Minuten-Ei?

Die letzte Woche war anstrengend, die nächste Arbeitswoche wird auch nicht leichter – also, worauf können wir uns wirklich freuen? Auf ein perfektes weiches Ei, das Eiklar hart und fest, der Dotter weich und cremig, dazu ein Butterbrot und eine Tasse Kaffee, und das Leben hat wieder seinen Sinn … Aber leider gelingt diese einfache und doch köstliche Speise nicht immer so, wie wir es uns wünschen. Es gibt viele kleine Fragen zu beantworten, wobei uns die Physik helfen kann.

Sollte man das Ei in kaltes oder in heißes Wasser legen? Arbeitet man immer mit demselben Topf und bereitet man sich immer die gleiche Menge an Eiern zu, so kennen wir aufgrund unserer Erfahrung die richtige Kochdauer. Doch kommt ein zusätzlicher Gast oder ist der Topf gerade nicht verfügbar, so scheitern die Bemühungen: Die Eier werden nicht perfekt weich. Manche Menschen akzeptieren dann, dass nicht alle Eier perfekt weich sind. Entweder ist das Eiweiß noch nicht vollständig geronnen oder der Dotter schon zu hart. Variiert die Wassermenge, die Topfgröße oder die Zahl der Eier, so kann keine verlässliche Zeitangabe mehr gemacht werden. Ein weiter Topf mit zehn Mal so viel Wasser benötigt mehr Zeit, um heiß zu werden als ein kleiner hoher Topf. Umgekehrt ist es vollkommen egal, wie viel Wasser sich in einem Topf befindet, wenn es kocht. Daher sollten Sie die Eier immer in kochendes Wasser legen. Wollen Sie ganz genau sein, so reicht es, wenn das Wasser 82 °C hat, denn bei dieser Temperatur beginnt das Eiweiß zu denaturieren.

Manche von Ihnen werden nun einwenden, dass dadurch die Eier platzen können. Stimmt, aber nur, wenn man die Eier nicht richtig behandelt. Essigwasser würde zwar die Eierschale, die aus Calciumcarbonat besteht, zerstören, aber das dauert einige Stunden, bis die Säure der Eierschale wirklich zusetzt. Der Essig hat jedoch eine andere Aufgabe: Sollte ein Ei brechen, so sollte das Eiklar so schnell wie möglich gerinnen, um damit die Bruchstelle abzudichten. Dies funktioniert auch, aber besser ist es, wenn das Ei überhaupt nicht bricht.

Viele meinen, dass die sich ausdehnende Luftblase für das Brechen der Eier verantwortlich ist. Aber mithilfe der Physik kann man sich das schnell ausrechnen. Für ideale Gase – Luft erfüllt diese Bedingung zumindest in erster Näherung – gibt es einen einfachen Zusammenhang: Das Luftvolumen wächst proportional zur Zeit. Pro einem Grad Celsius dehnt sich das Volumen um 1/273 aus. Damit können wir uns ausrechnen: Wenn die Luftblase mit einem Kubikzentimeter Größe im Ei um 80 °C erhitzt wird, vergrößert sich das

Volumen um 0,293 cm³. Also haben wir eine Volumszunahme von rund einem Drittel. Damit könnten wir uns zufrieden geben und der Luftblase die Schuld zuschieben. Aber Luft nimmt die Wärme nur sehr langsam auf. Würde die Luftblase für das Springen des Eies verantwortlich sein, so würde das Ei erst gegen Ende des Kochvorganges springen. Wir wissen aber, dass dem nicht so ist. Das Ei springt in den ersten Sekunden, nachdem wir es ins Wasser gelegt haben. Suchen wir nach dem wahren Grund für das Springen von Eiern: Einerseits können sich kleinste Dampfbläschen im Eiweiß, das einen hohen Wasseranteil besitzt, bilden. Diese Dampfbläschen können das Ei sprengen. Andererseits können dickere Schalenteile sich nicht so gut ausdehnen wie dünnere.

Betrachten wir die unterschiedlichen Fälle im Einzelnen. Wenn sich Wasser im Eiweiß ausdehnt, wird es größer. Die Luft in der Luftblase ist komprimierbar, und so sollte das Ei eigentlich nicht platzen. Wird das Ei aber zu schnell in das Wasser gelegt, so wird sich das Eiweiß direkt unterhalb der Eierschale ausdehnen, Dampfbläschen entstehen, ein gewaltiger Druck wird auf das Ei ausgeübt. Die Luftblase kann den Druck nicht kompensieren. Deshalb sollten Sie das Ei vorsichtig bis zur Hälfte mit einem Löffel in das heiße Wasser führen, mehrmals im heißen Wasser drehen und erst dann vollständig einlegen.

Der zweite Fall, warum Eier springen können, ist der wahrscheinlichere. Die Kalkschale ist nicht gleichförmig dick. Es gibt Stellen, die dicker sind als andere. Die dünnen Stellen können die Wärme schneller aufnehmen. Fast alle Körper dehnen sich aus, wenn sie erwärmt werden. Damit dehnen sich die dünneren Bereiche etwas stärker aus als die dickeren. Als Resultat dieser unterschiedlichen Ausdehnungen entstehen im Inneren der Eierschale Spannungen, die mitunter zum Bruch führen. Am einfachsten lösen Sie dieses Problem dadurch, dass Sie Entlastungssprünge anbringen – ein kleines Loch am Po des Eies genügt. Dabei entstehen viele kleine Sprünge in der Eierschale, und die unterschiedlich dicken Bereiche können, ähnlich wie die Kontinente auf der Erde bei der Plattentektonik, aneinanderreiben. Dafür gibt es jetzt sogar schon eigene Geräte, mit denen man kleine Löcher in die Eierschale applizieren kann. Vor diesen Geräten möchte ich aber warnen – sie sind besonders spitz und sorgen für ein wunderbares Loch im Ei, aber es entstehen nicht immer Entlastungssprünge. Ich nehme daher einen kleinen Löffel und schlage diesen auf den Po des Eies, bis kleine Brüche entstehen.

Wie lange muss man nun ein Drei-Minuten-Ei kochen? Eine komische Frage, die aber berechtigt scheint. Unter einem Drei-Minuten-Ei versteht man ein Ei, das exakt drei Minuten lang gekocht wurde und danach perfekt ist: Das Eiweiß ist geronnen und das Eigelb noch weich. Kochen Sie jedoch heutzutage ein Ei drei Minuten lang, so wird das Eiweiß gerade von dem heißen Wasser geküsst – aber vollständig geronnen ist es nicht. Früher, also vor rund hundert Jahren, waren die Eier noch kleiner. Damals stimmte die Angabe mit den drei Minuten. Heute sind die Eier aber größer. Zusätzlich hat die Lagertemperatur einen wichtigen Einfluss auf die Kochdauer. Kommt das Ei aus dem Kühlschrank, oder hat es Raumtemperatur? Auch dafür gibt es eine Formel:

$$t = 0{,}0016 \cdot d^2 \cdot ln\left(\frac{2 \cdot (T_{Wasser} - T_{Starttemperatur})}{T_{Wasser} - T_{Innentemperatur}}\right)$$

Der Durchmesser d des Eies wird in Millimeter angegeben – an der schmalsten möglichen Stelle –, T_{Wasser} ist die Temperatur des kochenden Wassers, also rund 100 °C. Das Ei kann aus dem Kühlschrank stammen, oder es wurde bei Raumtemperatur gelagert. Die Starttemperatur $T_{Starttemperatur}$ beträgt meist zwischen 4 °C (Kühlschrank) und 20 °C (Raumtemperatur). Die gewünschte Endtemperatur des Inneren des Eies wird in $T_{Innentemperatur}$ angegeben. Falls Sie ein weiches Ei haben möchten, dann sollte der Wert $T_{Innentemperatur}$ = 62 °C und bei einem harten Ei $T_{Innentemperatur}$ = 82 °C betragen. Wenn man in die Formel einsetzt, erhält man die Kochdauer t in Minuten – physikalisch ungewöhnlich, aber praktisch. Alle, die mit dem Logarithmus (ln) kämpfen, können sich mit einer einfachen Schablone behelfen. Ausschneiden, die schmalste Stelle des Eies zwischen die beiden Laschen geben und im Bereich, wo es den Rand berührt, die Zeit für Eier aus dem Kühlschrank beziehungsweise für die Raumtemperatur ablesen.

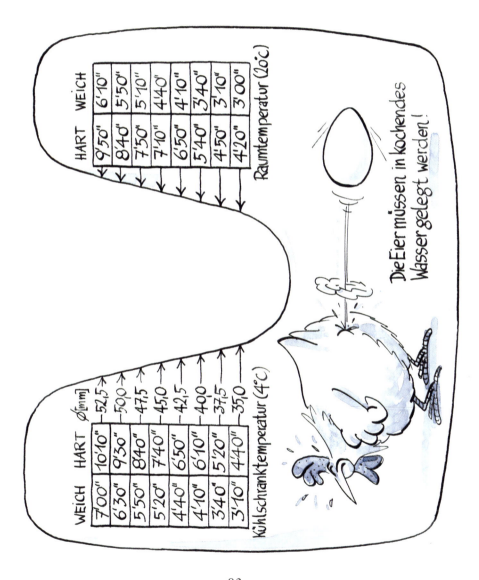

Wie man auf der Schablone leicht erkennen kann, dürfen kleine Eier nur drei Minuten kochen. Diese Eier erhält man heute nur sehr schwer, früher waren sie aber üblich. Meist verspeiste man gleich zwei von diesen kleinen Eiern zum Frühstück.

Nachdem das Ei richtig gekocht wurde, muss man es nur mehr kurz abschrecken, also kurz mit kaltem Wasser übergießen. Wie schon oben erwähnt, führt dies nicht zu einer besseren Schälbarkeit. Trotzdem sollte es durchgeführt werden, damit das Ei nicht weiterkocht. Es ist noch viel Wärme im Inneren des Eies gespeichert – deshalb verbrennen wir uns die Finger, wenn wir das Ei schälen. Wärme fließt immer von wärmeren Objekten zu kälteren. Für das Ei bedeutet dies, dass einerseits die Wärme nach außen abgegeben wird. Andererseits wird auch Wärme vom heißen, gestockten Eiklar zum etwas kälteren, noch flüssigen Dotter abgegeben. Weiche Eier, die abgeschreckt wurden, sollten Sie sofort verspeisen.

Warum darf man Eier nicht zu hart kochen?

Natürlich sollte man auch harte Eier abschrecken – denken Sie sich. Aber warum eigentlich wirklich? Die Restwärme sorgt nur dafür, dass das Ei im Inneren eine Spur wärmer wird, aber härter kann es nicht werden – sollte man meinen.

Kocht man Eier zu lange oder ist noch zu viel Restwärme gespeichert, so wird das Eiklar zäh, und zwischen dem Dotter und dem Eiklar bildet sich ein grüner Rand. Riecht man ganz vorsichtig an diesem Rand, so nimmt man einen unangenehmen Geruch war – der Geruch von fauligen Eiern. Schwefelwasserstoff H_2S, eine hochgiftige Substanz, liegt in der Luft. Aber bitte keine Panik, diese Eier können Sie ohne Bedenken verspeisen oder verschenken. Schwefelwasserstoff ist zwar ähnlich giftig wie Blausäuregas (HCN), aber wir riechen es schon in sehr geringen Mengen. Will man diesen Geruch öfter haben, so kann man die Eier auch mit einem Silberlöffel essen. Dabei entstehen diese besonders geruchs-

aktiven „Aromen". Während des Kochens setzt der Dotter Eisen und das Eiklar Schwefelwasserstoff frei. Beide Stoffe verbinden sich zu Eisensulfat, was den bläulichgrünen Rand erklärt. Auch Eisensulfat ist gesundheitsschädlich, aber wiederum ist die Konzentration sehr gering.

Deshalb verwendet der Profi auch keinen Silberlöffel für das weiche Ei, sondern einen Löffel aus Horn oder Kunststoff. Die Schwefelwasserstoffe des Eies verbinden sich mit dem Silber des Löffels zu Silbersulfid. Das führt dann zu einem unangenehmen Belag des Silberlöffels, und außerdem schmeckt das Ei auch nicht besonders gut. Verwendet man aber einen Löffel aus Horn oder Kunststoff, dann tritt garantiert keine geschmackliche Veränderung ein.

Wenn wir schon beim Silber sind: Wie reinigt man es? Ich kann mich noch gut erinnern, als meine Mutter ein paar Tage vor Weihnachten begann, das schöne Silberbesteck zu putzen. Nur zu Weihnachten wird das gute Besteck verwendet, während sich übers Jahr eine grauschwarze Patina (Silbersulfid) bildet. Den ganzen Abend war die Mutter nicht ansprechbar, die Schweißperlen rannen ihr von der Stirn, und die Familie suchte das Weite. Aber die Zeiten haben sich glücklicherweise geändert, seitdem ich ihr einen kleinen Trick aus der Naturwissenschaft verraten hatte, den ich hiermit an Sie weitergebe: Legen Sie das Silberbesteck gemeinsam mit ein paar Streifen Alufolie in eine Schüssel und übergießen es mit heißem Wasser. Das Ganze wird mit etwas Speisesalz gewürzt. Sie können dabei zusehen, wie sich die Patina löst. Möglicherweise muss man dies ein paar Mal durchführen, aber es klappt ganz hervorragend.

Dahinter steckt kein Hokuspokus, sondern die Physik. Im Prinzip handelt es sich um eine Batterie. Das Aluminium, ein unedleres Metall als Silber, gibt in einer Lösung gerne Elektronen ab, während das Silber gerne Elektronen aufnimmt. Das führt dazu, dass ein geringer Strom von Elektronen vom Aluminium zum Silber wandert. Das Salz Natriumchlorid in der Lösung trennt sich in Ionen Na^+ und Cl^- (geladene Teilchen) und erleichtert so den Transport der Elektronen. Kommen die Elektronen am Silber an, trennt sich das Silber vom Schwefel, der den Belag verursacht, und es entsteht wieder reines Silber. Genauer gesagt wird das Silber wieder reduziert und braucht daher den negativ geladenen Bindungspartner Schwefel nicht mehr. Natürlich könnte man auch kaltes Wasser verwenden, aber je wärmer das Wasser ist, umso schneller werden Elektronen abgegeben, umso schneller und besser funktioniert der Trick.

Die Frage nach dem Abschrecken von harten Eiern ist noch nicht vollständig beantwortet. Kurz gesagt, Sie sollten es vermeiden. Bei gekochten Eiern zieht sich das Innere beim Abkühlen zusammen. Dabei ist es möglich, dass von der Außenseite der Schale Salmonellen durch die Poren in das Innere des Eies gezogen werden. Die Salmonellen können sich im Inneren des Eies bei den richtigen Temperaturen vermehren, und das Ei wird gefährlich. Sie sollten deshalb hart gekochte Eier, die Sie abgeschreckt haben, bei 6 °C lagern. Unterhalb dieser Temperatur können sich die Salmonellen nicht vermehren, und wir leben länger.

Vergessen Sie aber auch nicht, dass sich fast immer ein paar Salmonellen in Eiern befinden. Normalerweise, solange man keine Autoimmunerkrankung oder ein massiv geschwächtes Immunsystem hat, wird der menschliche Körper mit den Salmonellen ohne Probleme fertig. Leiden Sie aber trotzdem an Durchfall nach dem Verzehr von rohen oder halbrohen Eiern, so liegt die Ursache wahrscheinlich nicht bei den Salmonellen, sondern bei einer Lebensmittelunverträglichkeit. Rund fünf bis acht Prozent der Bevölkerung sind von einer solchen Unverträglichkeit betroffen. Die wichtigsten Allergene heißen Ovotransferrin, Lysozym und Livetine. Sie werden beim Kochen zerstört. Deshalb haben Allergiker, die von ihnen betroffen sind, auch keine Probleme mit Nudeln oder Kuchen. Nicht immer sind es also die bösen Salmonellen, die für einen kräftigen Durchfall sorgen.

Wenn wir uns schon so genau mit den Eiern beschäftigen, so sollte man auch gleich die Frage stellen, woher die Eier ihre Farbe bekommen. Natürlich durch die Hennen, aber die hartnäckige Meinung, braune Hennen legen braune und weiße Hennen legen weiße Eier, ist falsch. Entscheidend für die Farbe der Eier sind die Gene der Hühner. Sie können dies meist auch an den Ohren der Tiere erkennen: Hühner mit roten Ohrläppchen legen meist braune Eier, während Hühner mit weißen Ohrläppchen weiße Eier legen. Diese Information nur für den Fall, dass Sie selber in die Eierproduktion einsteigen wollen …

Eine ganz besondere Eigenheit unter den „harten" Eiern sind die „tausendjährigen Eier". Sie werden auch als „fermentierte", „hundertjährige", „chinesische" oder auch als „Leder-Eier" bezeichnet und gelten im asiatischen Kulturkreis als Delikatesse. Für diese Spezialität werden keine Hühner-, sondern Enteneier verwendet. Aufgrund des hohen Salmonellengehalts sind diese Eier gar nicht so leicht erhältlich, dafür braucht man einen „Dealer", der einen damit beliefert. Die Eier werden dann mit einem Brei aus Holzkohle vom Grill (optimalerweise verwendet man Kiefernholzasche), etwas gelöschtem Kalk und schwarzem

Tee bestrichen. Die einzelnen Eier sollten jeweils mit diesem Brei fünf Millimeter dick bestrichen sein. Danach umwickelt man die Eier mit trockenem Stroh oder Gräsern. Das Ganze legt man dann in einen Steinguttopf und wartet rund 45 Tage. Der Kalk $CaCO_3$ und die Asche K_2CO_3 sind beide sehr alkalisch. Sie dringen gemeinsam mit dem Tee in das Innere des Eies ein. Dort bewirken die beiden Substanzen eine Denaturierung der Proteine. Der Tee und die Aromen der Kiefernholzasche führen zu einer zusätzlichen geschmacklichen Veränderung. Aufgrund des hohen alkalischen Gehalts der Paste können sich Bakterien nicht vermehren. Einige Alterungsprozesse im Inneren des Eies sorgen dann für schärfere Aromen, die an einen sehr würzigen Käse erinnern.

Wie gewinnt man beim Eierpecken zu Ostern?

Das „Eierpecken", wie man in Österreich sagt, ist in der Osterzeit ein weit verbreiteter Brauch. In anderen Regionen wird diese Handlung auch als Ostereier „ticken", „düpfen", „tüppen", „kitschen", „tütschen", „dotzen" oder „kicken" bezeichnet. Dieses

Brauchtum erstreckt sich von der Schweiz, dem Rheinland, der bayrischen Oberpfalz quer durch Österreich über den Balkan bis nach Russland. Dabei haben zwei Spieler je ein hart gekochtes, meist bemaltes Ei. Nun muss der eine Spieler mit der Spitze seines Eies die Spitze des anderen Eies einschlagen. Danach versucht der Gegenspieler mit dem Po seines Eies den Po des anderen Eies zu zerschlagen. Wessen Ei unbeschädigt ist, gewinnt und erhält dafür das Ei des Mitspielers.

Entscheidend für das Zerbrechen des Eies sind die Härte und die Dicke der Eierschale. Die Eierschale von jungen Hühnern ist besser geeignet, da sie stabiler ist. Die Eier von Junghühnern halten die Kraft von etwa 30 Newton, das entspricht einer Gewichtskraft von rund einem Drittel Kilogramm, aus. Das bedeutet, es liegt ein Druck von etwa 4,5 kg/cm² vor. Die Eier älterer Hühner sind nur halb so belastbar. Auf diese Faktoren haben wir nur wenig Einfluss, außer man geht unter die Geflügelzüchter oder kauft sich ein Bio-Ei mit Zertifikat, dass es von einem Junghuhn gelegt wurde.

Es gibt dann aber noch einen physikalischen Parameter, auf den wir sehr wohl Einfluss haben: auf den Winkel, mit dem sich die beiden Eier „berühren". Das Ei selber setzt sich idealerweise aus zwei Kuppeln zusammen: einer spitzeren und höheren und einer im Verhältnis breiteren und damit flacheren Kuppel. Kuppeln haben den Vorteil, dass sie einwirkende Kräfte schön gleichmäßig verteilen. Dadurch sind Eier auch besonders stabil. Versuchen Sie einmal ein Ei zu zerdrücken. Aber Sie dürfen es nur an den beiden Polen berühren: Nur dort dürfen die Kräfte wirken. Sie benötigen eine Kraft, die dem Gewicht von rund 50 Kilogramm entspricht. Solange die beiden Kräfte einander genau gegenüberliegen, brauchen Sie sehr viel Kraft. Treffen die Eier genau Spitze auf Spitze, so entscheidet das Glück.

Aber was passiert, wenn Sie versuchen, das gegnerische Ei unter einem anderen Winkel zu treffen, also leicht seitlich anzuschlagen?

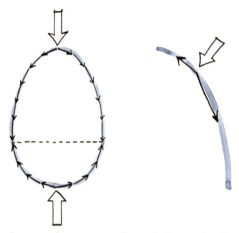

Greifen die Kräfte zentral an, so verteilen sich die Kräfte gleichmäßig – das Ei bricht nur sehr schwer. Wirkt die Kraft nicht zentral, wird schräg auf das Ei geschlagen, so verteilen sich die Kräfte nicht mehr gleichmäßig, und das Ei bricht.

Kommt es zu einem nicht zentralen Stoß, wird das Ei von der Seite angeschlagen, so sind die Kräfte, die auf die Eierschale wirken, nicht mehr symmetrisch, und das Ei wird dort besonders leicht brechen. Mithilfe der Physik können Sie so jedes Duell beim Eierpecken gewinnen. Natürlich haben Sie auch die Möglichkeit, das Ei vor Ihrem Gegner anderweitig zu schützen. Sie müssen das Ei bloß mit der gesamten Hand umschließen, wobei nur die Spitze herausguckt …

Der eigentümliche Eierkocher

Freileich kann man auch Eier im Eierkocher zubereiten, wenn man in der Küche ausreichend Platz für ein weiteres nettes Gerät hat. Beim Eierkocher gibt es aber ein interessantes Prinzip, das schon Verwunderung auslöst.

Betrachten wir einmal das Funktionsprinzip. In einen mitgelieferten Becher mit verschiedenen Skalen füllt man Wasser. Es gibt eine Skala für die Art des Eies (sehr weich, weich, hart) und dazu noch eine Skala, auf der man die Eiermenge abliest. Dabei stellt man fest, dass umso weniger Wasser erforderlich ist, je mehr Eier gekocht werden. Dieses Wasser wird dann in den Eierkocher geschüttet und die gewünschte Zahl der Eier hineingelegt. Danach werden die Eier mit einer mitgelieferten Nadel angestochen, anschließend kommt noch der Deckel über den Kocher. Einschalten, und nach ein paar Minuten beginnt der Eierkocher zu summen – das Signal, das Gerät auszuschalten und die Eier abzuschrecken.

Warum werden die Eier erhitzt? Der Eierkocher bringt das Wasser zum Verdampfen. Der Dampf kondensiert an den kalten Stellen im Inneren des Kochers. Diese kalten Stellen sind vor allem die Eier. Dort kondensiert das Wasser, tropfenweise rinnt es wieder in die Auffangrinne, in der das Wasser wiederum erhitzt wird.

Im Deckel ist ein kleines Loch eingearbeitet, durch das der Dampf, der nicht kondensiert, entweichen kann. Befindet sich kein Wasser mehr im Inneren, so hört der Eierkocher auf zu arbeiten, und die Eier sollten perfekt zubereitet sein.

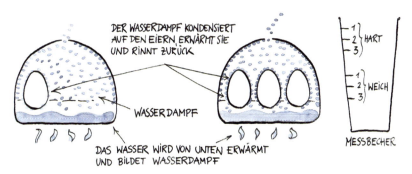

Darstellung eines Eierkochers: Über das Loch am Deckel kann der Dampf entweichen. Ist kein Wasser mehr vorhanden, so schaltet sich der Wasserkocher aus. Da der Wasserdampf an der Oberfläche der Eier kondensiert, werden die Eier erwärmt. Dieses Kondenswasser rinnt wieder in die Wasserwanne zurück und kann erneut verwendet werden. Deshalb braucht man für mehr Eier weniger Wasser, wie man am Messbecher ganz rechts erkennen kann.

Damit bleibt noch die Frage: Warum weniger Wasser, wenn man mehr Eier „kocht"? Viele glauben, dass es vor allem um das Volumen geht. Mehr Eier nehmen mehr Volumen ein, und so braucht man weniger Wasser. Aber ganz so einfach ist es nicht. Verdampft man einen Liter Wasser, so erhält man rund 1700 Liter Dampf. Also müsste man nur einen kleinen Tropfen Wasser verdampfen, um das „fehlende" Volumen auszugleichen. Nein, der Grund ist ein anderer. Befinden sich in einem Eierkocher mehr Eier, so gibt es auch mehr kalte Flächen. Dadurch wird mehr Wasser an den Eiern kondensieren. Da das Wasser aber recycelt wird, steht nun mehr Wasser zur Verfügung, als wenn man weniger Eier verwenden würde. Es geht hier um die Oberfläche und nicht um das Volumen der Eier.

Wesentlich für das Funktionieren des Eierkochers ist das Loch in der Abdeckhaube. Wird es verkleinert oder vergrößert, so kann weniger beziehungsweise mehr Dampf entweichen. Dadurch wird der Vorgang verkürzt oder verlängert. Daran sollte man nicht „herumpfuschen". Aus eigener Erfahrung weiß ich aber, dass die Skalen der Messbecher der Eierkocher nicht wirklich gut justiert sind. Das hängt damit zusammen, dass nicht berücksichtigt wird, ob das Ei aus dem Kühlschrank kommt oder bei Raumtemperatur gelagert wurde. Auch bleibt die Größe der Eier unberücksichtigt. Hier gibt es noch viel zu tun.

Von Ochsenaugen und Spiegeln

Damit könnten wir einmal über eine andere Art der Eierzubereitung diskutieren: das Braten von Eiern. Wie bereitet man ein perfektes Spiegelei zu?

Nun, die Antwort könnte so einfach sein, aber ich habe in meinem Leben, außerhalb meiner Wohnung, nur ganz selten ein gelungenes Spiegelei gesehen. Nicht einmal in den weltberühmten Wiener Kaffeehäusern durfte ich diese Spezialität in Vollkommenheit erleben. Als ich vor ein paar Jahren im ungarischen Speisewaggon saß und gemütlich meinen Tee trinken wollte, sah ich ein perfektes Spiegelei. Auf einer Skala von eins bis zehn war es eine glatte Zehn. Leider waren damals die Digitalfotoapparate noch nicht so üblich, und ich starrte auf den Teller meines unbekannten Gegenübers. Dem war die Szenerie schon ziemlich peinlich, aber ich war von dem Ei so fasziniert. Nach ein paar Minuten fragte mich mein Gegenüber, ob ich nicht doch einmal kurz kosten wollte – meine Augen dürften wohl zu groß geworden sein. Ich lehnte dankend ab und erklärte, welches Wunderwerk er gerade vor sich hatte und wie wenig er es wohl zu schätzen wusste.

Gehen wir nun so vor, wie es vermutlich die meisten von uns machen würden: Wir erhitzen eine Pfanne mit etwas Butter, warten, bis die Butter geschmolzen ist und schlagen zwei Eier hinein. Das Eiklar wird sich über weite Gebiete der Pfanne verteilen, während die Dotter auf dem zähflüssigen Eiklar draufsitzen. So-

bald die Pfanne eine Temperatur von rund 100 °C erreicht hat, beginnen sich kleine Dampfbläschen zu bilden. Das Eiklar schlägt kleine Blasen. Dies lässt sich verhindern, indem man mit einer Gabel in das Eiklar hineinsticht. Durch diese Löcher kann der Dampf leicht entweichen, und die Oberfläche bleibt schön flach. Die Temperatur steigt weiter an, und bei rund 160 °C beginnen Teile des Eiklars, meist am Rand, zu verbrennen. Dem Dotter ist aber weiterhin kalt, er wird immer noch nicht von der Flamme geküsst. Natürlich könnte man die Eier weiterbraten, bis der Dotter cremig wird, aber dann ist das dünnflüssige Eiklar endgültig verbrannt. Sie erhalten so eine besonders knusprige Eierspeise. Manche mögen dies, aber einfach so servieren sollte man diese nicht.

Also müssen wir die Pfanne verkleinern. Es gibt eigene kleine Spiegeleierpfannen, sogar mit Deckel. Oder man kauft sich einen Spiegeleierring. Dabei handelt es sich um einen Ring aus Metall, den man einfach in eine Pfanne legt. Er verhindert, dass sich das dünnflüssige Eiklar über die ganze Pfanne ergießt. Erwärmen wir wiederum diese kleine Pfanne oder die große mit dem Spiegeleierring, geben etwas Butter dazu, und nachdem die Butter geschmolzen ist, zerschlagen wir zwei Eier und lassen sie vorsichtig in die Pfanne gleiten. Dieses Mal wird sich das Eiklar nur bis zum Rand ausbreiten, und die beiden Dotter sitzen wie zwei Könige auf dem Eiklar. Nun erwärmen wir die Eier – vorsichtig. Nicht vergessen, mit der Gabel ein paar Mal in das Eiweiß hineinstechen, damit der Dampf entweichen kann. Nach einigen Minuten erhalten wir die perfektesten Eier – aber es sind keine Spiegeleier, sondern „nur" Ochsenaugen. Fragen wir uns, wo der Begriff Spiegelei überhaupt herkommt. Unter einem Spiegel versteht man im Mittelalter entweder eine Aussichtsplattform oder eine gerade, gleichmäßige Fläche. Das Spiegelei sollte gleichmäßig weiß sein, auch über dem Dotter. Das ist gar nicht einmal so einfach, wie man glauben möchte.

Ich werde des Öfteren gebeten, meine Kochkünste und den Inhalt dieses Buches im Rahmen eines Kochvortrags zu demonstrieren. So entstanden auch im Rahmen der Fortbildungswoche für Physiklehrerinnen und Physiker im Februar die „Faschingsdienstagsvorlesungen". In drei aufeinanderfolgenden Jahren gab es je einen Vortrag mit folgenden Titeln: „Kampf ums Gulasch", „Das Spiegelei schlägt zurück" und „Die Rückkehr des guten Geschmacks". Ich habe noch einige Vorträge gehalten, bei denen gekocht, experimentiert und auch erklärt wurde. Aber ich habe mich nie getraut, ein perfektes Spiegelei vor Publikum zuzubereiten – bis heute nicht. Vielleicht, wenn ich ein paar Tage üben würde, aber auch dann hätte ich noch ein ungutes Gefühl. Ein befreundeter Koch erzählte mir einmal, dass Paul Bocuse, wenn er einen Kollegen vorführen wollte, ihn bat, einfach eine Eierspeise zuzubereiten. Nur ganz wenige Köche bestanden die Prüfung.

Versuchen wir ein perfektes Spiegelei. Wir brauchen wieder unser kleines Pfännchen. Butter erwärmen und die beiden Eier vorsichtig hineingleiten lassen. Und jetzt kommt das Schwierige. Wir erwärmen die Eier nicht nur von unten, sondern auch von oben. Dazu benötigen wir einen Deckel. Der Dampf steigt normalerweise auf und erwärmt die Luft über der Eierspeise. Verwenden wir aber einen Deckel, so kann der Dampf nicht nur am Deckel kondensieren, sondern auch am Dotter. Der Dotter selber ist mit einer dünnen Schicht von Eiklar umgeben. Diese Schicht wird weiß, wenn sie erwärmt wird. Und das genau ist die Kunst: Der Dotter darf von oben und von unten gerade nur von der Flamme „geküsst" werden. Er soll cremig bleiben, und unter gar keinen Umständen darf er hart und fest werden. Mit Dampf zu arbeiten ist schwierig – lässt man ihn einen Augenblick zu lange wirken, so hat man harte Eier. Am besten ist ein durchsichtiger Glasdeckel, dann erkennt man sofort, wenn das Eiklar über dem Dotter geronnen ist. Man kann auch etwas Alufolie verwenden. Das hat den Vorteil, dass ein Teil des Dampfes entweichen kann und damit die Wärmeübertragung nicht so hervorragend ist, wenn die Alufolie nicht ganz perfekt den Topf abschließt. Dadurch hat man zeitlich etwas mehr Spielraum.

Eine etwas andere Variante, perfekte Spiegeleier zuzubereiten, besteht in der Verwendung eines Backrohrs. Diese Variante funktioniert eigentlich sehr gut und problemlos, wenn man sein Backrohr kennt. Dafür werden die Eier in eine bebutterte feuerfeste Form gegeben und das Ganze dann in das Backrohr bei rund 180 °C ohne Deckel gestellt. Nach ein paar Minuten ist das Eiklar perfekt aufgegangen, der Dotter schimmert nur mehr leicht durch – das Leben macht wieder Freude …

Gelingt das perfekte Spiegelei mit der Bratpfanne, so kann man auch am Schluss noch einen gravierenden Fehler begehen: salzen und pfeffern. Sie sollten dem Gast Salz und Pfeffer anbieten, denn Ihr Gast weiß am besten, was ihm persönlich schmeckt, und vor Jahrhunderten war es verpönt, ein Spiegelei zu pfeffern. Es hätte sich auch um den Staub aus einer unhygienischen Küche handeln können.

Wenn wir schon beim Spiegelei sind, sollte auch noch kurz der Unterschied zwischen einem Rührei und einer Eierspeise erwähnt werden. Bei einer Eierspeise werden die Eier in einem Häferl verrührt und dann in die bebutterte Pfanne gegeben. Bei einer Eierspeise darf dann nicht mehr Hand angelegt werden, bis auch der obere Bereich durch ist. Das führt dazu, dass der untere Bereich fast schon verbrannt sein kann, und oben ist die Eierspeise noch leicht glibberig. Bei einem Rührei kann das nicht passieren. Auch hier werden die Eier verrührt, aber in der Pfanne wird dann die „Eierspeise" in kleine Flocken zerrissen. Diese Flocken sollte man hin und wieder wenden. Hier besteht kaum die Gefahr, dass die Eier verbrennen, allerdings werden die Eier auch nicht ganz so flaumig. Aber es gibt ja noch Pfannkuchen, Palatschinken und Omeletts, von denen in einem anderen Kapitel die Rede sein wird.

Apropos Salz: Welches sollen Sie Ihren Gästen zum Spiegelei anbieten? Meersalz, Himalajasalz oder das gewöhnliche, billige Salz aus der Saline? Betrachten wir einmal, woraus Salz besteht: aus Natriumchlorid (NaCl) und einigen Verunreinigungen. Den salzigen Geschmack verursacht das Natrium. Die Verunreinigungen können etwas Gips oder Eisenoxidverbindungen sein. Zusätzlich wird manchen Salzen noch eine Rieselhilfe beigemengt. Dafür verwendet man Kalk (Calciumcarbonat), Magnesiumcarbonat oder Silikate. Ohne diese Rieselstoffe würde das Salz an der Luft verklumpen. Es nimmt gerne Flüssigkeit auf, und die dadurch neu entstandenen Kristalle lassen sich nicht mehr ganz so gut verwenden. Diese Zusatzstoffe sind gesundheitlich völlig unbedenklich: Kalium-, Calcium- und Magnesiumionen sind wichtige Bestandteile des Trinkwassers, in Mineralwässern finden sich auch gelöste Silikate. Alle Salzsorten weisen ein paar Verunreinigungen auf – aber das erklärt den Preisunterschied nicht. Woran liegt es also, dass es ein enormes Preisgefälle bei Salz gibt? Manche Köche würden nun sagen, dass die Salze teilweise unterschiedlich schmecken, teilweise auch anders. Wie kann man sich diesen Unterschied erklären – Salz ist doch Salz, oder?

Der unterschiedliche Salzgeschmack hängt ausschließlich vom Mahlgrad beziehungsweise von der Korngröße der Salzkörner ab. Je feiner das Salz gemahlen ist, umso mehr Moleküle können sich auf der Zunge gleichzeitig lösen, und umso aggressiver erscheint uns das Salz. Sind die Körner aber um einiges größer, so dauert es etwas länger, bis das Salz auf der Zunge zergeht, und es erscheint uns daher deutlich milder. Erlauben Sie sich doch einmal den Spaß und geben Sie die gleiche Menge (wichtig ist das Gewicht, nicht das Volumen) Meersalz und Salinensalz in warmes Wasser. Wenn sich das Salz aufgelöst hat, lassen Sie doch jemanden kosten, welches Salzwasser besser schmeckt. Sie sollten jemand anderen kosten lassen, denn selber ist man voreingenommen (Doppelblindversuch).

Viele glauben auch, dass sich im Meersalz zusätzliche Stoffe befinden, die der Gesundheit dienen. Wir dürfen nicht vergessen, dass die Meere auch nicht immer so sauber sind, wie uns die Urlaubsprospekte weismachen wollen. In den Meeren, an den

Küsten finden wir Ölverschmutzungen, Tierfäkalien, Abwässer aus Großstädten und Industrie und sonst noch so einigen Unrat. Und aus diesen Meeren wird das teure Meersalz bezogen.

Salz hingegen, das in Bergwerken gewonnen wird, ist natürlich nicht von der südlichen Sonne beschienen. Es kommt aus dumpfen, traurigen Höhlen und hat ein schlechtes Image. Aber wie kam das Salz eigentlich in diese Höhlen beziehungsweise unter die Erde? Tja, früher gab es an ganz anderen Stellen große Meere, die im Laufe der Jahrtausende eingetrocknet sind. Die Kontinente verschoben sich, manch eingetrocknetes Salz wurde von anderem Gestein überdeckt, und Jahrmillionen später konnte der Mensch durch Bergbau das Salz wieder gewinnen. Das Salz der Salinen ist genau genommen prähistorisches Meersalz. Wie wird es gewonnen? Man leitet Wasser in die Stollen, dabei löst sich das Salz auf. Danach wird das salzhaltige Wasser, die Sole, in die Saline geleitet und dort „getrocknet", genauso wie Meersalz. Es gibt keinen Unterschied zwischen Meersalz und dem Salz der Salinen vom Standpunkt der Physik und Chemie – außer beim Preis.

Was ist nun am Himalajasalz so besonders? Erstens der famose Preis und zweitens, dass dieses rosa getönte Speisesalz im Wesentlichen in der pakistanischen Provinz Punjab abgebaut wird. Der Himalaja ist zwar in der Nähe, aber das ist auch schon alles. Rund 30 Prozent dieses teuren Salzes werden übrigens in Polen abgebaut. Die rosa Farbe erhält das Salz durch Eisenoxidverbindungen. Die Technische Universität Clausthal (Niedersachsen) untersuchte im Auftrag von WISO das Himalajasalz und kam zu dem Ergebnis: „Das Salz unterscheidet sich in seiner chemischen Zusammensetzung in keiner Weise von anderen natürlichen Steinsalzen. Gegenüber dem bekannten Küchensalz unterscheidet es sich nur dadurch, dass es mehr Verunreinigungen enthält." Diese Verunreinigungen enthalten geringe Mengen an Mineralstoffen – sie tragen zum täglichen Bedarf des menschlichen Körpers praktisch nichts bei, wenn Sie sich gesund ernähren. Das Ganze ist nichts anderes als Geschäftemacherei oder, wie es die Stiftung Warentest bezeichnet, Verbrauchertäuschung.

Ich persönlich empfehle Ihnen, das billigste Salz zu nehmen und damit zu kochen. Sollten Sie grobkörniges Salz brauchen, für Salzstangerl zum Beispiel, so kaufen Sie dieses, aber geben Sie Ihr gutes Geld lieber für tolle Lebensmittel aus, bei denen es sich lohnt, sie zu verspeisen.

Die Mayonnaise mit Abgang und ihre Schwestern

Diese Sauce wird ja nicht so gerne zubereitet und verspeist. Den einen ist es zu schwierig, den anderen ist diese Sauce zu fettig oder zu gefährlich – Sie erinnern sich, die bösen Salmonellen. Natürlich besteht eine große Gefahr, wenn Sie eine selbstgerührte Mayonnaise unter warme Kartoffeln mischen und diesen Salat dann über Mittag bis zum Eintreffen Ihrer Gäste in der prallen Sonne stehen lassen. Dann herrschen im Inneren Ihres Salates optimale Temperaturen, sodass sich die Bakterien wunderbar ausbreiten können. Der Salat ist danach sicher hochgefährlich und nicht mehr für den Verzehr geeignet. Aber wenn Sie nach der Zubereitung alles schön kühl lagern, dürfte es eigentlich keine Probleme geben.

Bei uns zu Hause gibt es handgerührte Mayonnaise immer zu Weihnachten. Als ich noch ein kleiner Bub war, erkannte ich an der Anspannung meiner Mutter, dass bald Weihnachten sein würde. Nicht etwa wegen des aufkommenden Weihnachtsstresses, sondern wegen der Zubereitung der Mayonnaise. Sie ist meiner Mutter ein paar Mal missraten, und das war, nein, ist ihr heute noch peinlich. Wenn es richtig ernst wurde, scheuchte sie meinen Vater und mich aus der Küche. Eine halbe Stunde später lachte uns das Gesicht der Mutter entgegen – die Mayonnaise war gelungen, Weihnachten gerettet, und es gab auch Geschenke. Seitdem meine Mutter das Rezept meiner Großmutter väterlicherseits verwendete, gab es nie wieder Probleme. Dennoch müssen wir auch heute noch aus der Küche, wenn Mama Mayonnaise macht ...

Aber eigentlich ist es doch keine allzu große Schwierigkeit. Im Prinzip handelt es sich um eine Emulsion aus Wasser, das aus dem Dotter stammt, und Öl. Normalerweise verträgt sich Öl mit Wasser nicht: Das Öl schwimmt auf dem Wasser. Versprudelt man das Ganze, so entmengen sich die beiden Stoffe wieder: Das Öl schwimmt oben, das Wasser bleibt unten.

Deshalb benötigen wir sogenannte Netzmittel. Die Natur liefert viele dieser wunderbaren und vielfältig einsetzbaren Moleküle. Ein solches Netzmittel hat zwei Enden. Ein Ende ist wasserfreundlich, das andere fettfreundlich. Ein bekanntes Netzmittel heißt Lecithin, das sich im Dotter von Hühnereiern befindet. Betrachten wir das Rezept meiner Großmutter väterlicherseits: Sechs Eidotter, zwei Esslöffel scharfer Senf und ein Esslöffel Staubzucker werden miteinander vermengt. Alles sollte schön cremig sein. Dann gießt man vorsichtig und langsam einen halben Liter Öl zum Dotter – am Anfang Tröpfchen für Tröpfchen.

Ist die Hälfte der Menge des Öls verbraucht, fügt man zwei Esslöffel Zitronensaft oder die gleiche Menge Essig in die Masse und rührt das restliche Öl ein. Zum Schluss mit etwas Salz und weißem Pfeffer abschmecken.

Alle Zutaten sollten die gleiche Temperatur haben, möglichst warm. Damit vermengen sie sich besser, und die chemischen Reaktionen laufen einheitlicher ab. Ich persönlich stelle die Zutaten immer auf den Küchenkasten. In den oberen Bereichen der Küche ist es wärmer.

Natürlich würden die aufmerksamen Leserinnen und die geneigten Leser bemerken, dass man perfekte Eier benötigt: frisch und wenn möglich aus biologischem Anbau. Ich aber sage, dass es vollkommen egal ist, woher die Eier stammen und wie alt sie sind. Dies steht zwar auch in grobem Widerspruch zu manchen Kochbüchern, aber ich kann es auch erklären. Harold McGee, ein amerikanischer Physiker, der sich ebenfalls mit der Physik und

Chemie in der Küche beschäftigt, führte ein interessantes Experiment durch. Er wollte wissen, wie viel Öl durch ein Eigelb emulgieren kann. Da ein Eigelb nur wenig Wasser enthält, gab er nach jedem Viertelliter Öl einen Esslöffel Wasser dazu. Ich habe in meinen Kursen diese Frage oft gestellt, und die Meinung der Zuhörerinnen und Zuhörer lautete, dass man mit einem Ei rund ein bis maximal fünf Liter Öl binden kann. Tatsächlich lassen sich aber aus einem Hühnereidotter rund 24 Liter Mayonnaise herstellen! Ein Dotter enthält so viel Netzmittel, dass man damit sehr viel Öl binden kann. Wenn wir also sechs Dotter nehmen, so reicht das für über 100 Liter Mayonnaise aus. Daher brauchen wir uns über den Frischegrad der Eier keine Sorgen machen.

Der Staubzucker hat die Aufgabe, dass das Ganze nach etwas schmeckt. Aber der Senf übernimmt zwei Funktionen: Einerseits trägt er zur geschmacklichen Harmonie bei, andererseits liefert auch er Netzmittel. Senf ist auch nichts anderes als eine Emulsion. Sie werden bereits beobachtet haben, dass aus der Senftube etwas Wasser rauskommt, vor allem dann, wenn der Senf schon längere Zeit nicht benutzt wurde. Das ist geronnener Senf – er kann noch verwendet werden. Im Senf sind es sowohl die fein gemahlenen Senfkörner als auch das zusätzlich eingebrachte Lecithin, die zu einer Emulsion führen. Wenn wir Senf dazugeben, so hat das den Vorteil, dass die Zahl der Netzmittel weiter ansteigt. Es dürfte eigentlich nichts mehr passieren.

Es ist wichtig, dass am Anfang nur einzelne Tröpfchen eingerührt werden. Ein kleines Tröpfchen hat im Verhältnis zum Volumen eine sehr große Oberfläche. Dadurch können sich viele fettfreundliche Enden des Lecithins draufstürzen. Ist der Tropfen zu groß, so muss er erst mühevoll zerschlagen werden. Gelingt dies nicht, so beginnt die Mayonnaise sofort zu gerinnen. Natürlich können Sie auch zu martialischen Geräten wie einem Stabmixer greifen. Davon rate ich aber ab. Bei einem Stabmixer werden die Blätter auf eine sehr hohe Geschwindigkeit gebracht – zu hoch für die teilweise fragilen Moleküle. Sie erhalten zwar kurzfristig eine schöne Mayonnaise, aber diese hält dafür nicht besonders lang. Am besten wäre es, die einzelnen Tröpfchen mit einem Kochlöffel einzuarbeiten. Ich persönlich habe dies noch nicht gemacht, aber das Ergebnis einmal gesehen und genossen. Es war unvergleichlich gut und sicher eine der besten Mayonnaisen, die ich jemals gekostet habe. Leider ist auch der Zeitaufwand dafür enorm. So verwende ich einen Rührschwinger auf der kleinsten Stufe. Damit sind die Ergebnisse sehr gut.

Die einzelnen Öltröpfchen sollten vom Lecithin umgeben sein. Es bilden sich dann sogenannte Cluster. Das fettfreundliche

Emulgatoren oder auch Netzmittel bestehen aus zwei Teilen: einem wasserfreundlichen und einem fettfreundlichen. In der linken Grafik sieht man ein Molekül mit diesen Eigenschaften. Die beiden Halbkreise zeigen den jeweiligen Einflussbereich. In der rechten Grafik ist das Netzmittel schematisch dargestellt.

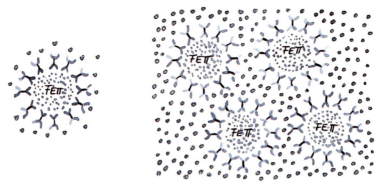

In Mayonnaise lagert sich das Lecithin um die kleinen Öltröpfchen an. Somit wird das Fett vom Wasser abgeschirmt. Es muss sich aber ausreichend Wasser zwischen den Fett-Lecithin-Tröpfchen befinden, damit diese nicht aneinanderstoßen. Kann sich das Wasser aber nur mehr wenig bewegen, so wird die Mayonnaise steif und fest.

Ende des Netzmittels zeigt dann zum Öltröpfchen, während das wasserfreundliche Ende zum Wasser hinweist. Für das umgebende Wasser, das vom Dotter stammt, sieht der Öltropfen nun wie ein großer Wassertropfen aus – er ist getarnt. Natürlich kann das Ganze auch anders aussehen, dass sich das Wasser im Inneren der Tropfen befindet und das Öl diese Tropfen umgibt. Dann zeigen aber auch die Emulgatoren in die andere Richtung. Das ist jedoch keine Mayonnaise mehr, sondern beispielsweise Butter. Bei Mayonnaise sind es die Öltröpfchen, die vom Wasser umgeben sind. Zugegeben, es ist nur wenig Wasser in der Mayonnaise, und die einzelnen Tröpfchen reiben eher aneinander. Dies sorgt aber auch dafür, dass die Mayonnaise schön fest wird. Die einzelnen Öl-Netzmittel-Tröpfchen können sich nur schwer bewegen.

Wenn dann die Hälfte des Öls eingearbeitet wurde, sollten Sie etwas Zitronensaft oder Essig beimengen. Dies verbessert einerseits den Geschmack, andererseits dient die Säure auch der Stabilität der Mayonnaise. Dabei gibt es aber große Streitereien unter den Köchinnen und Köchen. Manche schwören mehr auf Essig, andere arbeiten nur mit Zitronensaft. Gibt es einen naturwissenschaftlichen Unterschied? Zitronensaft zerfällt unter Lichteinfluss. Das bedeutet, dass die Mayonnaise nicht solange stabil ist. Allerdings schmeckt der Essig bedeutend aggressiver. Aber über Geschmack kann man nicht streiten. Trotzdem bietet sich auch für dieses kulinarische Problem eine vernünftige Lösung.

Am Institut für Experimentalphysik ist es üblich, dass bei der Weihnachtsfeier jeder etwas Selbstgemachtes mitnimmt und die anderen an den eigenen kulinarischen Fertigkeiten teilhaben lässt. Manche spezialisieren sich auf Kekse, andere wieder auf Deftigeres. Ich habe versprochen, gefüllte Tomaten mitzunehmen. Natürlich muss es perfekt sein, wenn ich koche, schließlich habe ich am Institut einen Ruf zu verlieren. Die Tomaten schmecken gut, sind schnell und einfach zuzubereiten, und sie sehen auch schön aus. Die Tomaten werden mit einer Gemüsemayonnaise gefüllt.

Selbstverständlich wird die Mayonnaise selbst hergestellt. Ich hatte alle Zutaten eingekauft, das Gemüse vorbereitet und wollte noch schnell einen Bericht fertig schreiben. Um halb sechs Uhr früh war ich mit der Arbeit fertig und machte mich über die Mayonnaise her. Alles hatte wunderbar geklappt, bis ich bemerkte, dass ich keinen Zitronensaft mehr hatte, und mit Essig wollte ich nicht arbeiten. Ich war zwar nicht verzweifelt, aber ich wusste, dass jetzt nur mehr eine kreative Lösung weiterhelfen konnte.

Ich trank eine Tasse Kaffee und erinnerte mich, warum man hier überhaupt Säure benötigt: um die Mayonnaise stabiler zu machen. Das Wichtige ist eine Säure, egal ob Zitrone oder Essig. Ich blickte mich um und sah des Rätsels Lösung. Ich bekam von einem meiner Stammwirtshäuser vor Weihnachten immer ein paar Flaschen Grüner Veltliner. Den Wein meines Wirtes kann man durchaus als resch, um nicht zu sagen als sauer bezeichnen. Also sollte ausreichend Säure im Wein vorhanden sein. Ich gab zwei Esslöffel in die Mayonnaise und rührte das restliche Öl ein. Und dann kam die Messung, das Experiment, ob die Hypothese von der Säure tatsächlich stimmt. Es war ein Moment, den ich in meinem ganzen Leben nicht vergessen werde. Es war die beste

Mayonnaise, die ich jemals gegessen, gespürt und wahrgenommen hatte. Sie war angenehm cremig, nicht zu fest und doch stabil, leicht fruchtig und besaß einen wunderbaren Abgang. Da wusste ich, dass ich etwas Neues geschaffen hatte, und das am heimischen Herd. Und nun wusste ich auch, wozu ich diesen reschen Wein wirklich verwenden konnte, denn zum Trinken wäre er zu brutal …

Danach begann dann eine ganze Testreihe, welcher Wein sich besonders und welcher sich nicht für die Mayonnaise eignet. Das Ergebnis ist eindeutig: Fruchtige und süße Weine sind ungeeignet. Ebenfalls sollte man Rotweine vermeiden. Diese schmecken zwar nicht besonders schlecht, aber die Farbe, welche die Mayonnaise bekommt, ist nicht akzeptabel. Dieses Zuckerlrosa hat in einer Mayonnaise nichts zu suchen – die Sauce sieht dann aus wie die Glasur für ein Punschkrapferl.

Mit dieser Mayonnaise kann man nun viel anfangen: Brötchen verzieren, eine Gemüsemayonnaise herstellen und vieles mehr. Aber was machen Sie, wenn die Mayonnaise nicht gelingen will? Gerinnt die Mayonnaise, kann es verschiedene Ursachen geben, die Eier sind aber in den seltensten Fällen schuld. Da das Wasser für die Emulsion aus dem Dotter kommt, passiert es, dass zu wenig Wasser vorhanden ist. Die einzelnen Öl-Fetttröpfchen reiben aneinander, platzen auf, und die Öltröpfchen vereinen sich – die Mayonnaise gerinnt. Meist reicht es, ein bis zwei Esslöffel warmes Wasser einzufügen und die Sauce noch einmal kräftig zu verrühren.

Es kann aber auch passieren, dass das Öl und die Eier einfach zu kalt sind. Dann empfehle ich Ihnen, das Ganze eine halbe Stunde lang stehen zu lassen und dann wiederum alles kräftig zu verrühren. Und wenn gar nichts mehr hilft, was ich noch nie erlebt habe, geben Sie noch einen Dotter beziehungsweise einen Esslöffel Senf dazu. Dann sind Sie auf der sicheren Seite.

Die Schwester der Mayonnaise ist die Sauce Hollandaise, mit ihr gleichberechtigt, aber doch um eine Spur schwieriger herzustellen. Leider wird sie zu selten zu Hause zubereitet, obwohl sie eine der Grundsaucen der französischen Küche ist. Auch diese Sauce ist eine Emulsion, die warm zubereitet wird. Man verwendet auch kein Öl, sondern Butter. Damit sich die Butter mit dem Dotter gut verteilt, muss die Sauce natürlich erwärmt werden. Zur Erinnerung: Wird der Dotter über 65 °C erhitzt, gerinnt dieser, und die Sauce ist im Eimer. Also darf die Temperatur nicht über 65 °C steigen – unter gar keinen Umständen! Deshalb ist es ratsam, diese Sauce in einem Wasserbad zuzubereiten. Hier lässt sich die Temperatur leichter steuern. Bemerken Sie, dass es mit der Temperatur bald kritisch wird, brauchen Sie nur die Schüssel vom Wasserbad nehmen. Die Erhöhung der Wärme hört sofort auf, sie bleibt dann eine bestimmte Zeit noch konstant, bis sie langsam weniger wird. Zusätzlich können Sie die Temperatur der Sauce durch die Temperatur der Butter steuern. Da gibt es zwei Philosophien, und beide haben vom Standpunkt der Naturwissenschaft ihre Berechtigung.

Zum einen können Sie für die Zubereitung der Sauce Hollandaise geklärte, flüssige Butter verwenden. Damit sollte kurz der Begriff geklärte Butter erläutert werden. Auch Butter ist eine Emulsion zwischen Wasser und Fett. Der Wasseranteil liegt unter 16 Prozent. Durch die Emulgatoren der Butter bildet sich eine schöne Emulsion. Durch das Klären wird das Fett vom Wasser und den Butterproteinen getrennt. Dabei erwärmen Sie vorsichtig die Butter. Nach ein paar Minuten lässt sich gut beobachten, dass sich auf der Oberseite Schaum bildet. Dieser enthält die Proteine – er soll abgeschöpft werden. Direkt darunter ist dann das reine Butterschmalz, das auf dem restlichen Wasser schwimmt. Verwenden Sie das flüssige Butterschmalz, so verlieren Sie zwar zusätzliche Emulgatoren, dafür können Sie die Temperatur der Butter gut einstellen. Sie brauchen diese nur einmal erwärmen, und achten Sie darauf, dass die Temperatur unter 65 °C – im gesamten Topf – ist. Dann geben Sie die geklärte Butter zum warm aufgeschlagenen Dotter dazu und müssen nicht befürchten, dass die Sauce gerinnt. Sie sollten aber auch hier die geklärte Butter nicht mit Schwung einarbeiten, sondern immer in kleinen Schritten. Bei diesem Verfahren müssen die Dotter einmal auf eine bestimmte Temperatur gebracht werden – rund 50 °C –, aber die Butter getrennt davon. Während des Einrührens müssen Sie nur mehr die Temperatur halten, also hüllen Sie die Schüsselunterseite in ein Geschirrtuch. Die Sauce Hollandaise gerinnt nur schwer.

Bei der zweiten Möglichkeit nehmen Sie Butterflocken, die Sie einrühren. Dabei werden wieder die Dotter über warmem Wasser cremig gerührt und dann die einzelnen Butterflocken eingearbeitet. Der Vorteil besteht darin, dass man mehr Emulgatoren in der Sauce hat, aber man muss die Sauce auch kontinuierlich erwärmen. Durch die etwas kühleren Butterflocken, sie sollten Raumtemperatur haben, kühlt die Sauce aus. Diese Erniedrigung der Temperatur muss berücksichtigt und damit das Wasserbad zusätzlich erwärmt werden. Merken Sie, dass die Sauce zu heiß wird, können Sie mit ein paar Butterflocken die Sauce wieder abkühlen und während des Einrührens die Schüssel vom Wasserbad nehmen. Diese Sauce schmeckt mehr nach Butter, aber das muss nicht jeder mögen. Welche der beiden Varianten die bessere ist, ist relativ. Probieren Sie es doch aus.

Wenn ich schon die Butter erwähne, sollte ich auch noch einige interessante Fakten präsentieren. Im Jahr 1904 schickte das britische Königshaus Gesandte aus, um weltweit die beste Butter für Teegebäck zu suchen. In einer kleinen oberösterreichischen Gemeinde wurden sie fündig. In der Stadt Schärding am Inn wurde die „weltbeste" Butter hergestellt. Ab diesem Zeitpunkt belieferte diese Molkerei dann das englische Königshaus. Diese Butter diente der Zubereitung des Gebäcks für den traditionellen Fünf-Uhr-Tee. Nun könnte man vermuten, dass die Butter ihren Namen vom Fünf-Uhr-Tee hat. Aber diese Butter wurde schon ein paar Jahre vorher unter dem Begriff „Thee-Butter" verkauft. Es ranken sich viele Legenden um die

Wortherkunft – hier muss noch viel Forschung betrieben werden ...

Rezepte zu diesem Kapitel

Mayonnaise, nach dem Rezept meiner Großmutter
6   Dotter von kleinen Eiern
1/2 l   Öl
2 EL   Staubzucker
2 EL   Weißwein (umso rescher, desto besser)
1 TL   Salz
2 EL   Senf

Die Dotter mit dem Staubzucker, dem Senf und dem Salz vermengen. Das Öl anfangs tröpfchenweise einarbeiten. Wenn die Hälfte des Öls verarbeitet wurde, den Wein dazugeben und das Öl weiter einarbeiten. Zum Schluss mit weißem Pfeffer und Salz abschmecken.

Mayonnaise ohne Eier
3 EL   Crème fraîche
2 EL   Essig
1 TL   scharfer Senf
8 EL   Öl
         Salz
1 Prise Zucker

Zuerst den Rahm, den Essig, den Senf und den Zucker in einem Mixer vermengen. Vorsichtig das Öl eintropfen lassen. Nach ein paar Minuten ist das Öl emulgiert – hier wirkt hauptsächlich der Emulgator des Senfs. Ohne einen Mixer funktioniert dieses Rezept nur sehr schwer – diese Mayonnaise hält sich auch nicht besonders lange. Um das Ganze geschmacklich zu verbessern, kann man etwas Walnussmus dazugeben.

Verlorene Eier
         Eier, gut abgelagert
4 EL   Essig

In einem Topf wird Wasser mit dem Essig zum Kochen gebracht. Ein Ei aufschlagen und den Inhalt in ein kleines Schälchen geben. Das kochende Wasser stark umrühren – es soll sich in der Mitte ein kleiner Sprudel bilden. In den Sprudel das Ei aus dem Schüsselchen hineingleiten lassen. Mit einer Gabel die Fäden des Eiweißes um den Eidotter legen. Das Ei rund vier Minuten im nicht mehr kochenden Wasser ziehen lassen, mit einem Schaumschöpfer das Ei herausnehmen und auf Küchenkrepp abtropfen. Mit getoastetem Weißbrot servieren.

Rührei
Man nimmt die Eier und schlägt sie in einer Schüssel auf. Mit einer Gabel wird das Eiweiß mit dem Dotter verrührt und in die heiße Pfanne, in der schon das Fett erhitzt wurde, gegeben. Die Pfanne sollte nicht extrem heiß sein – das Rührei benötigt sonst sehr wenig Zeit, und man übersieht schnell den Übergang von cremig zu fest. Nach rund zwei Minuten das Rührei mit einer Spachtel zerreißen und wenden. Sobald das Ei vollständig gestockt ist, sofort auf einen Teller geben und servieren. Mit fein geschnittenem Schnittlauch, gerösteten Zwiebeln oder feinem Käse garnieren.

Eier nach Art von Benedikt
1	Eigelb
4	ganze Eier
	Essig, für die verlorenen Eier
1 TL	Zitronensaft
	Muskatnuss
4 Scheiben	Schinken, dünn geschnitten
4 Scheiben	Toastbrot, weiß, frisch
	edelsüßes Paprikapulver
	weißer Pfeffer, fein gemahlen
	Salz
	Butter

Den Eidotter in einer Schüssel über einem Wasserbad erwärmen – nicht über 65 °C. Langsam drei Esslöffel Butter einrühren, bis eine cremige Sauce entsteht. Den Zitronensaft zur Sauce dazugeben und mit geriebener Muskatnuss, Salz und weißem Pfeffer abschmecken.

Vier verlorene Eier herstellen – Rezept wie oben. Die Weißbrotscheiben toasten und je eine auf einen Teller legen. Den Schinken scharf anbraten und auf die getoasteten Brotscheiben legen. Darauf kommt jeweils das verlorene Ei. Mit der Sauce garnieren und nach Belieben mit frisch gehackter Petersilie oder fein geschnittenem Schnittlauch bestreuen.

Eiaufstrich

6	Eier, hart gekocht
6 EL	Mayonnaise
5 EL	Schlagobers (Sahne)
1	Zwiebel, sehr fein geschnitten
1 kl. Bd.	Schnittlauch, fein geschnitten
1 EL	scharfer Senf
	Essig
	Worcestersauce
	Salz
	Pfeffer

Die hart gekochten Eier fein hacken und mit den restlichen Zutaten zu einer Creme verrühren. Mit dem Essig, der Worcestersauce, dem Salz und dem Pfeffer abschmecken. Kalt stellen und auf Brot servieren.

Falsche tausendjährige Eier

6	Eier, hart gekocht
12 TL	dunkler Jasmintee, aromatisiert
100 ml	dunkle Sojasauce
2 TL	Zucker
3 TL	Pfefferkörner
	Salz

Die Schale der hart gekochten Eier andrücken – die Schale sollte aufspringen. Die Eier in warmes Wasser geben, das Wasser sollte alle Eier bedecken. Die restlichen Zutaten dazugeben und rund drei Stunden bei kleinster Flamme kochen lassen. Danach die Eier in der Flüssigkeit auskühlen lassen. Anschließend schälen und mit zusätzlicher Sojasauce servieren.

Sauce Tatar

2	Dotter von hart gekochten Eiern
1 TL	scharfer Senf
1 dl	Öl

1 TL	Zitronensaft, wahlweise auch Essig
2	Essiggurkerl, klein geschnitten
1	Zwiebel, fein geschnitten
1 TL	Kapern
1/2 Bd.	Petersilie, fein gehackt
	Salz
	weißer Pfeffer, fein gemahlen

Die Dotter zerdrücken, mit Senf und dem Zitronensaft oder dem Essig vermischen. Das Öl unterrühren und einarbeiten – am Anfang tröpfchenweise. Sobald das gesamte Öl eingearbeitet wurde, die Essiggurkerl, die Petersilie, die Zwiebeln und Kapern in die Masse unterrühren. Mit Salz und Pfeffer abschmecken. Ideal zu gegrilltem Fleisch oder auch nur zu gebratenen Kartoffeln.

Sauce Hollandaise

5	Eigelb
500 g	flüssige Butter, lauwarm
4 EL	Wasser
2 EL	Essig
1 MS	schwarzer Pfeffer, zerstoßen
	Salz
	Zitronensaft

Wasser und Essig in einen Topf geben und aufkochen. Auf kleiner Hitze – vielleicht im Wasserbad – mit einer Prise Salz und den fünf Eigelb aufschlagen, bis die Sauce glatt und cremig ist. Es darf unter keinen Umständen eine Temperatur von über 65 °C erreicht werden.

Den Topf vom Herd nehmen und die Butter in einem dünnen Strahl kräftig einschlagen, bis die Sauce eindickt und glänzend wird. Mit Zitronensaft, Salz, weißem Pfeffer und eventuell Cayennepfeffer abschmecken. Anstelle von Butter kann man auch geklärte Butter verwenden.

Sauce Maltaise

Zur Sauce Hollandaise anstelle von Zitronensaft die abgeriebene Schale und den Saft von zwei unbehandelten Blutorangen hinzufügen.

Sauce Mousseline

Der Sauce Hollandaise kurz vor dem Servieren etwa 60 Gramm geschlagene Sahne (Obers) unterziehen.

Sauce Béarnaise

6	Eigelb
500 g	flüssige Butter, lauwarm
2 dl	Weißwein
2 dl	Weißweinessig
4 EL	Zwiebeln, fein gehackt
1 EL	frischer Estragon, grob geschnitten
1 EL	frischer Kerbel
5 g	schwarzer Pfeffer, gestoßen
	Salz

Weißwein, Essig, Estragon, Zwiebeln und Pfefferkörner zusammen aufkochen, um die Hälfte einkochen zu lassen, und abseihen. Zum Abkühlen zur Seite stellen. Dann das Eigelb zur Wein-Essig-Reduktion in den Topf geben und bei schwacher Hitze – zur Sicherheit in einem Wasserbad – aufschlagen, bis die Sauce glatt und cremig ist.

Nach dem Aufschlagen die Sauce vom Herd nehmen und die flüssige beziehungsweise geklärte Butter am Anfang tröpfchenweise hinzufügen, weiter kräftig schlagen, bis die Sauce dickflüssig wird und glänzt. Die Sauce durch ein Spitzsieb passieren, mit Salz, eventuell Pfeffer und einer Prise Cayennepfeffer abschmecken. Schließlich einen Esslöffel frischen gehackten Estragon und einen halben Esslöffel frischen gehackten Kerbel hinzugeben.

Sauce Choron
Der Sauce Béarnaise zwei EL gut eingekochtes Tomatenpüree hinzufügen.

Sauce Paloise
Zur Sauce Béarnaise anstelle von Estragon einen EL Minze dazugeben.

Sauce Foyot
Die Sauce Béarnaise mit zwei EL flüssiger Kalbsglace verfeinern.

Eierlikör à la Natascha

5	Dotter
25 dag	Staubzucker
1 Packerl	Vanillezucker
1/8 l	Milch

1/4 l   ungeschlagenes Schlagobers
1/8 l   Weingeist

Dotter und Staubzucker cremig verrühren. Anschließend Vanillezucker, Milch und Schlagobers dazugeben und glatt rühren. Das Ganze mit Weingeist versetzen. Der Eierlikör schmeckt hervorragend zu Eis, Mousse au Chocolat, im Kuchen oder einfach im Glas.

Die Rückkehr des guten Geschmacks

Bisher haben wir uns mit den einfachen Dingen in der Küche beschäftigt. Nun kommen die etwas schwierigeren, wie die Zubereitung von Fleisch, die Herstellung einer perfekten Kruste auf dem Schweinsbraten und so weiter. Es gibt verschiedene Möglichkeiten, Lebensmittel zuzubereiten:

- Abbacken
- Anbraten
- Andünsten
- Backen
- Blanchieren
- Bläuen
- Bouillieren
- Braten
- Dünsten
- Frittieren
- Gratinieren
- Grillen
- Sautieren

Was sagt die Physik dazu? Hier haben wir es leichter. Es gibt nur drei (fünf) Möglichkeiten, Wärme auf Lebensmittel zu übertragen beziehungsweise Letztere zu erwärmen:

1. Wärmeleitung
2. Wärmeströmung (wird auch als Konvektion bezeichnet)
3. Wärmestrahlung

Diese drei Methoden sind in der Physik schon lange bekannt. Zusätzlich gibt es noch die Möglichkeit, mit

4. Mikrowellen und
5. Strom

zu arbeiten. Wenn wir mit Strom arbeiten, ist nicht die Elektroherdplatte gemeint. Man kann ihn auch direkt durch die Lebensmittel schicken.

Die Wärmeleitung spielt für die Zubereitung von Lebensmitteln eine wesentliche Rolle. Erinnern wir uns kurz an den Begriff der Wärme und Temperatur. Die Temperatur ist direkt proportional zur durchschnittlichen ungeordneten Bewegung der einzelnen Moleküle, aus denen der Stoff besteht. Je schneller sich die Teilchen, aus denen zum Beispiel das Lebensmittel besteht, durchschnittlich bewegen, desto höher ist die Temperatur. Auch in einem festen Körper, einer Pfanne, einem Suppenlöffel oder einer Gabel, bewegen sich die einzelnen Teilchen, aus denen der Gegenstand aufgebaut ist. Erst beim absoluten Nullpunkt – bei –273,15 °C, das entspricht 0 K – versiegt die Bewegung. Die Wärme ist die Summe der Bewegungen aller Teilchen eines Körpers.

Betrachten wir eine Schüssel Suppe mit einem Schöpfer aus Silber. Die Suppe hat eine Temperatur von rund 90 °C, während der Suppenlöffel die Raumtemperatur von rund 20 °C aufweist. Geben wir den Suppenlöffel in die Suppe, so wird sich der Löffel bald erwärmen. Wenn er aus Silber ist, besteht die große Chance, dass man sich nach ein paar Minuten die Finger verbrennt. Warum? Die Wärmeleitung ist schuld daran. Die Teilchen in der Suppe bewegen sich sehr schnell, und sie prallen auf den Schöpfer. Jedes Mal, wenn ein schnelles Teilchen der Suppe ein langsames Teilchen des Schöpfers trifft, wird das Teilchen des Schöpfers zu einer weiteren Bewegung angeregt. Allerdings können sich die Teilchen, aus denen der Schöpfer besteht, nicht einfach quer durch den Raum bewegen. Sie müssen im Gegensatz zu den „Suppenteilchen" an ihrem Ort verharren. Wieso kann man dann in einem Festkörper von einer Bewegung von Teilchen sprechen? Nun, die Teilchen können sich zwar nicht frei bewegen, aber um den Gitterplatz schwingen oder um ihre eigene Achse rotieren. Je schneller die Teilchen rotieren oder je schneller sie um ihren Gitterplatz schwingen, umso höher ist die Temperatur.

Jedes Mal, wenn von außen ein Teilchen, sei es ein Atom oder ein Molekül, auf den Silberlöffel einschlägt, werden die Moleküle an der „Einschlagstelle" etwas schneller rotieren oder schwingen. Dadurch erhöhen sich die Wärme und die Temperatur des Silberlöffels – auf der Oberfläche. Allerdings können auch die Moleküle auf der Oberfläche des Silberlöffels ihre Bewegungsenergie an andere Teilchen im Schöpfer weitergeben. Wenn ein Teilchen besonders schnell schwingt, kann es an andere Teilchen anstoßen und diese zum Mitschwingen anregen. Dadurch wird die Bewegungsenergie auf einen größeren Bereich verteilt. Nach einer bestimmten Zeit bewegen sich alle Teilchen des Schöpfers durchschnittlich mit der gleichen Geschwindigkeit. Es herrscht dann ein Gleichgewichtszustand. Wenden wir unser theoretisches Wissen auf echte Lebensmittel an.

Warum sprengt man Fleisch? – das perfekte Steak

Wir haben ein Stück Fleisch, ein Kotelett, eine Scheibe von der Schweinsschulter oder ein kräftiges T-Bone-Steak. Dies sollte nun perfekt zubereitet werden. Dafür brauchen wir eine Pfanne, ein paar Tropfen Öl und einen Herd, der Einfachheit halber verwenden wir einen Elektroherd.

Wenn wir die Pfanne auf die Herdplatte stellen, so ist darauf zu achten, dass sie waagrecht ohne irgendeinen Abstand darauf steht. Wärmeleitung kann nur dann funktionieren, wenn es einen direkten Kontakt gibt. Wird die Herdplatte immer wärmer, so schwingen ihre Moleküle schneller. Da die Herdplatte die Pfanne berührt, werden auch die Moleküle der Pfanne zum Schwingen angeregt. Die Pfanne wird heiß.

Am besten geben wir in die Pfanne ein paar Tropfen Öl. Wenn das Öl schön heiß ist, können wir das Fleisch hineinlegen. Ab wann ist die Pfanne heiß genug? Sie wissen sicher, dass man dies mit einem Tropfen Wasser feststellen kann. Sobald der Wassertropfen zu spritzen beginnt, haben wir eine Temperatur von über 100 °C, aber besser wären 170 °C. Dies kann man mit ein paar Bröseln feststellen. Wenn die Brösel binnen weniger Sekunden braun werden, so ist die Pfanne heiß genug. Dann legen wir das Fleisch in die Pfanne. Nun beginnen spannende Prozesse abzulaufen. Betrachten wir diese der Reihe nach.

Gerne wird immer behauptet, dass man Fleisch bei hohen Temperaturen anbraten muss, damit sich die Poren schließen. Diese Aussage ist falsch, auch wenn sie von einigen Fernsehköchen oftmals wiederholt wird. Nur durch mehrmaliges Wiederholen wird nichts richtig. Dieses Vorurteil geht auf den berühmten Chemiker Justus von Liebig (1803–1873) zurück. Er stellte diese Hypothese auf, überprüfte sie aber nur mangelhaft. Lassen Sie uns doch gemeinsam diesen Mythos überprüfen. Nehmen Sie ein Stück Rindfleisch, es muss ja nicht gerade der Lungenbraten sein, und geben dieses Stück Fleisch in eine Fritteuse. Es soll in ihr eine wirklich hohe Temperatur herrschen. Wenden Sie das Fleisch vielleicht einmal, damit ganz sicher alle „Poren geschlossen" werden. Legen Sie danach das Fleisch auf einen Teller und warten eine Minute. Dann nehmen Sie das Fleisch vom Teller und werden eine Saftlacke entdecken. Wo kommt denn, bitte schön, der Saft her? Die Poren sollten doch alle verschlossen sein! Also ist die Hypothese widerlegt, der Mythos zerstört.

Trotzdem sollten Sie das Fleisch bei einer möglichst hohen Temperatur anbraten. Das hat gute Gründe. Fleisch besteht aus weichem Eiweiß und zähem Kollagen, welches das Eiweiß umhüllt. Erhöhen wir die Temperatur, so wird als Erstes das Eiweiß gerinnen. Dies passiert bei Temperaturen ab 71 °C. Das Molekül Myoglobin denaturiert. Aus ihm wird das Molekül Metmyoglobin. Das Myoglobin hat die Aufgabe, den Sauerstoff über ein Eisenion für die Muskelzelle bereitzustellen. Es arbeitet ähnlich wie das Hämoglobin, das im Blut für die Verteilung des Sauerstoffes sorgt. Bei der Umwandlung von Myoglobin in das Metmyoglobin verliert das ursprüngliche Molekül sein Eisenatom und kann dann keinen Sauerstoff mehr binden. Das Metmyoglobin weist auch eine andere Farbe auf. Das Fleisch verändert seine rosa Farbe und wird graubraun. Viele glauben, dass die rötliche Farbe des Fleisches vom Blut stammt, aber im Fleisch befindet sich sicher kein Blut mehr. Dass Innereien wie Leber ihre Farbe beim Braten nicht verändern, hängt damit zusammen, dass sich in den Innereien kein Myoglobin befindet. Während der Denaturierung der Proteine der Muskelfasern wird auch Wasser abgespalten. Gelangt dieses in die Pfanne, wird das Fleisch trocken.

Während das Eiweiß denaturiert, was wir uns ja durch den Temperatureinfluss wünschen, läuft noch ein anderer Prozess ab, den wir nicht vernachlässigen dürfen: Er betrifft das Kollagen. Kollagen wandelt sich bei niedrigeren Temperaturen von 60–80 °C in Gelatine um, aber nur, wenn das Fleisch auch lange genug erhitzt wird. Diesen Prozess können wir hier vergessen, da das Fleisch ja bloß kurz angebraten wird. Aber es gibt noch einen zweiten Prozess: Das Kollagen zieht sich bei Temperaturen ab 60 °C zusammen. Bei Fischen liegt diese Temperatur schon bei 45 °C. Das heißt, dass sich das Fleisch zusammenzieht, und dabei wird der Fleischsaft herausgepresst.

Wir kennen alle den Effekt bei einem Rindschnitzel. Wir kaufen bei einem Fleischhacker ein Rindschnitzel. Er schneidet es vielleicht etwas zu großzügig runter, und wir denken uns, dass es für das Abendessen vielleicht doch zu groß ist. Aber was soll es, der Tag war hart genug, und man leistet sich ja sonst auch nichts. Am Abend zu Hause angekommen, erhitzen wir die Pfanne, geben etwas Fett hinein, und bei der richtigen Temperatur legen wir das Rindschnitzel hinein. Dann räumen wir den restlichen Einkaufskorb aus, und ein paar Minuten später packt uns das blanke Entsetzen: Wo ist das Rindschnitzel hingekommen? Es liegt nur mehr ein kleines Bröckchen Fleisch einsam und verlassen in der Pfanne. Man sieht diesem kleinen Stückchen richtig die Angst an, so allein in der Pfanne schmoren zu müssen.

Ich glaube, wir alle kennen dieses Phänomen. Das ist auch der Grund, warum man bei Fleisch, das man kurz anbrät, den Rand einschneidet. Meist verläuft durch den Rand eine große Kollagenfaser. Zieht sich diese zusammen, so wölbt sich das Schnitzel auf, und der Kontakt zur Pfanne wird verkleinert. Das sieht einerseits schlecht aus, andererseits kann das Schnitzel nicht mehr gleichmäßig erwärmt werden.

Man sollte noch erwähnen, dass zwar das Fleisch kleiner wird, aber gleichzeitig entsteht viel Saft in der Pfanne. Dieser Saft, so gut er auch schmecken mag, führt dazu, dass das Fleisch trocken wird.

Zusammenfassend laufen folgende Prozesse ab:
1. Das Myoglobin denaturiert. Dabei verändert das Fleisch seine Farbe, und Wasser wird im Inneren des Fleisches abgespalten.
2. Das Kollagen zieht sich zusammen. Dadurch wird der Fleischsaft herausgepresst.
3. Es entsteht ein Geflecht von denaturiertem Eiweiß, wobei Wasser freigesetzt wird.
4. Als Resultat wird das Fleisch trocken, aber wir erhalten einen guten Saft.

Wie lässt sich ein solches Debakel vermeiden? Eine Möglichkeit besteht darin, dass die Temperatur nicht über 65 °C steigen darf und sich damit das Kollagen nicht zusammenzieht. Diese Variante wird als Niedertemperaturverfahren bezeichnet. Darüber werden wir gleich sprechen. Die zweite Variante sieht vor, dass man das Fleisch nur möglichst kurz erhitzt. Je kürzer wir das Fleisch einer hohen Temperatur aussetzen, umso schneller ist es fertig und umso weniger Fleischsaft wird aus dem Fleisch herausgepresst. Diese Variante führt uns noch zu einem weiteren wichtigen Effekt: zur Maillard-Reaktion.

Der Chemiker Louis Camille Maillard (1878–1936) interessierte sich für Aminosäuren und wie diese mit Zucker reagieren. Ein paar Worte zu den Aminosäuren. Sie sind quasi die Lego-Bausteine, aus denen die Proteine aufgebaut sind. Neben den Proteinen gibt es noch Fette und Zuckermoleküle, aber der Rest besteht aus Aminosäuren. Jedes unterschiedliche Protein ist aus anderen Aminosäuren aufgebaut. Die Aminosäuren sind im Protein wie Perlen auf einer Kette aneinandergereiht. Die Reihenfolge und die Art der Aminosäuren bestimmen, um welches Protein es sich handelt. Der menschliche Körper kommt mit 20 Aminosäuren aus. Da diese so wichtig sind, werden sie als kanonische Aminosäuren bezeichnet. Es gibt natürlich noch mehr als die 20 Standard-Aminosäuren, aber für das Kochen haben diese wenig Bedeutung.

Ab etwa 140 °C verbinden sich Aminosäuren unter Abgabe von Wasser mit Zucker. Dabei entstehen hochreaktive Verbindungen, deren Endprodukte als Melanoide bezeichnet werden. Diese klingen gefährlich, können es auch sein, sind es aber meist nicht. Sie sorgen für das wunderbare Aroma von geröstetem Kaffee, den atemberaubenden Geruch eines Schweinsbratens, den köstlichen Duft eines Gulaschs und den unvergleichlichen Geschmack einer Brotkruste. Bei all diesen Beispielen ist die Maillard-Reaktion federführend. Man sollte hier eigentlich nicht von einer Reaktion sprechen, sondern von vielen Reaktionen.

Das Problem besteht nur darin, dass die meisten Einzelreaktionen und ihre Endprodukte noch gar nicht bekannt sind. Ohne die Maillard-Reaktion würde unser Essen fad schmecken, trotz der Gewürze, die wir kennen. Es stellte sich sogar heraus, dass die Maillard-Reaktion den Verderb von Eiweißprodukten, wie zum Beispiel Fleisch, etwas verzögern kann. Je höher die Temperatur ist, der die Aminosäuren und der Zucker ausgesetzt sind, umso stärker wird die Maillard-Reaktion auftreten. Dies kann man sich zunutze machen. Aber man sollte auch nicht vergessen, dass ab einer Temperatur von über 220 °C karzinogene Verbindungen auftreten können. Das bedeutet jetzt nicht, dass wir das Backrohr nicht über 220 °C betreiben dürfen. Unser Körper kann mit Karzinogenen umgehen, zumindest wenn es nicht zu viele über einen längeren Zeitraum sind.

Durch das scharfe Anbraten bei höheren Temperaturen wird die Maillard-Reaktion ausgelöst, und das Fleisch erhält einen wunderbaren Geschmack, ohne dass wir würzen müssen. Die Maillard-Reaktion können wir noch verstärken, indem wir das Fleisch in etwas Mehl wälzen. Dadurch steht auf der Oberfläche mehr Zucker zur Verfügung, und damit bilden sich auch mehr Aromastoffe. Sie können es natürlich auch übertreiben, indem Sie Staubzucker verwenden. Aber dann müssen Sie höllisch aufpassen, dass auf der Oberfläche nicht zu rasch zu viele neue Moleküle gebildet werden, folglich das Fleisch schwarz wird. Auch das ist eine Maillard-Reaktion, allerdings eine unerwünschte.

Schwierigkeiten bereitet uns noch das Fleisch. Können wir durch eine besondere Auswahl besseres Fleisch kaufen, das sich nicht so schnell zusammenzieht? Auch hier ist die Frage nicht so einfach zu beantworten. Es zeigt sich, dass Rinder aus der Turbomast mehr Wasser und weniger Kollagen anlagern. Brät man sich ein solches Stück Fleisch, so erlebt man ein großes Debakel. Also sollte man sogenanntes Biofleisch verwenden. Ohne jetzt den Begriff Biofleisch genau zu definieren, muss man aber auch hier mit einigen Überraschungen rechnen.

Nehmen wir eine Herde glücklicher Kühe, die auf einer romantischen Weide Alpenkräuter grasen. Sie fühlen sich wohl und bewegen sich ausgiebig, wenn sie möchten, werden persönlich betreut und tragen auch alle einen eigenen Namen. Nun gut, dann kommt der Moment der Entscheidung. Die Tiere werden geschlachtet, und nach ein paar Wochen der Lagerung gelangen sie in den Handel. Unmittelbar nach der Schlachtung darf das Fleisch nicht zu rasch abkühlen, es würde sonst dauerhaft hart und zäh werden. Die Temperatur sollte über 10 °C betragen. Erst danach kann man die Temperatur des toten Fleisches senken – auf rund 2 °C. Bei der anschließenden Reifung wird durch Enzyme aus dem Glycogen Milchsäure. Diese schützt das Fleisch vor dem weiteren Verderb, zumindest in einem geringen Umfang. Gleichzeitig sorgt die Säure dafür, dass das Fleisch einen besseren Geschmack bekommt. Dieser Prozess führt zur Totenstarre. Nach zwei bis drei weiteren Tagen löst sich diese Starre, andere Enzyme bauen die Milchsäure wieder ab. Leider führt diese Art und Weise der Reifung zu einem Gewichtsverlust. Somit kann man nur weniger Fleisch verkaufen. Zusätzlich kostet die Lagerung bei geringen Temperaturen auch einiges, vor allem im Hochsommer.

Jetzt hat man Glück und kennt einen Fleischhauer, der das Fleisch hat lange genug abhängen lassen. Dadurch wurde viel Kollagen zerstört, das Fleisch sollte zart und mürbe sein. Es kostet et-

was mehr als Fleisch aus einer Supermarktkette, und trotzdem zieht sich das Fleisch in der Pfanne zusammen. Warum? Das kann zwei Gründe haben. Erstens ist der Fleischhauer ein tüchtiger Geschäftsmann, der sich selbst gut, aber schlechte Ware verkauft. Oder es liegt an den glücklichen Kühen selber. Auf unserer romantischen Almwiese, versetzt mit den besten Gräsern, wird es Kühe geben, die „sportlich" sind, und Kühe, die einfach faul herumliegen. Die „sportlichen" Kühe bewegen sich mehr, sie wollen ja aus gesundheitlichen Gründen länger leben, und dadurch bilden sie stärkere Sehnen aus. Das Fleisch ist kräftiger, es ist mehr Kollagen vorhanden. Die faulen Kühe leben zwar genauso lang wie die gesundheitsbewussten, aber sie bewegen sich weniger. Dadurch lagert sich weniger Kollagen an. Das Fleisch ist von Haus aus schon mürber.

Jetzt muss natürlich der Fleischhacker erkennen, ob das Rind „sportlich" oder „faul" war. Wild, das als besonders sportlich gilt, sollte rund vier Wochen abgehangen sein, nur dann ist das

Fleisch mürbe. Also kann es bei Rindern passieren, dass das Fleisch einfach zu wenig gelagert wurde. Leider ist dies auch für einen Fachmann nicht immer leicht erkennbar. Dies erklärt auch, warum Rindfleisch aus Argentinien so besonders zart ist. Oftmals wird damit argumentiert, dass sich diese Tiere viel bewegen. Dies wäre aber kontraproduktiv. Der Grund ist ein anderer. Die Tiere werden in Argentinien geschlachtet und dann auf großen Kühlschiffen nach Europa transportiert. Dieser Transport dauert meist etwas länger als die Lagerzeit in den hiesigen Schlachthäusern. Durch längere Reifung wird das Fleisch einfach mürber.

Aber auch Sie können zu Hause zähes Fleisch noch lagern. Geben Sie das ganze Stück oder die einzelnen Scheiben in eine verschließbare Dose, gießen ausreichend Öl darauf und warten ein paar Tage. In der Regel wird das Fleisch dann besser. Das Öl sollte geschmacksneutral sein, außer Sie möchten das Fleisch schon damit marinieren. Bedenken Sie, dass die Marinade nur zehn Millimeter pro Tag im Fleisch zurücklegt.

Es gibt noch eine andere Methode – streng physikalisch, aber etwas martialisch. Als die ersten Atombomben gebaut wurden, gab es zwei Konstruktionsprinzipien. Bei der Uranbombe wurde ein Uranstab in eine Kugel aus Uran hineingeschossen. Die Kugel hatte in der Mitte eine Aussparung, in die der Stab genau hineinpasste. Wenn der Stab exakt in der Mitte der Urankugel ist, wird die kritische Masse überschritten, und es tritt eine Kettenreaktion ein. Die Bombe explodiert. Dies ist die einfache Variante. Bei der komplizierteren Art, wie bei der Plutoniumbombe, muss man anders vorgehen. Man erreicht nicht so einfach die kritische Masse. Die Plutoniumatome sind normalerweise zu weit voneinander entfernt. Sie müssen lange genug zusammengebracht werden, damit eine stabile Kettenreaktion zustande kommt. Um dies zu erreichen, wird um einzelne Segmente aus Plutonium, die zusammen eine Kugel bilden, etwas Sprengstoff angebracht. Er führt dazu, dass die einzelnen Segmente so stark zusammengedrückt werden, dass es zu einer Kettenreaktion kommt. Das Problem besteht nun darin, den richtigen Sprengstoff zum richtigen Zeitpunkt zu zünden. Alle Segmente müssen zum richtigen Zeitpunkt miteinander verschmelzen. Ein wesentlicher Teil des Manhattanprojekts (Bau der ersten Uran- und Plutoniumbombe im Zweiten Weltkrieg) bestand in der Erforschung der richtigen Sprengstoffkombination. Um die Verletzungsgefahr gering zu halten, ließ man die Sprengstoffe in einem Swimmingpool explodieren. Dass die Forschung von Erfolg gekrönt war, wissen wir seit der Plutonium-Atombombenexplosion in Nagasaki im August 1945.

Einer der Techniker, die an der Entwicklung der Sprengstoffe beteiligt waren, stellte sich eine interessante Frage: Was würde passieren, wenn sich eine Person oder ein Tier in dem Swimmingpool befindet, wenn eine Explosion stattfindet? Dieser Techniker, dessen Name leider nicht überliefert ist, erzählte seine Gedanken dem amerikanischen Techniker Solomon Morse. Dieser überlegte und probierte das Ganze aus – natürlich nur mit toten Tieren. Die Rinderhälfte wurde in eine Tonne mit Wasser gepackt und ausreichend Sprengstoff gezündet. Er stellte fest, dass das Fleisch ungleich mürber wird – besser, als wenn man es lange abhängen lässt. Er entwickelte die Technik weiter, optimierte die Sprengstoffmenge und ließ auch das Fleisch testen. So arbeiteten Spitzenköche mit dem gesprengten Fleisch, und alle waren von dem besonders mürben Fleisch begeistert.

Durch die Explosion entsteht im Inneren der Wassertonne eine Druckwelle. Sie breitet sich in kürzester Zeit auch im Fleisch aus und sorgt dafür, dass die zähen Kollagenfasern ganz leicht reißen. Leider gibt es noch große Probleme bei der Industrialisierung dieser Methode. Wenn dies gelingen sollte, hätte es große Vorteile in mehrfacher Hinsicht. Das Rind wird in der Früh geschlachtet, grob zerlegt, gesprengt, paketiert und kann schon am Abend verkauft werden. Damit entfallen die Kosten für die Kühlhäuser. Dass das Ganze auch energiesparend und damit im Kampf gegen den Treibhauseffekt eine sinnvolle Möglichkeit ist, sollte nicht außer Acht gelassen werden. Kühlhäuser benötigen enorme Mengen an Strom.

Aber bitte machen Sie zu Hause mit einem Schweizer Kracher oder einem Piraten und zähem Fleisch keine Experimente. Es bringt nichts und ist obendrein gefährlich.

Das Wiener Schnitzel und die Völkerwanderung

Natürlich kann man das Fleisch nicht nur einfach anbraten. Es hat auch Sinn, das Fleisch „einzupacken" und erst dann zu braten. Es gibt verschiedene Möglichkeiten, Fleisch mit etwas zu umgeben.

Als Basisvariante kann man das Fleisch würzen. Dabei muss man aber aufpassen. Nicht alle Gewürze eignen sich zum Braten. Gerade gemahlener Pfeffer bei einem Pfeffersteak sollte nicht vor dem Braten auf das Fleisch. Das Piperin, das Molekül, das für das

Aroma zuständig ist, würde nämlich verbrennen, und es bliebe nur ein scharfes Aroma übrig.

Sie können das Fleisch auch mit Senf bestreichen. Vom Standpunkt der Physik spricht nichts dagegen, außer dass auch hier einige Aromen zerstört werden können. Es stellt sich die Frage, ob es nicht sinnvoller wäre, dann gleich mit den Bratenrückständen eine eigene Sauce und im Bedarfsfall eine Senfsauce anzubieten.

Dann besteht die Möglichkeit, das Fleisch, insbesondere ein Schweinsschnitzel in Mehl zu wälzen und herauszubraten. Diese Vorgehensweise wird uns besonders viele zusätzliche Aromastoffe liefern. Gerade durch das Mehl und die hohen Temperaturen können leicht Maillard-Reaktionen ausgelöst werden. Achten Sie aber unbedingt darauf, dass sich während der gesamten Bratdauer genügend Fett in der Pfanne befindet und eine ausreichend hohe Temperatur herrscht. Gibt es Bereiche auf dem Schnitzel, die bemehlt wurden, aber nicht einer ausreichend hohen Hitze ausgesetzt wurden, so schmecken sie bloß nach Mehl.

Damit sind wir auch gleich bei der Frage, welches Fett man für das Braten verwenden sollte. Ich persönlich bin ein Anhänger von ganz gewöhnlichem Maiskeimöl. Es ist praktisch geschmacksfrei und hält auch hohen Temperaturen stand. Das bedeutet, es verbrennt nicht so schnell. Somit stellt es auch einen guten Schutz für das Fleisch dar – das Fett kühlt während des Bratvorgangs durch sein Verdampfen. Aber es existieren verschiedenste Fette, die sich durch den Geschmack, den Rauchpunkt, den Preis und auch durch die gesundheitliche Wirkung unterscheiden.

Zuerst sollte man erklären, woraus Fette eigentlich bestehen, denn es gibt nicht das Fett schlechthin. Fette bestehen aus Molekülen und sind aus den gleichen Bausteinen wie alle andere Materie im Universum aufgebaut. Diese Moleküle sind lang gestreckt und bestehen aus 6 bis 26 Kohlenstoffatomen. Manche dieser Kohlenwasserstoffverbindungen haben einen Knick. Das bedeutet, dass es am Knick eine doppelte Verbindung gibt. Damit unterscheidet man zwischen gesättigten und ungesättigten Fettsäuren. Einfache ungesättigte Fette weisen nur einen Knick auf, mehrfach ungesättigte Fette dagegen mehrere Knicke. Gesättigte Fette haben überhaupt keinen Knick – sie sind gerade. Die geraden Moleküle können sich leichter nebeneinander anordnen. Es gibt ja keine Knicke, die bei der Ordnung stören. Fette, die bei Raumtemperatur fest sind – bei ihnen kann sich leichter eine Kristallstruktur bilden –, bestehen in der Regel zu einem größeren Anteil aus gesättigten Fettsäuren, während bei den geknickten Molekülen eine Ordnung nur schwer herstellbar ist. Die ungesättigten Fette sind in der Regel bei Raumtemperatur und darunter immer noch flüssig.

Die Ernährungsphysiologie erklärt uns, dass wir vor allem Fette mit Knick – also ungesättigte Fettsäuren – zu uns nehmen sollen. Gerade Olivenöl fällt in diesen Bereich – es ist bei Raumtemperatur schön flüssig. Stellt man es in den Kühlschrank, wird es zähflüssig. Es gibt sogar Olivenöle, die auch im Kühlschrank immer noch flüssig bleiben. Diese weisen einen besonders hohen

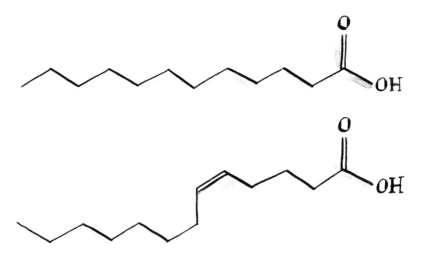

Das obere Molekül ist eine gesättigte Fettsäure. Die untere Fettsäure hat eine Doppelbindung, dadurch entsteht ein Knick – es handelt sich um eine ungesättigte Fettsäure.

Anteil von ungesättigten Fettsäuren auf. Sie werden feststellen, dass sich kleine Flocken im Olivenöl bilden, wenn Sie es in den Kühlschrank geben. Die Flocken stellen kleine Ölkristalle dar. Sie verschwinden wieder, wenn das Öl erneut Zimmertemperatur hat. Das ist ein einfacher Test für die Güte von Olivenölen. Übrigens hat auch das aus der Mode gekommene Maiskeimöl einen extrem hohen Anteil an ungesättigten Fettsäuren.

Warum kommen die Ernährungsberaterinnen und -berater zu diesem Schluss? Vor einigen Jahren hieß die Devise, nur ja kein Fett, um lange und gesund zu leben. Man verglich verschiedene Kulturen und stellte fest, dass in Japan bedeutend weniger Herz-Kreislauf-Erkrankungen auftreten als in der westlichen Zivilisation. Damit war alles klar: Das Fett ist böse.

Dann gab es eine Untersuchung im EU-Raum, bei der festgestellt wurde, dass die Bewohner der griechischen Insel Kreta den höchsten Konsum von Fett pro Kopf – insbesondere von Olivenöl – haben. Interessanterweise verzeichnete man dort noch weniger Herz-Kreislauf-Erkrankungen als in Japan. Im Südwesten Frankreichs ließ sich ebenfalls ein interessanter Zusammenhang beobachten. Dort wird gerne mit Olivenöl gekocht, Butter durch Enten- oder Gänsefett ersetzt, und zusätzlich werden Mengen an Rotwein konsumiert, die man nicht unterschätzen sollte. Dass natürlich auch Fisch und frisches Obst auf der Speisekarte stehen, soll nicht unterschlagen werden. Obwohl in diesen Regionen das „böse" Gänse- oder Entenfett – böse, weil tierisch – und viel Olivenöl konsumiert werden, sind Herz-Kreislauf-Erkrankungen eher gering. Sie liegen auf alle Fälle unter dem Landesdurchschnitt. Dieses Phänomen wird in der Literatur als „French Paradox" bezeichnet. Betrachtet man Gänseschmalz, kann man feststellen, dass es bei Zimmertemperatur sehr weich, fast schon flüssig ist. Also ist der Anteil an ungesättigten Fettsäuren nicht so gering. Es sind immerhin noch 70 Prozent. Wie allerdings ein Gänsefettbrot mit Marmelade schmeckt? Na ja, für die Gesundheit nimmt man schon so einiges in Kauf ...

Betrachten wir die einzelnen Fette, mit denen wir unser Schnitzel herausbacken können. Butter ist ein Klassiker, allein schon wegen des typischen Geschmacks. Allerdings hat sie einen niedrigen Rauchpunkt, und das Wasser, das in der Butter enthalten ist, führt dazu, dass erhitztes Fett gerne spritzt. Verwendet man geklärte Butter, so erspart man sich zwar das Spritzen. Der Rauchpunkt ist hoch, allerdings wird dieses Fett von den Ernährungsphysiologen aufgrund des hohen Anteils von gesättigten Fettsäuren nicht besonders geschätzt. Das Schweineschmalz hat einen typischen Eigengeschmack, der nicht zu jedem Gericht passt, dafür ist es hoch erhitzbar.

Nicht alle pflanzlichen Fette gelten als besonders gesund, obwohl sie für das Braten und Backen sehr geeignet erscheinen. Kokos-, Palmkern- und Erdnussfett erweisen sich als völlig geschmacksneutral und extrem stark erhitzbar. Bei Raumtemperatur sind sie sehr hart – damit wissen wir, dass der Anteil an gesättigten Fettsäuren sehr hoch ist. Allerdings haben diese Fette auch viele sogenannte Trans-Fettsäuren. Darunter versteht man ungesättigte Fettsäuren, die im Labor oder durch die Industrie gerade gebogen wurden. Nach dem aktuellen Stand des Wissens gelten sie als besonders ungesund.

Kommen wir nun zu den „guten" Fetten: Pflanzenöle, Soja-, Oliven-, Sesam-, Lein- und Rapsöl. Werden sie kalt gepresst, behalten sie ihren arteigenen typischen Geschmack und Geruch. Allerdings besitzen sie dann einen niedrigen Rauchpunkt. Dieser liegt bei rund 190 °C – für viele Anwendungen reicht dies vollkommen aus. Wird das Fett jedoch raffiniert, sprich alle geschmacksrelevanten Aromen werden entfernt, so verschwindet der typische Geruch, und der Rauchpunkt steigt auf 220 °C an. Ich möchte hier aber auf eine Studie des österreichischen Verbrauchermagazins „Konsument" vom September 2007 hinweisen. Sie stellte fest, dass kein einziges der 18 getesteten Olivenöle der höchsten Güteklasse „nativ extra" frei von Schadstoffen war. (Polyzyklische aromatische Kohlenwasserstoffe wurden in jedem Produkt, Weichmacher in jedem zweiten Produkt gemessen.)

Anteil der Fettsäuren in Fetten

Fette	gesättigt	ungesättigt mehrfach	einfach ungesättigt
Ente	33,2	49,3	12,9
Gans	27,7	56,7	11,0
Rind	49,8	41,8	5,0
Schwein	39,2	45,1	11,2

Somit wollen wir uns wieder mit der „Verpackung" von Fleisch beschäftigen. Man kann ein Schweinsschnitzel mit Mehl und verschlagenen Eiern umhüllen. Beim sogenannten Pariser Schnitzel hat das Ei eine interessante Aufgabe. Die Panier aus Mehl und Ei bildet eine Schutzschicht für das Fleisch. Die Wärme kann nicht so leicht durch die Panier zum Fleisch vordringen. So wird das Fleisch im Inneren langsamer erwärmt. Eine langsame Erwärmung hat den Vorteil, dass sich die Kollagenfasern, die dem Fleisch Stabilität geben, nicht so schnell zusammenziehen. Trotzdem werden die Proteine des Fleisches dazu veranlasst, zu denaturieren. Dadurch wird kein Fleischsaft herausgedrückt, und das Schnitzel bleibt im Inneren schön saftig.

Für diesen Effekt sind zwei Reaktionen erforderlich. Einerseits leitet das verquirlte Eiklar mit dem Dotter nur schlecht die Wärme weiter. Andererseits bilden sich in der Panade aus Ei bei höheren Temperaturen Dampfblasen. Während Dampfblasen entstehen, steigt die Temperatur im Inneren des Fleisches nicht so rasch an. Das Fleisch wird etwas langsamer erhitzt. Nun steht das im Widerspruch zum vorigen Kapitel: Fleisch muss bei höchst möglichen Temperaturen für möglichst kurze Zeit angebraten werden. Diese Aussage stimmt immer noch, aber das Problem liegt darin, zu erkennen, wann das Ende der Bratzeit erreicht ist. Durch die Panade wird die Bratzeit etwas verlängert. Normalerweise spricht man von einer klar definierten Koch- oder Bratzeit. Das Schnitzel braucht, wie man so schön sagt, zum Beispiel fünf Minuten. Diese Aussage ist aber so nicht richtig. Es gibt Speisen, die nach fünf Minuten und 30 Sekunden perfekt sind. Trotzdem kenne ich kein Kochbuch, das die Zeit in Sekunden anführt.

Der Grund ist ganz einfach. Es gibt einen Zeitbereich, in dem man das Fleisch aus der Pfanne herausnimmt. Oft wird hier sehr intuitiv gearbeitet und die Bratdauer auf die anderen Prozesse in der Küche abgestimmt. Sind die Kartoffeln bereits fertig, nimmt man das Fleisch vielleicht schon etwas früher heraus. Wartet man noch auf die Erbsen, so werden aus fünf schnell einmal sechs Minuten. Obwohl Sie die Bratdauer um eine Minute verändern, werden Sie in der Regel kaum einen geschmacklichen Unterschied feststellen. Es gibt keine klar definierte Kochdauer, aber eine Kochdauer mit einem Intervall. Wird dieses Intervall unter- oder überschritten, so führt dies zu einem anderen Geschmackserlebnis. Das Intervall kann eine Größe von einer bis zu einigen zehn Minuten haben. Die Panade hat nun den Vorteil, dass dieses Intervall vergrößert wird. Die Bratdauer verlängert sich, aber auch das Intervall wird größer. Das bedeutet, dass wir etwas großzügiger mit der Kochdauer umgehen können. Viele Methoden in der modernen Küche versuchen Einfluss auf das Kochintervall zu nehmen. Gerade bei Keksen (Plätzchen) im Backrohr ist es wichtig, das Intervall massiv zu vergrößern. Dadurch erhalten wir Kekse, die sicher fertig gebacken, aber auch nicht verbrannt sind. Aber das bespreche ich erst im Kapitel „Im Wendekreis der Torten".

Die Panade hat freilich auch den Vorteil, dass der Fleischsaft, wenn das Fleisch zu lange gebraten wurde, nicht so leicht in die Pfanne rinnen kann. Deshalb sollte das Fleisch nicht zu dick geschnitten sein. Denn sonst würde die Panier verbrennen, und das Innere wäre noch nicht durch. Verwenden Sie daher möglichst heißes Fett und dünnes Fleisch.

Um den Vorgang zu perfektionieren, gibt man zum verrührten Ei auch noch Brösel. Diese haben den Vorteil, dass sie saugfähig sind und diese Saugfähigkeit auch noch im verrührten Ei besitzen. Durch die Brösel können ebenfalls die Maillard-Reaktionen leichter ablaufen, die zu einer knusprig goldgelben Panier führen. Es steht mehr Zucker (Stärke) zur Verfügung. Das Fleisch ist nun durch die Panade geschützt, aber um ganz sicher zu gehen, dass sich das Kollagen nicht zusammenzieht, sollte man auf Kollagen verzichten. Dies ist der Grund, warum man bei einem echten Wiener Schnitzel Kalbfleisch verwendet. Es enthält weniger Kollagen. Damit bleibt es saftiger, obwohl dieses Fleisch eigentlich trockener ist als zum Beispiel Schweinefleisch. Es sollte sich genügend Fett in der Pfanne befinden, denn das Schnitzel kühlt sonst das Fett ab, und die Temperatur sinkt unter 140 °C. Dadurch würde sich das Fleisch mit Fett vollsaugen.

Wenn Sie viele Schnitzel etwa für eine Kinderparty zubereiten sollten, so fehlt Ihnen vermutlich eine ausreichend große Pfanne. Man bringt höchstens drei bis vier kleine Schnitzerl (Kinderportionen) in die Pfanne. Während die Kleinen dann schon quengeln, sind Sie leider immer noch nicht fertig. Der Schweiß rinnt Ihnen von der Stirn, und meist sollen auch noch Pommes frites her. Natürlich haben Sie die Möglichkeit, die Schnitzerl der Reihe nach in der Pfanne zuzubereiten und dann im Backrohr warm zu halten. Das Backrohr sollte eine Temperatur von rund 80 °C haben, und die Schnitzerl sollten direkt auf den Rost gelegt werden. Unter gar keinen Umständen dürfen sie in einem Topf mit Deckel gelagert werden. Aber bitte bewahren Sie die Schnitzerl nicht zu lange im Backrohr auf – sie werden sonst hart.

Eine ganz andere Möglichkeit, bei der sich wahrscheinlich beide Großmütter im Grab umdrehen würden, ist das Herausbraten der Schnitzerl direkt im Backrohr. Die Schnitzerl werden genauso wie bisher gesalzen und paniert. Aber zum Schluss werden sie auf beiden Seiten noch mit etwas Öl bestrichen. Auf ein Backblech legt man etwas Backpapier und darauf die panierten, eingeölten Schnitzerl. Das Backrohr auf 180 °C Ober- und Unterhitze vorheizen, und das Backblech einfach hineinschieben. Nach rund zehn Minuten sollte man das Fleisch einmal wenden, und nach weiteren 20 bis 30 Minuten sind die Schnitzerl fertig – alle gleichzeitig. Das bedeutet keinen Stress, und die Wiener Schnitzerl können Sie auch schon ein paar Stunden vorher vorbereiten. Die genaue Zeit hängt aber vom Backrohr und der Dicke der Schnitzerl ab. Ich stelle immer ein hitzebeständiges Gefäß mit Wasser zusätzlich in den Backofen, damit das Fleisch nicht austrocknet. Bei mir werden sie genauso knusprig wie in der Pfanne. Vielleicht möchten Sie das einmal ausprobieren.

Nun wird gerne, vor allem in Wien, behauptet, dass das Wiener Schnitzel eigentlich aus Mailand stammt. Aber die haben ihr eigenes Schnitzel – das Mailänder Schnitzel, bei dem etwas Parmesan zu den Bröseln gegeben wird. Wo kommt das Wiener Schnitzel nun wirklich her? Dem Kaiser von Konstantinopel, oder um historisch exakter zu sein, dem Basileus in Byzanz wurden die erlesensten Fleischstücke mit Blattgold überzogen serviert. Man glaubte damals noch, dass Gold sich positiv auf die Gesundheit auswirkt. Dem Kaiser wurde goldenes Fleisch gereicht – die reichen Bürger wollten dies ihren Gästen ebenfalls bieten. Da aber

Blattgold auch damals schon sehr teuer war, wurden die Köche beauftragt, eine billigere Lösung zu finden. Die Idee des Ausbackens einer Panier war erfunden. Man spricht auch heute noch davon, ein Wiener Schnitzel goldgelb herauszubacken. Damit wissen wir, dass das Wiener Schnitzel aus Byzanz stammt. Die Methode des Panierens wanderte mit den byzantinischen Juden nach Marokko, mit arabischen Händlern zu den Mauren und dann nach Spanien. Dort konnten sie damit aber nichts anfangen. So wanderte das Rezept weiter nach Norditalien, wo es von Feldmarschall Radetzky für die Habsburger „entdeckt" wurde – obwohl es eigentlich aus Byzanz stammte.

Interessanterweise findet man in der Mongolei auch das klassische Wiener Schnitzel – allerdings nicht unter diesem Namen. Die mongolische Küche ist bekannt für ihre gefüllten Teigtaschen. Oft wird gewürztes, faschiertes Hammelfleisch von einem Teig umhüllt und dann in einer Suppe oder in heißem Fett herausgebacken. Es gibt auch die Variante, dass Kalbfleisch von einem Eier-Brösel-Teig umhüllt und in Fett herausgebraten wird. Das wäre eigentlich ein Wiener Schnitzel.

Damit stellt sich die Frage: Wo ist das Wiener Schnitzel wirklich entstanden? In Byzanz, von wo es mit der Völkerwanderung nach Wien und in die Mongolei kam, oder entstand es vielleicht schon früher in der Mongolei und gelangte erst mit der Völkerwanderung nach Byzanz? Oder entstanden beide Wiener Schnitzel unabhängig voneinander in der Mongolei und in Byzanz? Spannende Fragen, die einer Antwort harren …

Wenden wir uns einer anderen Art der Zubereitung zu: dem Dünsten und dem Schmoren von Speisen. Beim Dünsten geht es darum, Fleisch, Fisch oder Gemüse bei geringer Temperatur zu köcheln. Einerseits kann man gerade Gemüse gut im eigenen Saft dünsten lassen. Tomaten oder Gurken eignen sich aufgrund ihres hohen Wasseranteils hervorragend dazu. Andererseits kann man auch mit einer Fremdflüssigkeit dünsten. Gerade bei Kartoffeln ist dies notwendig, da sie zu wenig Flüssigkeit enthalten. Wichtig ist, dass die Temperatur nicht zu groß gewählt wird, denn sonst verdampft der Saft, und die Lebensmittel brennen an. Ein Deckel ist hier sehr ratsam. Besonders lohnend ist es, Fisch in einer Alufolie zu dünsten. Sie nehmen einen Fisch, braten ihn kurz an, um über die Maillard-Reaktion zusätzliche Geschmacksstoffe zu erhalten, legen die Fischstücke auf ein großes Stück Alufolie und geben darauf dann noch Gemüse nach eigener Wahl dazu. Die Alufolie wird so verschlossen, dass der Dampf praktisch nicht heraus kann. Am besten formen Sie eine Rolle und verzwirbeln die Enden wie bei einem Bonbonpapier. Das Ganze kommt dann für einige Minuten bei geringer Hitze in das Backrohr. Selbstverständlich können Sie alles in die Alufolie packen, aber es zeugt von Kreativität, wenn Sie für jeden Gast ein eigenes Paket zusammenstellen. Damit können Sie auf die Vorlieben einzelner Gäste Rücksicht nehmen. Manche Packerl sind stärker gewürzt, manche sind frei von diesem oder jenem Gewürz, und natürlich lässt sich auch der Inhalt variieren. Dies sollten Sie aber nur dann machen, wenn Sie wirklich die Speisegewohnheiten Ihrer Gäste kennen. Niemand sollte sich übergangen fühlen oder glauben, dass er etwas „Schlechteres" bekommt als sein Sitznachbar.

Ich habe festgestellt, dass Backpapier für diese Methode besser geeignet ist als Alufolie. Wir können kleine Bündel formen und mit Spagat zusammenbinden. Jeder Gast bekommt zu seinem Teller und Besteck noch zusätzlich eine Schere. Dann wird auf jedem Teller das Packerl serviert und der Gast gebeten, sein Essen aufzuschneiden. Gerade in diesem Moment wird sich eine Aromawolke über ihn ergießen, die unvergleichlich ist. Dass dann das Gedünstete auch noch gut schmeckt, ist eine Selbstverständlichkeit. Aber bitte vergessen Sie nicht, dass sich nicht jedes Fleisch zum Dünsten eignet. Man kann nur bestes Rindfleisch, idealerweise einen Lungenbraten, verwenden. Würde man zu lange dünsten, um das zähe Kollagen in weiche Gelatine umzuwandeln, verliert man sehr viel Saft. Dieser enthält aber wiederum Aromastoffe, die nicht in die Küche abdampfen sollten. Man sollte nicht zu lange dünsten, vor allem wenn man Verschiedenes kombi- oder komponiert. Die unterschiedlichen Lebensmittel haben einen unterschiedlichen Garpunkt.

Das Schmoren kann man als eine Erweiterung des Dünstens betrachten. Diese Methode eignet sich eher für Fleisch, das viel Kollagen enthält, wie zum Beispiel Rindfleisch. Auch Pilze sind dafür besonders geeignet. Im Gegensatz zum Dünsten werden das Fleisch und die übrigen Zutaten am Anfang scharf angebraten. Danach wird mit einer Flüssigkeit abgelöscht, damit sich von der Pfanne die Röststoffe, die aufgrund der Maillard-Reaktion entstanden sind, lösen und in den Saft übergehen können. Nachdem sich ausreichend Flüssigkeit, etwa Wasser, Wein oder auch Bier, im Topf befindet, sollte man den Deckel draufgeben und das Ganze bei mäßiger Temperatur längere Zeit köcheln lassen, bis das Fleisch mürbe ist. Die Temperatur sollte nicht zu hoch gewählt sein, es reichen 80 °C, um das Kollagen in Gelatine umzuwandeln.

Was unterscheidet nun das Schmoren vom Kochen? Beim Kochen ist das gesamte Kochgut mit einer Flüssigkeit bedeckt, während beim Schmoren das Kochgut nur zur Hälfte in einer Flüssigkeit „schwimmt". Der Vorteil gegenüber dem Kochen besteht darin, dass weniger Flüssigkeit verwendet wird. Damit bekommt der Saft einen intensiveren Geschmack.

Slow Food und Ultra-Fast Food

Man muss Fleisch nicht immer besonders hohen Temperaturen aussetzen. Natürlich erhält man durch die hohen Temperaturen mehr Aromastoffe, und das Fleisch verliert durch einen kurzen Bratprozess wenig Flüssigkeit, aber es geht auch anders.

Das Fleisch, zum Beispiel eine Lammkeule, wird kurz angebraten, sodass zusätzliche Geschmacksstoffe entstehen. Dann kommt die Keule in einen Topf mit Deckel und wird bei rund 80 °C fertig gegart. Wir sprechen hier vom zuvor erwähnten Schmoren. Dabei sollte man ein Gläschen Rotwein und diverse Gewürze nicht vergessen. Das Tolle an diesem „Niedertemperaturverfahren" ist, dass einerseits die zähen Kollagenfasern zerstört werden. Dadurch wird das Fleisch mürbe. Andererseits würden sich die Kollagenfasern erst bei Temperaturen von über 80 °C zusammenziehen und den köstlichen Saft aus dem Fleisch herauspressen. Damit das Fleisch nicht trocken wird, sollten die 80 °C nicht überschritten werden. Trotzdem ist die Keule nach ein paar Stunden durch, denn damit das Eiweiß des Fleisches im Inneren der Keule fest wird, reichen schon Temperaturen von rund 75 °C.

Es geht aber noch langsamer und noch schonender. Sie nehmen etwas Fleisch, das kaum Kollagen enthält, also hochwertigstes Fleisch, und würzen es entsprechend. Dann wird dieses Fleisch in einer Kunststofffolie eingeschweißt. Dies erledigt gerne der Fleischhauer Ihres Vertrauens, wenn Sie ihn freundlich fragen. Wichtig ist, dass man eine dicke Folie verwendet. Reißt sie später während der Zubereitung, so ist das Ergebnis beschämend schlecht. Die Folie mit dem Fleisch kommt dann in ein Wasserbad. Das sollte eine Temperatur von 60 °C plus/minus 2 °C haben. Das Fleisch lassen Sie nun für drei bis acht Stunden im Wasser liegen. Die Schwierigkeit bei dieser Zubereitung ist, dass man zu Hause nur sehr schwer genau diese Temperatur einhalten kann. Es wäre auch zu mühsam, mit einem Thermometer daneben zu stehen und kaltes Wasser nachzuschütten, wenn es zu warm wird. Wird es zu kalt, stellt dies weniger ein Problem dar: Man muss dann das Fleisch nur länger im Wasserbad lassen. Was passiert dabei? Eigentlich dürfte gar nichts passieren. Bei 60 °C denaturieren noch keine Proteine von Säugetieren, und das Kollagen wandelt sich auch noch nicht um. Also, was soll das Ganze?

Damit kommen wir zu einem wesentlichen Bereich der Naturwissenschaft: der Statistik. Wasser verdampft bei 100 °C. Das stimmt – und auch nicht. Wasser kann sich auch vorher schon in Wasserdampf verwandeln. Die Aussage „Wasser verdampft bei

100 °C" sollte eigentlich exakter lauten „Wasser muss bei 100 °C verdampfen". Genauso verhält es sich bei den Denaturierungstemperaturen. Die Proteine von Schweine- und Hühnerfleisch denaturieren ab 65 °C, die Proteine von Rind-, Gänse- oder Entenfleisch denaturieren bei Temperaturen ab 75 °C. Aber Vorsicht: Bei 65 °C beziehungsweise bei 75 °C müssen sie denaturieren, aber das können sie zumindest in einem beschränkten Ausmaß auch schon bei geringeren Temperaturen. Es ist wie bei einem Lotto-Sechser: Alles muss passen, Sie müssen die richtigen Zahlen tippen.

Bei einzelnen Molekülen ist es etwas komplizierter. Sie können um ihre Achse rotieren oder sich auch in einer Flüssigkeit bewegen. Erst wenn die Temperatur um diese einzelnen Moleküle ausreichend hoch ist, verändern diese ihre Form. Das heißt, viele andere Moleküle stoßen an dieses einzelne Molekül an, und dadurch verändert dieses seine Form. Bei 65 °C haben die Moleküle in der Nähe der Proteine eine ausreichend große Temperatur, folglich eine genügend hohe Geschwindigkeit, damit die Proteine ihre Struktur verändern. Aber wenn wir von einer Temperatur sprechen, so meinen Physikerinnen und Physiker die durchschnittliche Bewegungsenergie der Moleküle eines Körpers.

Das Geheimnis liegt im Wörtchen „durchschnittlich". Das bedeutet: Es gibt Moleküle rund um die Proteine – das kann zum Beispiel Wasser sein –, die sich langsamer bewegen als die Durchschnittsgeschwindigkeit, und es gibt Moleküle, die sich auch schneller bewegen werden. Das Ganze ist natürlich nicht statisch. In manchen Bereichen treten mehr Moleküle auf, die schneller sind als in anderen Bereichen. Da die Moleküle aneinanderstoßen, können manche Moleküle abgebremst werden, während andere schneller werden. Diese Prozesse führen dazu, dass selbst wenn man die Temperatur von Fleisch penibel genau auf 60 °C hält, trotzdem hin und wieder ein Protein denaturieren wird, was eigentlich erst bei 65 °C sein sollte. Natürlich könnte man die Temperatur auch auf zum Beispiel 55 °C halten, dann würde dieser Prozess aber noch viel länger dauern.

Kommen wir wieder auf das konkrete Rezept zurück: Fleisch würzen, in eine feste Folie ohne Luft einschweißen und bei 60 °C für mindestens drei Stunden ziehen lassen. Dabei werden nach dem Gesetz der Statistik die Proteine gerinnen, während kaum Kollagen in Gelatine umgewandelt wird. Das bedeutet, dass das Fleisch fest bleibt. Damit das Fleisch nicht zäh ist, sollten Sie nur Fleisch verwenden, das wenig Kollagen enthält.

Vom Braten in der Pfanne könnte ich Ihnen noch viel erzählen. Ein besonderes Rezept möchte ich Ihnen nicht vorenthalten, da es das genaue Gegenteil von Slow Food ist. Brät man Hühnerkeulen, so hat man das Problem, dass das Fleisch in der Nähe der Knochen nicht mehr blutig sein sollte. Damit dürfen die Keulen nicht zu scharf angebraten werden, denn sonst würde das Fleisch außen verbrennen, während im Inneren das Fleisch noch roh ist. Freilich kann man auch mit einer geringeren Temperatur arbeiten, aber dann ziehen sich die Fasern der Hühnerkeule wieder zusammen, und die Keule wird trocken. Also gibt es eine ganz andere Methode. Man brät die Hühnerkeulen kurz bei extremer Temperatur an – so können wir die Maillard-Reaktionen nutzen. Nachdem die Keulen nach rund zwei Minuten angebraten sind, kommen sie auf einen flachen Teller, wenn möglich mit einem Spritzschutz, und werden für rund zwei bis fünf Minuten im Mikrowellenherd fertig „gebraten". Auf den Mikrowellenherd werden wir später noch eingehen, aber für das schnelle Fertigbraten ist er hervorragend geeignet.

Ich habe bei diesem Rezept „Huhn Hawaii" noch einen kleinen Trick für Sie, um den Genuss zu steigern. Gerade bei den Knochen ist viel Kollagen – dieses sollte zerstört werden. Es gibt kaum etwas Unangenehmeres als sehnige Hühnerkeulen.

Nicholas Kurti erkannte, dass man mit Ananassaft Kollagen auflösen kann. Eine britische Armeeeinheit musste sich im Zweiten Weltkrieg in Indien auf eine Ananasplantage zurückziehen. Dort versteckte sie sich. Zu essen gab es Ananas in allen Varianten. Einmal wurden die Früchte gebraten, das andere Mal wurde

Ananaskompott gereicht, und natürlich gab es zwischendurch rohe Ananas. Nach ein paar Wochen stellte der Stabsarzt fest, dass den Soldaten die Zähne ausfielen. Der erste Gedanke wäre natürlich Vitaminmangel – aber nach drei Wochen tritt noch lange kein Vitaminmangel auf. Es stellte sich heraus, dass sich in der Ananas ein besonderes Enzym befindet: das Papain. Dieses Enzym befindet sich ebenfalls in großen Mengen in der Papaya – wo auch der Name herkommt. Papain zerstört das Kollagen, aber nur wenn der Ananas- oder der Papayasaft nicht erhitzt wurde. Dieses Enzym reagiert besonders empfindlich auf eine hohe Temperatur. Mit dem Saft aus einer Dose Ananas haben Sie wenig Chance – die Dose wurde pasteurisiert. Injizieren Sie den Saft mit einer Spritze ins Gelenk, so löst sich dort das Kollagen auf. Aber lassen Sie Vorsicht walten. Wenn Sie den Saft am Vorabend injizieren, so zerfällt das Fleisch, und das sieht nicht besonders schön aus. Also experimentieren Sie ruhig ein bisschen!

Es wurde gerade so salopp beschrieben, dass man einfach mit einer Injektionsnadel den Saft injiziert. Dafür benötigen Sie zunächst einmal eine Spritze und eine Nadel. Wo bekommen Sie diese her? Na, ganz einfach, aus der Apotheke. Aber ich möchte Sie darauf aufmerksam machen, dass Sie diese Utensilien bitte nicht dort kaufen, wo Sie bekannt sind. Vor allem erklären Sie bitte nicht, warum Sie dieses Gerät brauchen. Sonst ergeht es Ihnen womöglich so wie mir: Ich litt einmal an einer schweren Bronchitis. Mein Arzt verschrieb mir ein Brausepulver, das man in Wasser auflöst, trinkt, und dann soll sich der Husten lösen. Als ich in der Apotheke war und mein Rezept einlöste, orderte ich gleich fünf Spritzen zu je fünf Kubikzentimeter und zehn Nadeln mit 0,75 Millimeter Durchmesser. Die Apothekerin blickte mich erstaunt an und meinte ganz aufgeregt: „Aber bitte, mein Herr, Sie können sich das Hustenmittel nicht einfach spritzen!!!" Dann beging ich den nächsten Fehler, denn ich antwortete ehrlich: „Nein, nein, ich brauche die Spritzen und Nadeln für das Kochen!" Eine ältere Dame mit einem enormen Hörgerät, die neben mir stand, bemerkte nur, dass sie zum Kochen noch nie eine Spritze benötigt hatte. Dieses Missverständnis führte zu einem Vortrag über die Physik und Chemie des Kochens in einer Apotheke, den ich und auch alle anderen Beteiligten nicht vergessen werden …

Auch sollten Sie die Spritzen nicht einfach irgendwo liegen lassen. Es besteht zwar nicht die Gefahr, dass sich jemand infiziert, aber trotzdem könnten einige Leute auf dumme Gedanken kommen. Ich hielt schon in meiner Studentenzeit Vorträge über das Kochen. Dafür hatte ich eine große Tasche, die mit ein paar Experimenten gefüllt war. Es gab ein Semester, in dem ich kaum Zeit hatte und meine Eltern nicht besuchen konnte. Das Problem bestand aber nicht in der Verarmung der Kommunikation zu meinen Eltern, es entwickelte sich ein viel profaneres Problem. Nach ein paar Wochen besaß ich keine saubere Wäsche mehr. So war meine Mutter so liebenswürdig und fuhr extra von Linz nach Wien, mit einer großen Tasche, gefüllt mit frischer Wäsche und wunderbaren Rindsrouladen, selbstverständlich mit Semmelknödeln. Am Westbahnhof gab es einen Austausch der Taschen: meine mit Schmutzwäsche gefüllte Tasche gegen die Tasche mit den Rindsrouladen und der frischen Wäsche.

Am nächsten Morgen läutete im Studentenheim um sieben Uhr früh am Gang das Telefon. Für einen Nichtstudenten entspricht dies einer Uhrzeit von vier Uhr früh. Ein Kollege, der schon zu einer Vorlesung musste, weckte mich mit dem Kommentar: „Werner, deine Mutter ruft gerade an, hoffentlich nichts Schlimmes mit der Familie!" Ich stürmte zum Telefon, und die erste Frage lautete: „Wer ist gestorben?" Meine Mutter meinte nur, dass es der Familie gut geht und dass wir uns über alles in Ruhe und mit voller Ehrlichkeit unterhalten können. Schlaftrunken wusste ich nicht, worum es geht – ich hatte auch kein schlechtes Gewissen. Darauf kam die Frage, mit der ich nie gerechnet hatte: „Sohn, ich habe Spritzen und Injektionsnadeln in der Tasche mit der Schmutzwäsche gefunden. Wie kannst du das erklä-

ren?" So erläuterte ich die Vorzüge der Spritzen, um Ananassaft in Fleisch einzubringen, um das zähe Kollagen zu zerstören. Es war ein relativ langer Vortrag. Am anderen Ende der Telefonleitung meinte meine Mutter erleichtert: „Nun bin ich beruhigt, ein Drogensüchtiger würde sich nie eine solch obskure und abstruse Geschichte einfallen lassen. Schlaf weiter." Und ich schlief weiter und träumte von „Huhn Hawaii" …

Der Schweinsbraten mit einer geräuschvollen Kruste

Eine der ganz großen Herausforderungen in der heutigen Zeit ist ein perfekter Schweinsbraten – innen saftig und außen mit einer krachenden Kruste. Da kann uns die Physik helfen. Gleich stellt sich die Frage, welches Fleisch wir verwenden. Es gibt die Möglichkeit eines Karreestücks, eines Schopfbratens oder einer Schulter, und natürlich lässt sich auch ein besonders fettes Bauchstück verwenden. Ich persönlich empfehle kein Karree, denn es wird leicht trocken, und eine schöne Kruste bekommt man auch nicht.

Dafür ist eine Schweinsschulter mit einer Schwarte und einem Randl, einer dicken Fettschicht unter der Schwarte, perfekt geeignet. Natürlich kann man auch einen Schweinsbauch nehmen – er hat eben weniger Fleisch und dafür mehr Fett. Dagegen ist an sich nichts einzuwenden, schließlich bildet Fett einen wunderbaren Geschmacksträger. Warum also nicht? Wenn man nicht zu viel davon isst, wird die schlanke Linie nicht leiden …

Als ich meinen ersten Schweinsbraten in Wien zubereitete, hielt ich mich genau an das Rezept meiner Mutter: Am Vortag den Braten salzen. So nahm ich den Salzstreuer und würzte etwas zaghaft den Braten – ich persönlich verwende nur wenig Salz, da mir der Eigengeschmack der Produkte lieber ist. Sonst hielt ich mich ganz genau an die Rezeptur. Aber das Ergebnis ließ zu wünschen übrig. Noch am selben Tag rief ich meine Mutter an und fragte sie empört, was sie denn gegen ihren eigenen Sohn habe. Ich erklärte ihr auch, wie wichtig es sei, dass Rezepte vollständig weitergegeben werden sollten und so weiter. Meine Mutter meinte nur lakonisch, sie werde mit mir gemeinsam, wenn ich das nächste Mal zu Hause sei, den Schweinsbraten nach dem vorliegenden Rezept zubereiten.

Ein paar Wochen später, zu Hause im trauten Heim meiner Eltern, fabrizierte ich unter Anleitung meiner Mutter einen Schweinsbraten. Ich legte mir das Rezept zurecht, nahm das Fleisch und begann mit dem Salzstreuer das Fleisch zu würzen. Meine Mutter, wie ein Racheengel, entriss mir den Salzstreuer und bemerkte: „Sohn, mach die Hand auf!" Ich formte mit der Hand eine Grube, und meine Mutter schüttete einige Deka Salz hinein. Dann sagte sie: „Das heißt salzen. Mit diesem Salz musst du das Bratl einsalzen." – „Aber Mama, der Schweinsbraten wird doch total versalzen!?" Der Blick meiner Mutter ließ keinen Zweifel aufkommen, sie meinte es ernst. Ich brauche nicht zu erwähnen, dass der Schweinsbraten hervorragend schmeckte …

Betrachten wir ein typisches Schweinsbratenrezept. Über das Fleisch haben wir schon gesprochen, das Salzen wurde schon erwähnt. Nun muss das Bratl noch gewürzt werden. Dafür empfehle ich ein paar Esslöffel Kümmel und wie es in Oberösterreich üblich ist, ein paar Esslöffel zerstoßenen Koriander. Natürlich darf auch Knoblauch in antiviraler Dosis nicht vergessen werden. Da sind wir wieder bei einer interessanten Frage: Wie soll der Knoblauch zerkleinert werden? Soll man ihn schneiden, fein zerhacken oder gar pressen? Für den Schweinsbraten können wir die Frage leicht beantworten: Knoblauch sollte gepresst werden. Beim Schweinsbraten möchten wir einen konstanten Hintergrundgeschmack. Deshalb sollte der Knoblauch möglichst gut zerkleinert werden.

Aber was ist bei einem Gurkensalat – geschnitten, zerhackt oder gepresst? Genuss kann auch darin bestehen, dass jeder Bissen anders schmeckt, oder dass jeder Bissen gleich schmeckt. Es kommt darauf an, wie die Beilagen beschaffen sind. Würde wirklich jeder Bissen einer jeden Zutat anders schmecken, so würden wir sehr schnell verwirrt sein. Umgekehrt kann aber die Hauptspeise sehr fad, pardon, eher monoton gestaltet sein. Dann sollte zumindest der Gurkensalat, um beim Beispiel zu bleiben, eine gewisse Variation aufweisen. Möchten Sie, dass jeder Bissen anders schmeckt, so empfehle ich Ihnen, den Knoblauch in feine Blätter zu schneiden. Nicht bei jedem Bissen zerkauen wir Knoblauch. Damit wird nicht jeder Bissen nach Knoblauch schmecken, sondern nur jeder dritte oder vierte – in Abhängigkeit von der Menge des verwendeten Knoblauchs. Zerhacken wir den Knoblauch, so wird das Verhältnis schon besser. Bei fast jedem Bissen werden wir Knoblauch schmecken – aber in einer unterschiedlichen Intensität. Der zerhackte Knoblauch lässt sich nicht so leicht gleichmäßig im gesamten Salat verteilen. Damit wird es Bissen geben, die mehr, und andere, die weniger nach Knoblauch schmecken. Pressen wir den Knoblauch aber, so wird überall gleich viel Knoblauch im Salat sein – jeder Bissen wird nach Knoblauch schmecken.

Zurück zum Schweinsbraten: Damit die Gewürze auf das Fleisch schön einwirken können, packen Sie das Fleisch in einen

Kunststoffbeutel, pressen die Luft heraus und schnüren ihn zu. Das Ganze sollte dann über Nacht im Kühlschrank lagern. Am nächsten Tag werden ein paar Kartoffeln geschält – damit haben wir dann automatisch eine Beilage. In eine große Kasserolle wird das Fleisch mit der Schwarte nach unten gelegt. Den restlichen Platz füllen wir mit den Kartoffeln auf. Nun kommt das Wichtigste: Rund einen halben Liter heißes Wasser oder – wenn Sie der formvollendete Genussspitz sind – einen halben Liter heiße Suppe in die Kasserolle schütten. Diese Flüssigkeit ist wichtig.

Viele glauben, dass im Backrohr die Wärmeübertragung hauptsächlich durch die Wärmestrahlung erfolgt. Dies ist aber falsch. Es gibt nur zwei Speisen in Österreich, die durch die Wärmestrahlung erwärmt werden: der Kebab und das Grillhendl, das seitlich von den Strahlen erhitzt wird. Beim Thema Grillen dann mehr dazu.

Im Backrohr wird das Fleisch vor allem durch Wasserdampf erhitzt. Jedes Mal, wenn wir das Backrohr öffnen, kommt uns ein Schwall von heißem Wasserdampf entgegen. Der ist für das Erwärmen der Speisen verantwortlich. Würden wir kein Wasser

dazugeben, so würde über die Wärmeleitung das Fleisch erhitzt. Dabei wird Wasser aus dem Fleisch frei – das wäre dann der wunderbare Saft aus dem Inneren des Schweinsbratens. Dieser würde dann trocken werden. Deshalb ist es notwendig, Flüssigkeit zusätzlich in die Kasserolle zu geben, damit dieses Wasser verdampft, und nicht das Wasser aus dem Braten. Es ist auch sinnvoll, dass dieses Wasser oder die Suppe heiß ist – umso leichter können sie verdampfen und der Erwärmung des Bratens dienen. Damit der Braten auf der Oberfläche nicht verbrennt, geben Sie ein paar Butterflocken auf das Fleisch. Die Butter schmilzt, und wenn es zu heiß werden würde, würde diese verdampfen. Dadurch kühlt sie das darunterliegende Fleisch.

Dann geben wir das Fleisch für rund 45 Minuten bei 180 °C bei Ober- und Unterhitze in das vorgeheizte Backrohr. Warum eigentlich vorheizen? Ähnlich wie bei der Zubereitung des Frühstückseies ist es notwendig, einen Referenzpunkt zu haben. Jedes Backrohr verhält sich anders. Manches braucht länger, um die 180 °C zu erreichen, ein anderes ist fast sofort einsatzbereit. Um diese Zeiten nicht berücksichtigen zu müssen – es treten ja schon bei Temperaturen um die 60 °C Garprozesse ein –, sollten Sie das Backrohr vorheizen.

Nach 45 Minuten nehmen Sie die Kasserolle heraus und drehen das Fleisch um. Die Schwarte ist nun butterweich – sie lässt sich leicht schneiden, sogar mit einem Buttermesser.

Ich kenne viele Menschen, die gerade an einer rohen Schwarte verzweifelt sind. Da wird mit einem guten Fleischmesser, mit einem Stanley-Messer oder sogar mit einem Skalpell versucht, die Schwarte zu zerteilen. Zum Glück passieren nur wenige schwere Handverletzungen. Aber diese Mühe kann man sich sparen. Die Schwarte kochte schließlich 45 Minuten lang in heißem Wasser. Dabei wandelte sich viel Kollagen in Gelatine um. Dadurch wurde dieses zähe Ungetüm weich. Nun lässt sich die Schwarte sogar mit einem Buttermesser schneiden. Mit ein wenig Übung können Sie sogar „Happy Birthday" oder anderes hineinschnitzen …

Warum sollte man überhaupt die Schwarte einschneiden? Nun, das Fleisch wird sich im weiteren Verlauf zusammenziehen – die Schwarte nicht. Damit entstehen mechanische Spannungen zwischen dem Fleisch und der Schwarte, und die Schwarte würde sich vom Fleisch lösen. Dies können wir verhindern, indem wir die Schwarte einschneiden. Diese sollte dann unbedingt noch einmal kräftig mit Salz eingerieben werden.

Danach gelangt das Fleisch wieder für rund 45 Minuten – ein größeres Stück Fleisch natürlich etwas länger – ins Backrohr, erneut bei 180 °C. Sollte nur noch wenig Flüssigkeit zur Verfügung stehen, unbedingt heißes Wasser oder Suppe nachgießen. Dann können wir uns entspannen. Zur Sicherheit, um das Fleisch nur ja nicht zu lange zu braten, könnte man ein Fleischthermometer in das Fleisch hineinstechen. Da aber eine Schweinsschulter als eher saftig gilt, dürften ein paar Minuten zu viel kein Problem sein.

Den Schweinsbraten brauchen Sie die ganze Zeit über nicht begießen. Warum auch? Das Fett unter der Schwarte beginnt zu schmelzen, und damit kühlt und befeuchtet es das darunterliegende Fleisch. Natürlich können Sie es übergießen, wenn Sie auf eine knusprige Schwarte verzichten möchten. Jedes Mal, wenn wir mit einer Flüssigkeit den Schweinsbraten übergießen, weichen wir die Oberfläche auf. Wir wollen aber eine möglichst harte, knusprige Oberfläche. Diese entsteht dadurch, dass Wasser aus der Oberfläche verdampft. Durch das Übergießen machen wir diesen Verdampfungseffekt wieder zunichte.

In den letzten Minuten kommt der wichtigste Teil – was die Kruste betrifft. Öffnen Sie das Backrohr einen Spalt – Wasserdampf wird entweichen – Vorsicht, heiß! Dadurch wird es im Backrohr sehr trocken. Nun wird die Wärme über die heiße Luft übertragen, und das Wasser auf der Oberfläche kann noch leichter verdampfen. Um diesen Prozess zu beschleunigen, verändern Sie die Einstellungen der Temperatur des Backrohrs noch einmal: Erhöhen Sie die Temperatur so stark wie möglich, bis zur pyrolytischen Reinigung. Das letzte Wasser wird nun auf der Oberfläche verdampfen – die einzelnen Stückchen der Kruste sollten so knusprig sein, dass sie zerspringen, wenn man sie zwischen Zunge und Gaumen zerdrückt. Dies dauert ein paar Minuten, oder Sie brauchen einen neuen Ofen. Leider ist das kein Witz.

Beim Backrohr meiner Mutter kommt es schon nach rund fünf bis acht Minuten zu einer wunderbaren Kruste, meines aber benötigt bis zu 15 Minuten, bis ich so halbwegs zufrieden bin. Ich wurde einmal gebeten, einen Schweinsbraten für die Medien zuzubereiten, und zwar im Backrohr des zuständigen Redakteurs. Es dauerte fast eine Stunde, bis die Kruste wirklich knusprig war. Man kann nicht einmal sagen, dass der Preis des Backrohrs ausschlaggebend ist, manche Backrohre sind besser als andere. Physikalisch bedeutet dies, dass das Backrohr einen hohen Anschlusswert haben sollte, sprich die elektrische Leistung sollte möglichst hoch sein.

Natürlich gibt es noch alte Backrohre, die mit Holz betrieben werden. Dort wird der Schweinsbraten besonders gut. Leider hatte ich, obwohl mir ein solches Backrohr zur Verfügung steht, noch keine Zeit, Messungen durchzuführen. Trotzdem, der Schweinsbraten gelingt dort besonders gut. Ich vermute, dass eine höhere Wärmeleistung möglich ist. Damit wird die Kruste einfach besser. Die Messergebnisse werden auf der Webpage *www.diegenussformel.at* veröffentlicht.

Eigentlich wären wir nun am Ende des Rezeptes. Aber so einfach ist es leider doch nicht. Für die Saftigkeit des Fleisches können wir noch einiges tun. Wir werden bemerken, dass sich das Fleisch zusammengezogen hat – das „böse" Kollagen ist dafür verantwortlich. Also sollten Sie die Kasserolle aus dem Backrohr herausnehmen und bis zu 20 Minuten warten. Ist die Temperatur im Inneren so weit gesunken, dass sich die Kollagenfasern entspannt haben, dürfen Sie erst das Fleisch schneiden. Wenn Sie es schon vorher zerteilen, verteilt sich der wunderbare Saft des Fleisches über das Brett. Das lässt sich vermeiden, wenn das Fleisch rasten darf. Bitte decken Sie das Fleisch aber nicht mit Alufolie ab – es würde sonst nicht so schnell auskühlen, und die Schwarte würde wieder durch den entstehenden Wasserdampf aufgeweicht. Glauben Sie mir bitte, das Fleisch wird heiß genug bleiben.

Wenn sich die Fleischfasern entspannt haben, kann der Braten zerteilt werden. Einem wunderbaren Genuss steht nichts mehr im Weg.

Die Thermodynamik einer Weihnachtsgans

Für die Zubereitung der Weihnachtsgans verwende ich gerne Gefriergänse (mit Hafer gefüttert). Diese leiden an einem schlechten Ruf, der aber nicht gerechtfertigt ist. Freilandgänse haben zwar ein besseres Image, sind aber aus naturwissenschaftlicher Sicht schwerer zu beschreiben. Mit den Freilandgänsen verhält es sich wie mit den Kühen auf der Alm: Manche sind faul, einige dagegen richtig sportiv. Das Geflügel, das sich viel bewegt, wird mehr

Kollagen bilden. Kollagen umhüllt die Fleischfasern und sorgt auch für die Zähigkeit des Fleisches. Das heißt, sportliche Gänse bilden eine ausgeprägte Kollagenstruktur, und sie müssen länger braten als die „faulen" Gänse.

Ich habe Gänse aus verschiedensten Haltungen ausprobiert und mehreren Feinschmeckern vorgesetzt mit der Frage, ob sie einen Unterschied feststellen können. Das Ergebnis war eindeutig. Wenn sie nicht wussten, woher die Gans kam, dann war sie immer die beste aller möglichen Gänse. Lassen wir uns nicht immer von dem Produktzettel verführen. Trotzdem muss auch eines erwähnt werden: Mitunter ist die Gans einfach zäh – egal wo sie herkommt. Das habe ich sowohl bei rein biologischen Gänsen, die glücklich waren und sicher nie auch nur ein einziges „Gen" im Futter vorgefunden haben, beobachtet, als auch bei Gänsen, die aus Zuchtbetrieben stammten. Die Gans sollte man rund zwei Tage vorher mit Salz stark einreiben und dann im Kühlschrank lagern. Viele machen den Fehler, dass sie zu wenig Salz verwenden – siehe Schweinsbraten. Die Gans wird dabei etwas Wasser verlieren, aber das stellt kein Problem dar. Bevor die Gans zubereitet wird, sollte sie nochmals mit Salz eingerieben werden. Ohne Salz würde die Gans nicht diesen wunderbaren Geschmack bekommen.

Beim Braten von Gänsen stellen sich zwei interessante physikalische Aufgaben:

1. Wie lange darf die Gans braten?
2. Wie verleihen wir der Gans mehrere Geschmäcker?

Zum ersten Problem: die Bratdauer
Die Bratdauer hängt von der Größe der Gans und der Backrohrtemperatur ab. Die Wärme muss in das Innere der Gans weitergeleitet werden und dort eine bestimmte Temperatur erreichen. Die Innentemperatur sollte bei 75 °C liegen. Bei dieser Temperatur ist das Eiweiß schon geronnen, und das Kollagen beginnt sich aufzulösen. Es darf die Temperatur im Inneren nicht zu hoch

sein, denn die übrigen Kollagenfasern, die sich noch nicht in Gelatine umgewandelt haben, würden sich zusammenziehen, und der Fleischsaft würde herausgepresst werden – es wäre ewig schade darum. Die Gans wäre trocken.

Angenommen, die Gans sei eine Kugel – was in erster Näherung durchaus stimmt –, dann besteht ein Zusammenhang zwischen dem Radius und dem Gewicht des Tieres: Der Radius ist proportional zur dritten Wurzel der Masse. Wir müssen also nicht mit einem Maßband den Umfang und daraus den Radius bestimmen, es gilt:

$$V_{Kugel} = \frac{4\pi r^3}{3}$$

Die Bratdauer t ist proportional zu

$$t \propto r^2$$

und daraus folgt, der Radius r ist proportional zur dritten Wurzel der Masse m.

$$r \propto \sqrt[3]{m}$$

Natürlich müssen noch die Backrohrtemperatur und die gewünschte Innentemperatur berücksichtigt werden. Mithilfe der Thermodynamik lässt sich die genaue Bratdauer berechnen, leider ist die Formel ziemlich kompliziert. Mit folgender Näherungsformel kann man sich ganz gut helfen:

$$t = \left(\frac{\sqrt[3]{m}}{\kappa \cdot (T_{BA} - T_{Zentrum})}\right)^2 \text{ mit } \kappa = 0{,}0008526 \left[\frac{kg^{\frac{1}{3}}}{min^{\frac{1}{2}} \, °C}\right]$$

Die Masse m wird in Kilogramm angegeben – das Gewicht der Gans T_{BA} ist die eingestellte Backrohrtemperatur und $T_{Zentrum}$ die gewünschte Innentemperatur. Empfehlenswert ist T_{BA} = 220 °C und $T_{Zentrum}$ = 75 °C. Die Konstante κ muss einfach nur eingesetzt werden: κ = 0,0008526. Diese Konstante wurde durch das Braten von zehn Gänsen im Laufe der letzten zehn Jahre zu

Weihnachten ermittelt. Die Minutenangabe ist in der Physik eher unüblich, aber praktisch.

Wenn der Radius beziehungsweise das Gewicht, die gewünschte Innentemperatur und die Backrohrtemperatur bekannt sind, dann können Sie in die Formel einsetzen – oder einfach aus der Tabelle ablesen:

gewünschte Innentemperatur = 75 °C:

	$T_{BA} = 220°$	$T_{BA} = 200 °C$	$T_{BA} = 180°$
1,0 kg	65	88	125
2,0 kg	104	139	198
3,0 kg	136	183	259
3,2 kg	142	191	271
3,4 kg	148	199	282
3,6 kg	153	207	293
3,8 kg	159	214	304
4,0 kg	165	222	314
4,5 kg	178	240	340
5,0 kg	191	257	365
5,5 kg	204	274	389
6,0 kg	216	291	412
	[min]	[min]	[min]

Diese Formel gibt die maximale Bratdauer von gefülltem Geflügel in Minuten an. Wenn Sie die Gans nicht füllen, dann verringert sich die Bratdauer um ungefähr ein Drittel. Manchen wird die Zeit für die Bratdauer für diese Temperaturen zu gering erscheinen. Aber die Physik lügt nicht. Die Regel „rund eine Stunde Bratdauer pro Kilogramm" stammt noch aus einer Zeit, als die Öfen nicht so heiß und alle Gänse noch sportlich waren. Man riskiert nur, dass die Gans trocken wird – genau das wollen wir vermeiden. Natürlich ist diese Formel bloß eine Näherung. Das heißt, bei niederen Temperaturen ändert sich durch verschiedene

Mechanismen die Wärmeübertragung – die Formel wird dann versagen. Wenn Sie das Niedertemperaturverfahren anwenden – also die Gans nur mit rund 75–80 °C erwärmen –, benötigen Sie den geeigneten Herd und viel Zeit, denn die Gans wird erst nach fünf bis sieben Stunden fertig sein. Wenn die Gans bei niederen Temperaturen gegart wird, ziehen sich die Kollagenfasern nicht zusammen, und die Gans bleibt sehr saftig – allerdings dauert es dementsprechend lange. Eine dafür geeignete Formel für das Niedertemperaturverfahren wird entwickelt – ich bitte um etwas Geduld.

Zur zweiten Frage: Wie geben wir der Gans verschiedene Geschmäcker? Wir können der Gans nun zusätzlichen Geschmack verleihen – und dies sogar in mehrfacher Weise. Man könnte die Gans in eine Beize legen – dies wäre wieder eine Anwendung der Osmose, dazu später. Dabei würde aber die gesamte Gans gleich schmecken. Warum aber nicht verschiedene Geschmäcker gleichzeitig?

Also injizieren wir die geschmacksaktiven Stoffe direkt in das Fleisch der Gans. Damit können wir unterschiedliche Geschmacksbereiche herstellen. Ich verwende gerne Ananas, Orange, Feige und pur. Frischer Ananassaft und Rotwein lösen auch die Kollagenfasern auf. Die Gans wird dadurch zarter, aber bitte nicht übertreiben – sonst zerfällt die Gans. Sie können natürlich auch mit anderen Geschmacksrichtungen experimentieren – über Geschmack lässt sich nicht streiten.

Wir unterteilen die Gans in vier Quadranten, in jeden wird eine eigene Geschmacksrichtung injiziert. Nur in einem Bereich verändern wir nichts. Damit lässt sich der Geschmacksunterschied besser feststellen. Ich persönlich empfehle die „Politik der tausend Nadelstiche". Dazu sollten Sie eine Fünf-Milliliter-Spritze und eine relativ starke Injektionsnadel (rund ein bis einenhalb Millimeter) verwenden. Wenn Sie die Spritze drücken und nichts geht weiter – kein Saft wird injiziert –, dann sollten Sie die Nadel wechseln. Sie ersparen sich damit einen unangenehmen

Sprühregen von Ananassaft in der Küche. Die Nadeln verstopfen gerne.

Es ist sinnvoll, die Gans zu füllen. Es hat zwar eine unglaubliche Patzerei zur Folge, aber man braucht sich nicht mehr um die Beilage kümmern. Die Gans kann auf unterschiedliche Art gefüllt werden. Zum einen gibt es die klassische Semmelknödelfülle: Semmelknödelbrot in eine große Schüssel geben, einen Esslöffel Petersilie, eine Prise Salz und ein ganzes Ei unterrühren. Rund einen Viertelliter Milch solange erhitzen, bis sie beinahe übergeht, und mit den Semmelknödelwürfeln vermengen. Meist muss man noch ein paar Würfel dazugeben – es sollte ein sehr fester Teig entstehen. Diesen Teig sollte man rund zwei Stunden stehen lassen, danach noch einmal kräftig umrühren und mit rund zwei bis drei Esslöffel Mehl vermengen. Jetzt bestehen mehrere Möglichkeiten:

- Man kann die Gans mit dem Semmelknödelteig füllen.
- Man kann zum Semmelknödelteig noch etwas geschabte Gänseleber hinzugeben.
- Man schneidet einen leicht säuerlichen Apfel (Sorte Boskop) in sehr kleine Würfel und gibt diese Apfelstücke in den Semmelknödelteig. Achtung: Der Apfel sollte nicht gerieben werden – dabei entsteht viel Wasser, und die Fülle wird klebrig.
- Man gibt ein paar (sechs bis sieben) Maroni (bekommt man bei jedem Maronibrater) heiß püriert in die Fülle. Man kann auch ungezuckerten Kastanienreis verwenden – dabei erspart man sich das Pürieren.

Danach wird die Gans mit heißer Butter eingestrichen und in einen Gänsebräter gelegt. Dabei handelt es sich um eine spezielle Bratpfanne, die ausreichend groß ist. Sie erhalten diese in jedem besseren Geschirrgeschäft, und ich empfehle die billigste Version, aber nicht unbedingt die kleinste. Natürlich können Sie mit diesem Gänsebräter auch einen Schweinsbraten oder anderes im

Backrohr zubereiten. So eignet sich der Deckel vorzüglich für Buchteln. Diese Gänsebräter haben mehrere Vorteile. Sie reduzieren das effektive Volumen. Der Gänsebräter wird über die Wärmeleitung erhitzt. Der Dampf, der wiederum durch das heiße Wasser im Inneren des Bräters entsteht, kann sich nicht auf ein so großes Volumen ausdehnen. Damit können wir effektiver braten. Andererseits schützt der Bräter vor zu großen Verschmutzungen des Backrohrs.

Wichtig wäre noch ein Einsatz, damit die Gans nicht am Boden aufliegt. Es gibt eigene Roste für die Gänsebräter, diese sind aber ungeeignet. Wir wollen die Gans ja nicht kochen, sondern braten. Das bedeutet, dass kein unmittelbarer Kontakt zum Wasser bestehen sollte. Der Rost sollte über dem Wasserspiegel liegen. Aber das allein reicht noch nicht. Vergessen wir nicht, dass auch noch das Fett der Gans schmelzen wird. Da kommt noch rund ein Liter dazu. Mein Vater hat einen Rost für ein Backrohr in einen Rost für den Gänsebräter umgebaut. Einige Stäbe wurden weggeschnitten und andere einfach umgebogen. Natürlich kann man sich helfen, indem man die Gans auf ein paar Äpfel stellt. Aber es sollten schon mehrere Äpfel sein, denn die Gans hat ein relativ großes Eigengewicht, und die Äpfel werden durch das Braten mürbe. Wir möchten auch nicht, dass die Gans in einem Apfelmus brät.

Nachdem wir etwas heißes Wasser – rund einen halben Liter – hinzugefügt haben, können wir den Deckel draufgeben und schieben den Bräter ins vorgeheizte Backrohr. Ich verwende eine Backrohrtemperatur von rund 220 °C, wenn es schnell gehen muss. Selbstredend darf auch die Gans nicht mit Wasser übergossen werden – wir würden die zarte Kruste wieder aufweichen. Trotzdem gehört die Gans übergossen beziehungsweise bestrichen, und zwar mit Butter oder anderen fetthaltigen Substanzen. Ich verwende gerne ein kleines Häferl aus Metall, das auf dem Herd steht. Gefüllt ist es mit etwas Butter, die aufgrund der Abwärme des Herdes schmilzt. Damit wird alle 20 bis 30 Minuten die Gans kräftig eingepinselt. Nach rund einer Stunde Bratzeit wird die

Gans gewendet, damit die Wärme gleichmäßiger in das Fleisch und die Fülle eindringen kann.

Zehn Minuten bevor die Gans fertig ist, sollten wir den Gänsebräter heraus- und den Deckel abnehmen. Nun kommt die größte Herausforderung. Lassen Sie die Gans rund eine halbe Stunde in Ruhe. Wenn Sie diesen Ratschlag nicht befolgen, ist alles, was Sie vorher gemacht haben, umsonst gewesen. Die Kollagenfasern sind bis auf das Äußerste angespannt – wenn Sie jetzt hineinschneiden, so wird der Saft richtiggehend herausspritzen. Das Geflügel würde dabei austrocknen.

Vom Prinzip her ist es ein bisschen wie verkehrte Welt. Normalerweise müssen wir handeln oder etwas unternehmen, damit eine Sache besser wird. Aber hier müssen wir etwas unterlassen, damit die Gans perfekt wird. Der psychosoziale Druck innerhalb der Familie ist enorm, die Gans vorzeitig der Meute zu überlassen, aber diesem Druck müssen Sie standhalten. Am besten schließen Sie sich in der Küche ein – dann kann nichts passieren. Oder lenken Sie Ihre Familie durch Gesellschaftsspiele ab – auch das hilft. Aber bitte stellen Sie sich schützend vor die Weihnachtsgans. Ihre Familie wird es Ihnen danken. Natürlich könnten Sie auch mit Vorspeisen arbeiten – dafür sind diese ja da. Oder Sie sind ganz gemein und verabreichen der Familie, also den Erwachsenen, einen guten Kräuterlikör. Dieses adstringierende Getränk regt die Speicheldrüsen an, die Magentätigkeit wird auf eine Speise vorbereitet, und der Hunger steigt. Man kann das Ganze natürlich auch kombinieren: Kräuterlikör und dann eine kleine Vorspeise.

Viele glauben, dass die Gans durch das Abkühlen richtig kalt wird. Aber das stimmt nicht. Vorsicht, wenn Sie die Gans zerlegen – Sie werden sich immer noch die Finger verbrennen. Nachdem die Gans in die Einzelteile zerlegt ist, diese auf den Deckel legen. Möglicherweise haben nicht alle Teile eine perfekte Farbe, aber dem kann mit einem einfachen Trick abgeholfen werden. Die Gans wird mit einer zuckerhaltigen Lösung – Orangensaft, Honig und Weißwein – bestrichen. Achten Sie darauf, dass es keine Paste wird, denn sonst schmeckt die Gans nach Honig. Durch die Maillard-Reaktion werden der Honig und der Zucker vollständig in Aromastoffe mit den Aminosäuren umgewandelt. Möchten Sie, dass Ihr Bratgut nach Honig schmeckt, so bestreichen Sie dieses unmittelbar vor dem Anrichten. Jetzt muss die Gans nur mehr für acht bis zehn Minuten ins Backrohr bei einer sehr hohen Temperatur. Nur so kann die Maillard-Reaktion einsetzen.

Mit einer halbierten gekochten Birne und etwas Preiselbeeren servieren. Selbstverständlich können Sie auch mit einer Scheibe Orange und einer Spur Pistazieneis garnieren.

Mit heißem Fett und hohen Temperaturen

Eine Methode der Erwärmung von Speisen müssen wir noch besprechen. Kaum einer mag es, die meisten Spitzenköche verabscheuen es, die wenigsten geben es zu, dass es ihnen auch manchmal schmeckt: das Frittierte.

Beim Frittieren arbeitet man mit heißem Fett, in das man die Lebensmittel hineinlegt. Da das Fett hierbei eine höhere Temperatur schneller erreichen kann als in der Pfanne, setzt die Maillard-Reaktion schneller ein. Von der Oberfläche dampft mehr

Wasser ab, dadurch wird das Frittiergut knusprig, und die Lebensmittel werden schneller durch. Eigentlich eine tolle Angelegenheit. Nun behaupten einige Kleingeister, dass Frittiertes so fetthaltig ist, dass der Verzehr für die Gesundheit bedenklich ist. Ich aber sage, dass nur schlecht Frittiertes besonders fetthaltig ist.

Das Problem stellt die Temperatur dar. Optimal für das Frittieren ist eine Temperatur zwischen 150 °C und 175 °C. Erhitzen Sie das Fett nicht über 180 °C. Dann bilden sich verstärkt Acrylamide. Diese Stoffe sind krebserregend. Aber mit 175 °C kommen Sie auch schon ganz weit. Die Schwierigkeit liegt eher darin, dass manche Köche mit zu niedrigen Temperaturen frittieren. Dies erreichen sie damit, dass sie zu viel Frittiergut in den Frittierkorb geben. Gerade wenn das Frittiergut gefrorene Pommes frites sind, kühlt das Fett schnell ab. Passiert dies, saugt sich das Gefriergut mit Fett an. Frittiert man im richtigen Temperaturbereich, so verdampft auf der Oberfläche das Wasser. Dabei spritzt

es, man sollte deshalb auch einen Deckel verwenden. Ist die Oberfläche einmal wasserfrei, so ist sie knusprig, es kann kein Fett mehr eindringen. Achten Sie daher immer darauf, dass sich niemals zu viel Tiefgefrorenes im Frittierkorb befindet.

Als Fett verwenden Sie am besten Kokosfett, Erdnussöl oder spezielle Frittierfette. Diese gelten zwar nicht als besonders gesund, dafür haben sie einen extrem hohen Rauchpunkt. Im Mittelmeerraum wird auch gerne Olivenöl verwendet, aber nicht jedem schmeckt es, weil der Eigengeschmack doch recht intensiv ist.

Sobald Sie mit dem Frittieren fertig sind, sollten Sie das Öl filtern. Beim Frittieren brechen immer wieder kleinste Stückchen von der Speise ab, und diese werden dann zu Tode frittiert. Das heißt, sie verbreiten dann einen typischen Geschmack, den man bei anderen Speisen vielleicht nicht haben möchte.

Beim Frittieren gibt es noch etwas Wichtiges zu beachten. Da ich für eine renommierte Zeitschrift für Lebensmittelzubereitung eine Kolumne schreibe, erhalte ich öfter Anfragen zu diesem oder jenem Thema. So schrieben mir die „Aschauer Frauen" und baten mich um Rat in einer heiklen Angelegenheit. In ihrer Region ist es üblich, Leberknödel, bevor sie in die Suppe kommen, zu frittieren. Diese frittierten Leberknödel schmecken auch ohne Suppe hervorragend. Allerdings haben die Köchinnen das Problem, dass jedes Mal das Fett übergeht, wenn sie die Knödel in das heiße Fett einlegen. Nun könnte ich dazu eine einfache Antwort geben: Die Oberfläche der Knödel ist besonders feucht, und das führt dazu, dass recht viel Wasser verdampft. Dadurch könnte das Fett übergehen. Allerdings ist der Begriff „übergehen" nicht so klar definiert. Gerade Milch geht gerne über, weil Netzmittel beteiligt sind. Könnte es nicht auch bei Leberknödeln Netzmittel geben, die zum Schäumen führen? Vor allem die Leber ist chemisch betrachtet ziemlich komplex. Nachdem ich alle Bücher aus dem Bereich Lebensmittelchemie drei Mal durchgelesen hatte, um mich mit dem übergehenden Fett durch die Leberknödel zu beschäftigen, war ich mir sicher, dass die Effekte der Leber egal seien, und dass es doch nur das Wasser sei. Daher kann ich den Damen aus Aschau nur empfehlen, ihre Knödel etwas trockener zu gestalten beziehungsweise die Oberfläche mit Bröseln zu behandeln. Dies führt zumindest auf der Oberfläche dazu, dass mehr Wasser gebunden wird. Entschuldigen Sie bitte vielmals, dass die Antwort solange gedauert hat.

Rezepte zu diesem Kapitel

Leberknödel

300 g	Rindsleber
3	Semmeln (Weißbrotbrötchen)
2	Eier
50 g	Semmelbrösel
6 EL	Milch
1	kleine Zwiebel, fein geschnitten
1 EL	Petersilie, fein gehackt
2	Knoblauchzehen, zerdrückt
1 KL	Majoran
	Salz, Pfeffer

Die Semmeln in die Milch legen, etwas warten und danach auspressen. Gemeinsam mit der Leber und den Knoblauchzehen fein faschieren. Die fein geschnittene Zwiebel goldgelb anrösten, zum Schluss die Petersilie dazugeben und kurz mitrösten, zur Leber-Semmel-Masse dazugeben und mit den Eiern verrühren. Den Majoran, etwas Salz und Pfeffer zur Masse hinzufügen und dann mit den Semmelbröseln binden. Die Masse sollte einerseits saftig bleiben, andererseits aber auch die Form behalten. Die gesamte Masse eine Stunde rasten lassen. Die Hände mit Wasser befeuchten, aus der Masse kleine Knödel formen und in das heiße Salzwasser einlegen. Rund acht Minuten lang ziehen lassen.

Gebackene Leberknödel

Die Zubereitung des Teiges ist wie beim Leberknödel, allerdings sollte man eine Semmel mehr in den Teig einarbeiten und die Knödel auch in Semmelbröseln wälzen. Für Feinspitze kann man noch zusätzlich 150 g feinst faschiertes Rindfleisch zum Teig dazumischen. Danach in heißem Fett herausbacken beziehungsweise frittieren.

Kaninchen in Folie
4	Kaninchenkeulen, ausgelöst
4	Wacholderbeeren, zerstoßen
1 MS	Muskat, gerieben
1 MS	Thymian
1 MS	Basilikum
8	Pfefferkörner, zerstoßen
	Salz

Die Kaninchenkeulen mit Salz einreiben und über Nacht in einem geschlossenen Gefäß rasten lassen. Am nächsten Tag die Keulen scharf von allen Seiten anbraten, bis sie leicht bräunlich sind. Mit den restlichen Gewürzen einreiben und in einer Folie einschweißen. Die Folie mit den Keulen bei 60 °C für rund drei Stunden im Wasser ziehen lassen. Dazu reicht man Bratkartoffeln.

Steak
4	Steaks, T-Bone, Porterhouse oder worauf sie Lust haben
	Salz
	Pfeffer, fein gemahlen
	Öl
	Cognac (nicht Weinbrand)
	Butter, ein paar Flocken

Das Öl in der Pfanne erhitzen, bis es wirklich heiß ist. Vielleicht eine Spritzprobe durchführen – ein Tropfen Wasser in die Pfanne geben und wenn es spritzt, ist es heiß genug. Dann die Steaks einlegen. Wenn sich auf der Oberfläche ein paar Tropfen Fleischsaft bilden, dann das Steak sofort umdrehen. Bilden sich wieder ein paar Tropfen Fleischsaft auf der Oberfläche, die Steaks sofort aus der Pfanne nehmen, in einen Topf geben und ins Backrohr mit rund 60 °C stellen. Rund zehn Minuten rasten lassen. Den Bratenrückstand mit etwas Cognac lösen und mit ein paar Flocken Butter binden. Ein paar Pfefferkörner dazugeben. Das Steak auf einem vorgewärmten Teller mit der Sauce servieren, erst am Teller mit Salz und Pfeffer würzen.

Backhendl mit Hühnerhautchips
2	junge Hühner
	Mehl
2	Eier
	Semmelbrösel
	Salz
	Öl

Die Hühner sollten in kleinere Teile zerlegt werden. Sie sind dann handlicher, und auch die Bratdauer lässt sich besser einteilen. Manche Teile, die dicker sind, benötigen länger als andere Teile, die nur aus Knochen bestehen. Die Haut vorsichtig entfernen – sie wird später noch benötigt. Die Hühnerteile kräftig salzen und dann in Mehl wenden. Das überschüssige Mehl abklopfen. Die Eier verschlagen und die bemehlten Hühnerteile durchziehen, sodass sich die Eier überall gut anlegen. Dann in den Semmelbröseln wenden, sodass die einzelnen Teile vollständig mit Semmelbröseln bedeckt sind.

Die einzelnen Teile in einem Topf mit heißem, mindestens vier Finger hohem Fett herausbacken, bis beide Seiten goldbraun sind. Die Bruststücke brauchen rund zehn Minuten, die Schenkel etwa 15 Minuten. Die Teile nur einmal wenden. Danach die Stücke herausnehmen und im vorgewärmten Backrohr auf einem Rost warm stellen.

Während des Backens der Hühnerteile kann man die Hühnerhautchips zubereiten. Die Hühnerhaut auf beiden Seiten kräftig einsalzen und in eine Pfanne mit heißem Öl legen. Auf die Hühnerhaut Küchengewichte stellen. Da gerade die Haut aus Kollagen besteht, würde sich die Haut einrollen, das verhindert man durch die Beschwerung. Nachdem die untere Seite der Haut schön braun ist, die Haut wenden und ebenfalls anbraten. Das Backhendl sofort mit Vogerl- oder Kartoffelsalat servieren.

Saftiges Brathuhn
1	frisches Huhn, rund 1,2 kg
	Butter
	Wasser
	Öl
	Salz

Das Huhn mit viel Salz, rund fünf EL, kräftig einreiben, den inneren Bereich nicht vergessen, und einen Tag im Kühlschrank lagern. Das Backrohr auf 130 °C vorheizen. Das Huhn mit der Brustseite in eine offene Kasserolle legen und rund einen halben Liter heißes Wasser dazugeben. Die obere Seite mit etwas Butter bestreichen. Rund 30 Minuten lang braten lassen und dann umdrehen. Alle 20 bis 30 Minuten mit warmer Butter bestreichen, unter gar keinen Umständen mit dem Bratensaft oder mit einer anderen Flüssigkeit. Nach rund 50 Minuten die Temperatur im Backrohr auf 200 °C erhöhen und nach rund 30 Minuten – notfalls auf das Thermometer achten, es sollte 70 °C anzeigen – das Huhn herausnehmen. Den Saft aus der Kasserolle mit etwas Butter und Mehl binden und kurz aufkochen. Das Huhn vor dem Tranchieren rund 15 Minuten rasten lassen. Anrichten und mit Gurken- oder Kartoffelsalat servieren.

Rosmarin-Huhn
1	frisches Huhn, rund 1,2 kg
	Rosmarin, frische Zweige
	Rosmarin, ein paar Nadeln
1/2 kg	geschälte Kartoffeln
1/4 kg	geschälter Pastinak
5	Karotten
1/2	Sellerieknolle, in Scheiben geschnitten
	Butter
	Wasser
	Öl
	Salz

Das Huhn in kleinere Stücke zerlegen und mit viel Salz, rund fünf EL, kräftig einreiben, ein paar Rosmarinnadeln dazugeben und einen Tag im

Kühlschrank lagern. Das Backrohr auf 180 °C vorheizen. In eine Kasserolle das Gemüse und drei bis vier Rosmarinzweige geben. Rund einen halben Liter heißes Wasser hinzufügen. Auf das Gemüse die Hühnerteile legen – sie sollten nicht das Wasser berühren. Die Hühnerteile mit warmer Butter bestreichen. Das Ganze ins Backrohr für rund 40 Minuten stellen. Danach herausnehmen und die Hühnerteile mit dem Gemüse servieren.

Huhn auf Bier
1	frisches Huhn, rund 1,2 kg
1	große Bierdose (1/2 l)
2 TL	süßer Paprika
1 TL	Chilipulver
	Butter
	Salz

Das Huhn mit viel Salz, rund fünf EL, kräftig einreiben, den inneren Bereich nicht vergessen, und einen Tag im Kühlschrank lagern. Die Außenseite mit dem Paprika und dem Chilipulver bestreichen, das Backrohr auf 180 °C vorheizen. Die Dose öffnen und einen kräftigen Schluck nehmen. Die Dose auf das Backblech stellen und das Huhn drüberstülpen. Das Ganze ins Backrohr für rund 60 Minuten stellen.

Das Huhn vor dem Tranchieren rund zehn Minuten lang rasten lassen.

Aus dem Bier kann eine feine Sauce hergestellt werden. Vorsicht, wenn man das Bier mit dem Huhn herausnimmt, bitte mit beiden Händen in Handschuhen arbeiten. Die Dose kann leicht umfallen.

Wiener Schnitzel – das Original
4	Kalbsschnitzel, vom Schlegel
2	Eier
	Mehl
	Semmelbrösel
	Salz

Die Schnitzel werden geklopft oder noch besser plattiert, sie sollten dann rund vier bis fünf Millimeter dick sein. Die Ränder leicht einschneiden, damit sich die Schnitzel nicht zu einem Hügel zusammenziehen. Die Schnitzel salzen. Dann benötigt man drei Teller. In den ersten Teller gibt man Mehl, in den zweiten Teller kommen die Eier – sie werden verrührt – und in den dritten Teller die Semmelbrösel. Die Schnitzel zuerst ins Mehl legen und wenden, das überschüssige Mehl abklopfen und nun durch die Eier ziehen. Die gesamte Oberfläche sollte mit dem Ei bedeckt sein. Zum Schluss das Schnitzel in den Bröselteller legen und wenden. Die überschüssigen Brösel wiederum abklopfen. In die heiße Pfanne, in der sich mindestens zwei Finger breit viel Fett befindet, legen und nach rund eineinhalb bis zwei Minuten die Schnitzel wenden. Hin und wieder die Pfanne schütteln, dadurch souffliert das Schnitzel, sprich die Panier geht auf und löst sich teilweise vom Fleisch. Trotzdem reißt die Panier nicht. Nach rund vier bis fünf Minuten Gesamtbackdauer die Schnitzel herausnehmen und sofort servieren. Am besten mit Kartoffel-, Gurken- oder gemischtem Salat servieren. Auf ein Zitronenachtel nicht vergessen.

Wiener Schnitzel – die beliebtere Variante
Anstelle vom Kalbfleisch verwendet man das billigere Schweinefleisch. Dieses hat auch den Vorteil, dass es eine Spur saftiger ist. Sonst ist die Zubereitung wie beim original Wiener Schnitzel, es bleibt eine Spur länger in der heißen Pfanne.

Liebe Köchin oder Koch des Frankfurter Flughafenrestaurants: Ein Wiener Schnitzel macht man nicht mit Vollkornsemmelbröseln. Einerseits sieht das Schnitzel nicht schön goldgelb aus, und zweitens ist es auch nicht gesünder als ein Schnitzel mit Weißbrotsemmelbröseln. Der Anteil der Brösel ist zu gering, als dass ein ernährungsphysiologischer Effekt zu erwarten wäre, allerdings lag das Schnitzel noch lange im Magen – so gesehen hatte ich mehr davon.

Pariser Schnitzel
4   Kalbsschnitzel, vom Schlegel
2   Eier
    Mehl
    Salz

Die Zubereitung ist wie beim Wiener Schnitzel, nur verwendet man keine Semmelbrösel. Das Schnitzel hat nur eine Mehl-Dotter-Panier.

Parma-Schnitzel
Die Zubereitung ist wie beim Wiener Schnitzel, allerdings verwendet man anstelle der Semmelbrösel geriebenen Parmesankäse.

Holstein-Schnitzel

4	Kalbsschnitzel
8 EL	Butter
4 Scheiben	Weißbrot
4	Eier
4 TL	Kapern
4 Scheiben	frischer Räucherlachs
8	Sardellenfilets
	Salz
	Pfeffer

Die Schnitzel in rund vier EL Butter bei mittlerer Hitze rosa braten, nur einmal wenden. Das Fleisch in das vorgewärmte Backrohr stellen. In die Pfanne mit den Bratenrückständen die restliche Butter dazugeben und das Weißbrot kurz anrösten. Das Brot auf einen Teller legen und in der Pfanne vier Spiegeleier zubereiten. Das Fleisch auf den Teller und daneben das Weißbrot legen. Auf das Fleisch kommt das Spiegelei, das mit Kapern bestreut wird. Auf die Weißbrotscheibe kommt die Lachsscheibe mit je zwei Sardellenfilets.

Livorno-Schnitzel, auch Scaloppine al limone

4	Kalbsschnitzel, vom Schlegel
	Mehl
1	Zitrone, in dünne Scheiben geschnitten
	Saft einer Zitrone
	fruchtiger Weißwein
1 EL	Butter
	Salz
	Pfeffer, fein gemahlen

Die Schnitzel flach klopfen – sie sollten rund vier Millimeter stark sein. Mit etwas Salz und Pfeffer würzen und in Mehl wenden. Das überschüssige Mehl abklopfen. Die Schnitzel auf jeder Seite rund eineinhalb Minuten anbraten, dann sofort aus der Pfanne nehmen und warm stellen. Auf die Schnitzel je zwei Scheiben Zitronen legen. Den Bratensatz mit etwas Weißwein und dem Saft einer Zitrone lösen und kurz aufkochen lassen. Nach drei Minuten einen EL Butter dazugeben und kräftig verrühren. Das Fleisch auf dem Teller ohne die Zitronenscheiben anrichten und mit der Sauce überziehen. Dazu passen hervorragend Petersilienkartoffeln.

Berliner Schnitzel

1 kg	frisches Kuheuter
1	Zwiebel
1 Bd.	Suppengrün
2	Eier
	Mehl
	Semmelbrösel
	Pfeffer, Salz

Das Kuheuter vier Stunden wässern. Dann kommt das Euter in einen Topf mit frischem Wasser, gemeinsam mit der Zwiebel und dem Suppengrün, und es wird weich gekocht. Das dauert rund drei Stunden. Danach wird das abgekühlte Euter enthäutet und in Scheiben geschnitten. Das Fleisch wird jetzt wie beim Wiener Schnitzel zubereitet, es muss aber nicht mehr geklopft werden.

Schweinsbraten

1–1,5 kg	Schulter, mit Schwarte und schönem Fettrand
9 EL	Salz
3 EL	Koriander, zerstoßen
3 EL	Kümmel
8 Zehen	Knoblauch, zerdrückt
5 EL	Butter

Das Fleisch mit acht EL Salz, dem Koriander, dem Kümmel und dem Knoblauch einreiben. In einen Kunststoffbeutel geben und verschließen. Einen Tag rasten lassen. Nach dem Öffnen vielleicht noch einmal etwas nachsalzen und in eine große Kasserolle geben. Die Schwarte sollte unten liegen. Rund einen halben Liter heißes Wasser in die Kasserolle geben und auf das Fleisch etwas Butter legen. Will man gleich die Beilage zubereiten, ein paar geschälte Kartoffeln in die Kasserolle legen. Die Kasserolle kommt dann für 45 Minuten bei 180 °C ins Backrohr. Die Schwarte ist nun weich und kann leicht eingeschnitten werden. Nun wird die Schwarte wieder mit rund einem EL Salz gewürzt.

Das Fleisch wird erneut in die Kasserolle gelegt, diesmal ist aber die Schwarte oben. Vielleicht noch etwas Wasser dazugeben, aber unter gar keinen Umständen den Braten mit Wasser übergießen. Nun das Fleisch für rund eine Stunde im Backrohr lassen. Danach noch einmal für 15 Minuten bei maximaler Leistung des Backrohrs braten. In dieser Phase sollte man Vorsicht walten lassen. Es hängt vom Backrohr ab, bis eine wunderbare Kruste entsteht. Bei manchen Backrohren erreicht man das gewünschte Ergebnis schon nach sieben Minuten, bei manchen muss man fast eine halbe Stunde warten, bis man ein brauchbares Ergebnis hat. Natürlich sollte man dies bezogen auf die Gesamtbratdauer berücksichtigen. Es hilft auch, das Backrohr einen Spalt zu öffnen. Danach den Braten rund 15 Minuten rasten lassen – nur so bleibt der Saft im Braten. Mit Semmelknödeln und Krautsalat servieren.

Huhn im Päckchen

4	Hühnchenbrustfilets, rund 120 g, ohne Haut
400 g	Karotten, in Scheiben geschnitten
1	Orange, Saft
1	Orange, 8 Filets
8	Kartoffeln, gekocht und geschält
4 EL	Öl
4	Rosmarinzweige, frisch
8 EL	Orangensaft
2 KL	Honig
	Salz, Pfeffer
	Backpapier

Das Backpapier in rund 40 mal 40 cm große Stücke schneiden – vier Mal. Die vorher gesalzenen Hühnerfilets in einer Pfanne mit den Kartoffeln anbraten. Sobald sie Farbe angenommen haben, die Kartoffeln in der Mitte des Backpapiers hinlegen. Darauf die Filets drapieren. In dem Bratensaft die Karotten kurz anbraten, den Honig über die Karotten geben, eine Minute warten und dann mit dem Saft einer Orange ablöschen. Je einen Rosmarinzweig auf das Fleisch und darauf die Karottenscheiben legen. Seitlich je zwei Orangenfilets dazugeben. Die Ecken des Papiers zusammenführen und über der Füllung mit einem Spagat zusammenbinden. Es sollte ein kleines, zusammengeschnürtes Päckchen entstehen.

Die vier Bündel auf ein Backblech setzen und im vorgeheizten Ofen bei 200 °C auf der mittleren Schiene rund 20 Minuten garen.

Die Bündel jeweils auf den Teller geben, zum Servieren eine Schere reichen; der Gast sollte selber das Päckchen aufschneiden.

Stelze

1	hintere Schweinsstelze
8	Knoblauchzehen, zerdrückt

3 EL	Kümmel
	Butter
	Salz

Die Stelze mit rund einer Handvoll Salz einreiben und einen Tag rasten lassen. Die Stelze dann mit Knoblauch und Kümmel würzen, möglicherweise auch noch mit etwas Salz bestreuen. In eine Kasserolle legen und rund einen halben Liter Wasser dazugeben. Die Stelze etwa 30 Minuten bei 180 °C braten. Danach aus dem Rohr nehmen und mit einem Messer die gekochte Schwarte einschneiden. Anschließend auf die andere Seite legen und noch einmal für 30 Minuten ins Backrohr stellen. Wiederum die andere Seite der Schwarte einschneiden. Immer darauf achten, dass sich genügend Wasser in der Kasserolle befindet. Dann die Stelze aufstellen und noch einmal rund eine Stunde braten. Wiederum in den letzten Minuten das Backrohr auf die höchste Stufe stellen (siehe Schweinsbraten). Wenn Sie eine extreme Kruste haben möchten, frittieren Sie die Stelze kurz – auch manche gute Gasthäuser behelfen sich mit diesem Trick.

Esterházy-Rostbraten

4	Rostbraten, gut abgehangen
1/2	Zwiebel
1/4 l	Rindsuppe
1/8 l	Sauerrahm
1 TL	Kapern
2	Karotten, in feine Streifen geschnitten
1	Petersilienwurzel, in feine Streifen geschnitten
1/4	Sellerieknolle, in feine Streifen geschnitten
1 Zweig	Rosmarin
	Butter
	Mehl
	Salz
	Pfeffer

Den Rand des Rostbratens mehrmals einschneiden, salzen, pfeffern und beide Seiten mit Mehl bestäuben. Das Fleisch von beiden Seiten mit einer hohen Temperatur anbraten und dann das Fleisch in einer Kasserolle warm stellen. Die Zwiebeln im Bratenrückstand rösten. Mit Wasser ablöschen und anschließend mit den Zwiebeln über das Fleisch geben. Das Fleisch nun bei geringer Hitze rund 30 Minuten lang dünsten.

Das Wurzelwerk, die Karotten, die Petersilienwurzel und den Sellerie anrösten und nach 40 Minuten mit dem Rosmarinzweig zum Rostbraten dazugeben. Das Ganze noch einmal rund zehn Minuten lang bei geringer Hitze dünsten. Den Sauerrahm mit zwei Esslöffel gut vermischen und mit dem Saft nach Ende der Bratzeit vermengen. Dazu die gehackten Kapern geben. Kurz aufkochen und mit Serviettenknödeln oder Nudeln servieren.

Canard à l'orange, Ente mit Orangen auf französische Art

1	junge Ente
2	unbehandelte Orangen, abgeriebene Schale und frisch gepresster Saft
2	Orangen, als Filets geschnitten
3	unbehandelte Orangen, dünn abgeschnittene Schale und das Fruchtfleisch, als Filets geschnitten
2 Zweige	Thymian
1 TL	Zucker
1 EL	Sherry
2 EL	Weißwein
1 TL	Honig
1 TL	Staubzucker
	Butter
	Salz

Die Ente mit rund einer Handvoll Salz einreiben. Das Innere bitte nicht vergessen und über Nacht ziehen lassen. Vier TL Butter mit der abgeriebenen Schale zweier Orangen vermengen. In den Bauch der Ente gibt man die beiden Thymianzweige, die Schalen und Filets der drei Orangen. Die Öffnung wird mit Nadel und Faden verschlossen, man kann auch Holzspießchen zum Verschließen verwenden. Die Ente kommt nun in den Gänsebräter auf den Rost – die Brust sollte unten sein. Der Saft zweier Orangen kommt mit rund einem halben Liter heißem Wasser in den Gänsebräter. Die Gans mit warmer Butter, die zuvor mit der abgeriebenen Orangenschale vermengt wurde, einstreichen. Ab ins vorgeheizte Backrohr, nach 45 Minuten kurz herausnehmen und die Ente wenden. Wiederum mit der warmen Orangenbutter einstreichen. Nach der Formel auf Seite 153 die Backrohrtemperatur und die Bratdauer wählen.

Die Ente rund zehn Minuten vor dem Fertigwerden aus dem Backrohr herausnehmen und rund 15 Minuten lang rasten lassen. Danach tranchieren und auf den Deckel des Gänsebräters legen. Die Ente mit einem Gemisch aus Weißwein, Staubzucker und Honig bestreichen.

Während des Rastens den Zucker in eine Pfanne geben, karamellisieren lassen, mit 6 EL Bratensaft ablöschen und die frischen Orangenfilets darin anbraten. Die Orangenfilets aus dem Bratensaft herausnehmen und auf die Ente legen. Mit dem Sherry die Bratenrückstände aus der Pfanne lösen und die Sauce mit zwei Butterflocken binden. Die Ente bei maximaler Hitze in das Backrohr für rund zehn Minuten geben – bitte durch das Fenster beobachten: Es könnte sein, dass die Ente schon nach fünf Minuten schön knusprig und braun ist, wenn Sie ein wirklich gutes Backrohr haben. Besitzt das Backrohr keine so hohe Leistung, muss sich die Ente etwas länger im Backrohr befinden.

Gans mit vier Geschmäckern
1   frische Gans
        Salz
        Ananassaft
        Rotwein
        Orangenlikör
        Honig
        Weißwein
        Staubzucker
        Injektionsnadeln, 1–1,5 mm Durchmesser
        Spritzen, 5 cm^3

Die Gans mit rund einer Handvoll Salz einreiben – den inneren Bereich nicht übersehen. Die Gans rund einen Tag rasten lassen. Mit einer Injektionsnadel den Ananassaft, den Rotwein und den Orangenlikör in drei unterschiedliche Bereiche der Gans injizieren. In einen Bereich nichts injizieren, damit man später mit dem Originalgeschmack der Gans vergleichen kann. Bitte mit dem Ananassaft vorsichtig sein, sonst zerfällt das Fleisch.

Danach wird die Gans mit heißer Butter eingestrichen und in einen Gänsebräter gelegt. Dabei handelt es sich um eine spezielle Bratpfanne. Nachdem wir etwas heißes Wasser – rund einen halben Liter – hinzugefügt haben, können wir den Deckel draufgeben und den Bräter ins vorgeheizte Backrohr schieben. Nach der Formel auf Seite 153 die Backrohrtemperatur und die Bratdauer wählen. Achtung: Für eine ungefüllte Gans nur 2/3 der Bratdauer wählen. Nach rund einer Stunde wird die Gans gewendet, damit die Wärme gleichmäßiger in das Fleisch und die Fülle eindringen kann. Wiederum mit warmer Butter einstreichen.

Die Gans rund 15 Minuten vor dem Fertigwerden aus dem Backrohr herausnehmen und etwa 15 Minuten lang rasten lassen. Dieses Rasten ist wichtig, sonst verliert die Gans bei jedem Schnitt etwas Fleischsaft. Dieser befindet sich dann auf dem Schneidebrett und nicht mehr im Fleisch. Danach tranchieren und auf den Deckel des Gänsebräters legen. Die Gans mit einem Gemisch aus Weißwein, Staubzucker und Honig bestreichen. Die Gans bei maximaler Hitze in das Backrohr für rund zehn Minuten geben – bitte durch das Fenster beobachten: Es könnte sein, dass die Gans schon nach fünf Minuten schön knusprig und braun ist, wenn Sie ein wirklich gutes Backrohr haben. Besitzt das Backrohr keine so hohe Leistung, muss sich die Gans etwas länger im Backrohr befinden. Mit einer halbierten gekochten Birne und Preiselbeeren servieren.

Bewegte Flüssigkeiten und Gase – rollende Knödel

Im vorigen Kapitel haben wir uns mit der Wärmeleitung in festen Stoffen, in Flüssigkeiten und in Gasen beschäftigt. Es gibt noch eine zweite wichtige Möglichkeit, Wärme zu verteilen beziehungsweise zu übertragen: die Konvektion.

Die Physik der Knödel

Knödel sind ein wesentlicher Beitrag zur österreichischen Kultur. Jede Region kennt ihre eigenen Knödel, und zu fast jeder Speise kann man einen Knödel als Beilage anbieten. Aber Knödel sind nicht nur eine Beilage, sie können auch als Hauptspeise dienen. Ja, es lassen sich sogar ganze Menüs aus Knödeln zusammenstellen, und diese sind nicht die schlechtesten:

- Leberknödelsuppe
- kalter Tiroler Wurstknödel auf Blattsalat
- Knödelpotpourri mit Grammel-, Haschee- und Fleischknödeln mit dreierlei Arten von Kraut
- Marillenknödel auf Weinschaum

Alle Knödel, mit ganz wenigen Ausnahmen, werden gekocht. Und dabei passiert Interessantes, das für die Physik des Kochens wesentlich ist: Es kommt zur Konvektion. Wenn ein Topf Wasser auf einer heißen Herdplatte steht, so wird zuerst der untere Bereich des Wassers erhitzt. Das Wasser dehnt sich aus und steigt auf. Dabei verdrängt es das obere kühlere Wasser. Bemerkenswerterweise steigt das Wasser immer in der Mitte des Topfes auf. Der Grund dafür ist ganz einfach. Ein Teil des aufsteigenden Wassers würde am Topfrand ein wenig auskühlen – über die Wärmestrahlung wird ein Teil der Wärme des heißen Wassers an die Umgebung abgegeben. Im oberen Bereich des Topfes kann ein Teil des Wassers abdampfen. Dadurch wird es wieder kälter, und da gleichzeitig von unten warmes Wasser nachdrängt, wird das abgekühlte Wasser am Rand des Topfes wieder nach unten sinken. Es entstehen sogenannte Konvektionsrollen. Wasser bewegt sich in der Topfmitte von unten nach oben, kühlt ab und sinkt auf der Seite wieder ab, um erneut erwärmt zu werden. Durch diesen Prozess wird die Wärme sowohl in einer Flüssigkeit als auch in einem Gas sehr gut verteilt.

Das hat aber auch wesentliche Konsequenzen für das Kochen von Knödeln. Erstens können sich Knödel nie in der Mitte des Topfes aufhalten – außer der Topf ist überfüllt. Aber dies sollte vermieden werden. Aufgrund der Bewegung des Wassers werden die Knödel immer zum Rand hinbewegt. Zweitens sollte das Wasser nicht kochen. Dafür gibt es zwei Gründe. Einerseits entstehen

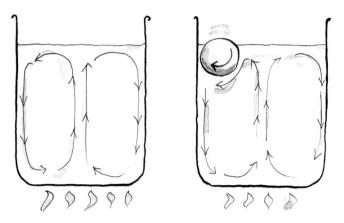

Wird ein Topf von unten erwärmt, so entstehen Konvektionsrollen. Warmes Wasser steigt nach oben, kühlt dann oben ab und sinkt am Rand wieder nach unten. Befindet sich ein Knödel im Topf, so kann die Strömung die Oberfläche des Knödels beschädigen. Ist der Knödel wirklich rund, beginnt er sich zu drehen.

Dampfblasen. Diese können, wenn sie aufsteigen, die zarte Haut der Knödel beschädigen. Das muss nicht sein. Andererseits bewegen sich die Konvektionsrollen bei einer höheren Temperaturdifferenz viel schneller. Das kann dazu führen, dass die Knödel, die schön rund geformt sind, zu rotieren beginnen. Auch dies schadet der Oberfläche der Knödel, da die Oberfläche dann beim Rotieren einen Übergang von der Flüssigkeit zur Luft erfährt. Das ist einer der Gründe, warum Sie Knödel nur ziehen lassen dürfen.

Ein anderer Grund ist vor allem für gefüllte Knödel wichtig. Stellen wir uns einen Marillenknödel vor, gefüllt mit einer Wachauer Marille. Den Kern haben Sie ersetzt durch ein Stück Marzipan, getränkt mit ein paar Tropfen Weinbrand – ein wunderbarer Gedanke. Dann kochen Sie den Knödel, er platzt im Kochtopf, und der herrliche aromatische Inhalt ergießt sich in den Kochtopf. Den Knödel können Sie vergessen. Warum konnte das passieren, obwohl Sie vorsichtig waren?

Sobald im Inneren eines gefüllten Knödels Temperaturen von über 92 °C entstehen, bilden sich kleinste Dampfbläschen – das

Wasser dehnt sich aus. Im Knödelinneren entsteht ein erhöhter Druck, und der Knödel wird platzen. Das ist ein weiterer Grund, warum Sie gerade gefüllte Knödel nur ziehen lassen sollten.

Lustigerweise beginnen Knödel zu schwimmen, wenn sie gar sind. Was geschieht dabei? Die Knödel werden nicht leichter – es kommt ja nichts weg oder hinzu. Aber der Knödel verändert sich durch das Kochen. Wir möchten ja einen möglichst flaumigen Knödel. Flaumig bedeutet, dass sich während des Kochens viele kleinste Luftblasen bilden. Diese sind im rohen Knödel nur marginal vorhanden. Erst durch das Kochen können die mikroskopischen Luftbläschen durch den Wasserdampf aufgebläht werden. Der Knödel wird flaumiger und dabei auch um eine Spur größer. Geht der Knödel auf, ist er fertig und auch größer geworden. Das Volumen wächst. Das ursprüngliche Volumen verdrängte weniger Wasser, dadurch sank der Knödel zum Topfboden. Nun aber schwimmt er.

Weil wir schon beim Kochen von Knödeln sind, können wir auch gleich das Problem der Nudeln angehen. Gehört ein Tropfen Öl ins Kochwasser oder nicht, und wie verändert das Salz das Kochverhalten des Nudelwassers? Natürlich gehört Salz in das Kochwasser. Manche vermuten, dass der durch das Salz herbeigeführte Siedeverzug für das Kochen von Nudeln wichtig ist. Unter dem Siedeverzug versteht man, dass die Flüssigkeit erst bei höheren Temperaturen zu sieden beginnt. Damit hätten wir eine höhere Kochtemperatur, und die Nudeln wären früher fertig – besagt die Hypothese. Ich habe es selbst einmal gemessen und bin zu dem Schluss gekommen, dass man 100 g NaCl pro Liter Wasser benötigt, nur um eine Erhöhung des Siedepunktes um 2 °C zu erreichen. Ich brauche wohl nicht zu erwähnen, dass die Nudeln anschließend ungenießbar waren. Hier kann man sagen, theoretisch richtig, aber praktisch irrelevant. Trotzdem sollten Sie Salz hinzugeben: Die Nudeln schmecken dann einfach besser.

Darf eigentlich Öl in das Nudelwasser gegeben werden? Das kommt auf die Größe Ihres Kochtopfes an. Wenn Nudeln kochen, bildet sich auf der Oberfläche Schaum. Dieser wirkt wie ein Deckel, und oft geht das Nudelwasser dadurch über. Das Öl verhindert die Schaumbildung, und das Wasser wird nicht übergehen. Die Luftbläschen fallen zusammen, der Wasserdampf kann ungehindert abziehen. Haben Sie ein ausreichend großes Gefäß, benötigen Sie auch kein Öl. Das Problem ist nur, dass die meisten Köchinnen und Köche einen zu kleinen Topf für das Nudelkochen verwenden. Stopfen Sie zu viele Nudeln in den Topf, so bildet sich besonders viel Schaum, und das Ganze geht über. Wenn Sie jedoch einen größeren Topf verwenden, könnten Sie sich den Tropfen Öl sparen. Wird zu viel Öl verwendet, das sich um die Nudeln lagert, so dringt kein Wasser in den Nudelteig ein, und die Nudeln bleiben hart. Also, wenn Sie schon unbedingt Öl beim Kochen verwenden wollen, dann bitte wirklich nur einen Tropfen.

Trotzdem sind Öl und Nudeln nicht unbedingt spinnefeind. Nach dem Kochen der Nudeln hat ein Tropfen Öl durchaus seine Berechtigung. Durch das Quellen während des Kochens lösen sich auf der Oberfläche der Nudeln Kohlehydratmoleküle heraus. Sobald die Nudeln im Sieb sind und das Wasser zwischen den Nudeln weg ist, können sich diese Kohlehydratmoleküle zwischen den Nudeln verbinden. Die Nudeln kleben nun aneinander. Dies lässt sich verhindern, indem Sie die Nudeln, sobald sie im Sieb liegen, mit Öl „umspülen". Die Kohlehydratmoleküle wollen kein Öl und ziehen sich in die Nudeln zurück. Die Nudeln bleiben ab nun schön getrennt.

Es sollte nicht nur auf den Topf und das Öl geachtet werden, sondern auch auf die Wassermenge. Meist wird zu wenig Wasser verwendet. So gucken zum Beispiel die Spaghetti dann eine Zeit lang aus dem Topf heraus. Der untere Teil der Nudeln kann im Wasser schon quellen und wird dadurch auch schneller fertig als der obere Teil, der meist eine Minute später in das Wasser eingetaucht wird. Zusätzlich wird das Wasser durch die kalten Nudeln abgekühlt. Sinkt die Temperatur unter 70 °C, quellen die Nudeln nicht. Je mehr Wasser Sie verwenden, umso weniger sinkt die Temperatur, und umso besser werden die Nudeln.

Dämpfen um jeden Preis

Die Konvektion wirkt aber nicht nur in Flüssigkeiten. Sie tritt auch in Gasen auf. In den letzten Jahren ist eine besondere Zubereitungsmethode in das Zentrum der Aufmerksamkeit von uns Köchen gerückt: der Dampfgarer.

Welche Vorteile hat das Dämpfen vom Standpunkt der Physik aus? Beim Dämpfen hat das Fleisch, das Gemüse oder auch der Knödel kaum Kontakt mit dem Wasser. Kocht man Gemüse auf die übliche Art, so können Inhalts- und Geschmacksstoffe in das Kochwasser gelangen. Das Gemüse wird ausgelaugt. Anders sieht es beim Dämpfen aus. Der Wasserdampf kondensiert auf der kalten Gemüseoberfläche und erwärmt dabei das Gemüse. Es befindet sich nur eine dünne Schicht aus Wasser über dem Gemüse. Dabei lösen sich nun weniger Geschmacksstoffe aus dem Gemüse. Befindet sich zu viel Wasser auf dem Gargut, tropft das Wasser einfach ab, wird in einer Rinne aufgefangen und später

wieder erhitzt. Das Verfahren als Ganzes ist für das Gemüse weniger schonend, weil mit höheren Temperaturen gearbeitet wird. Das Gemüse wird mit rund 100 °C erhitzt, während man in einem Kochtopf im Regelfall nur knapp 90 °C erreicht, dafür schmeckt das Gemüse besser. Nur weil die ganze Welt von schonender Zubereitung spricht, muss dies nicht zutreffend sein – aber es geht ja vor allem um den Geschmack, Vitamine nehmen wir sowieso ausreichend zu uns.

Der Dampfgarer sorgt aber nicht nur beim Gemüse für einen besseren Geschmack, sondern auch bei den Knödeln bewirkt er eine unbeschreibliche Flaumigkeit. Da der Knödel gleichmäßig mit praktisch 100 °C erhitzt wird, kann der Wasserdampf die kleinsten Bläschen, die hoffentlich zuvor in den Teig eingearbeitet wurden, ausdehnen. Allerdings funktioniert dies nur bei ungefüllten Knödeln. Bei gefüllten Knödeln besteht die Gefahr, dass diese platzen. Natürlich können Sie einen besonders zähen oder dicken Teig um die Frucht legen, sodass die Gefahr des Platzens stark reduziert wird. Ein Germknödel oder Hefekloß ist dafür ein besonders geeigneter Kandidat – der Teig ist ausreichend zäh und hält so einiges aus.

Grillen oder Barbecue?

Warum wird ein Steak auf einem Holzkohlegriller durch? Viele vermuten, dass die Wärmestrahlung dafür verantwortlich ist. Aber dies ist falsch – es ist die heiße Luft, die das Bratgut erhitzt. Auch hier handelt es sich um Konvektion. Allerdings steigt heiße Luft auf, die nicht mehr nach unten kommen muss. Machen Sie doch folgendes Experiment: Halten Sie die Hand einmal von der Seite und einmal von oben möglichst nahe an den Griller. Sie werden beobachten, dass Sie die Hand seitlich sehr nahe zum Griller führen können, während die Hand in einigen Zentimetern über dem Griller sehr schnell stark schmerzt.

Wärmestrahlung breitet sich immer gleichmäßig in alle Richtungen aus, heiße Luft strömt immer nach oben – wie beim Griller. Was sollte noch beachtet werden? Natürlich gibt es die Grilltassen, mit denen man vermeidet, dass Fett in die glühenden Kohlen tropft. Da es verbrennt, entstehen giftige Stoffe, die man nicht unbedingt zu sich nehmen sollte. Aber dann vermisst man den wunderbar rauchigen Geschmack, weswegen man ja eigentlich grillt. Man kann das Fettdebakel auch anders umgehen. Sie müssen das Fleisch ja nicht unbedingt in Öl ertränken. Es reicht eine ganz dünne Schicht. Und natürlich stehen Sie ja neben dem Griller und sind damit in der Lage, das Fleisch, unter dessen Bereich sich eine Flamme bildet, in einen anderen Bereich zu verschieben.

Das eigentliche Problem besteht eher darin, dass die Personen am Grill einfach zu hektisch reagieren. Die meisten, die ich beobachtet habe, wenden das Fleisch oder das Gemüse, so oft es nur geht. Das ist nicht gut. Harold McGee, ich erwähnte ihn schon, berechnete, wie oft man einen Hamburger – bei uns würde man sagen ein Fleischlaibchen – wenden sollte, um ihn optimal zu erwärmen. Er kam zu einem ganz einfachen Ergebnis: Ein Stück Fleisch sollte genau einmal gewendet werden. Der Grund ist auch einfach zu erklären. Wenn Sie das Fleisch oft drehen, kann die jeweilige Oberseite wieder rasch auskühlen – auf sie wirkt ja keine heiße Luft mehr. Es gilt aber, wie wir beim Fleisch in der Pfanne besprochen haben: Umso heißer und kürzer ist umso besser für den Genuss des Fleisches. Das gilt natürlich auch hier. Wenn Sie schon mit etwas spielen wollen, so trinken Sie lieber ein Glas Bier mehr oder schieben das Bier hin und her, aber bitte lassen Sie das Fleisch in Ruhe.

Damit stellt sich die Frage, wann Sie das Fleisch umdrehen sollten. Man findet viele Regeln, von denen ich nicht sehr viel halte, weil sie entweder nicht stimmen oder nicht praktikabel sind. Meine Regel, ohne dass ich sie naturwissenschaftlich herleiten könnte, ist ganz einfach: Beginnt sich auf der Oberseite des Fleisches etwas Saft zu bilden, so sollte das Fleisch sofort umgedreht werden. Es klingt auch logisch, denn dann haben sich im unteren Bereich des Fleisches die Kollagenfasern schon zusammengezogen. Dadurch wird Fleischsaft herausgepresst. Interessanterweise bleibt das Fleisch in der Mitte immer noch „roh" – im Küchendeutsch würde man sagen „medium" –, wenn man mit dieser Methode arbeitet.

Ich werde von einem lieben Freund zwei Mal im Jahr gebeten, bei einem großen Fest zu grillen. Da ich dies auch gerne mache, freue ich mich immer wieder, den Kunden das Bestmögliche anzubieten. Für mich ist dies dann, abseits der akademischen Welt, die Herausforderung, das theoretische Wissen aktiv anzuwenden. Kommt ein Kunde zu mir, so lautet meist die typische Frage: „Was haben Sie?" Dann weist ein dezenter Blick des gestrengen Kochs auf die Tafel, auf der alle Speisen stehen. Leider scheint ein Großteil der Bevölkerung des Lesens nicht mächtig zu sein – oder will einfach einmal mit dem Koch auf Tuchfühlung gehen. Dann beginne ich mit „Kotelett nach …", um gleich wieder unterbrochen zu werden mit den Worten: „Kotelett klingt gut, machen Sie mir bitte eines." Dann kommen meine Fragen: „Welches Kotelett?

Lamm oder Schwein, und bitte, wie hätten Sie gerne Ihr Kotelett – rare (roh), medium (halb durch) oder well-done (durch)?" Die meisten entscheiden sich für ein Schweinskotelett.

Das ist ja noch kein Problem, aber mit der nächsten Antwort habe ich ein Problem. Die meisten möchten ihr Kotelett durch und weich. Vom Standpunkt der Physik kann ich dies leider nicht anbieten. Je weniger das Fleisch gebraten wird, desto weicher ist es. Also wäre rare (roh) optimal, wenn es weich sein sollte. Wenn es jemand durch haben will, auch kein Problem, der Kunde ist König und Chef bin ich, aber dann ist das Fleisch einfach hart. Wir haben diesen Widerspruch schon zu Beginn dieses Buches besprochen (hart zu weich und zäh zu mürbe). Dieser Widerspruch führt dann zu einer längeren Diskussion zwischen mir und den Kunden, in der Zwischenzeit kann ich das Kotelett so zubereiten, wie ich es mir wünschen würde – medium –, und wenn die Diskussion beendet ist, hat der Kunde etwas gelernt, ob er wollte oder nicht, und ich bin mit dem Kotelett fertig. Da ich diesen Job schon einige Zeit ausübe, gibt es Kunden, die nur noch um ein Stück gegrilltes Fleisch ersuchen – so gut wie beim letzten Mal. Das freut mich, obwohl ich mir nicht immer sicher bin, ob diese Leute nicht bloß der Debatte aus dem Weg gehen möchten …

Dazu noch eine nette Geschichte, die ich mir nicht verkneifen kann. Eine hervorragende Köchin, die aber nie wirklich Englisch gelernt hatte, war auf Besuch in Irland. Dort bestellte sie in einem Lokal ein Steak und wollte dem Kellner nur mitteilen, dass sie es nicht roh haben möchte – das Wort für „medium" fiel ihr nicht ein. So sagte sie recht laut: „Waiter, I want a steak, but not bloody!" Es wurde sehr ruhig in dem Lokal – der Begriff „bloody" bedeutet nämlich nicht blutig, sondern vor allem „verdammt" oder auch „ekelhaft" oder einfach „scheußlich". Zur Erinnerung noch einmal die drei Stufen der Zubereitung von Steaks: rare, medium und well-done.

Wenn in Österreich gegrillt wird, so macht man keinen großen Unterschied zwischen Grillen und dem Barbecue. Der Begriff

Barbecue klingt einfach amerikanischer, und damit ist man beim Grillen vorne dabei. Aber es gibt einen großen Unterschied zwischen dem Grillen und dem Barbecue. Man kann den Amerikanern wirklich viel vorwerfen, aber sie beherrschen zwei Sachen: Autofahren und Barbecuen.

In Österreich wird das Fleisch auf den heißen Grill gelegt und nach ein paar Minuten umgedreht – hoffentlich nicht öfter – fertig. Sie können es jedoch besser machen. Beim Barbecue geht es darum, dass das Fleisch auch noch auf dem Grill etwas rastet. Die Kollagenfasern auf der Oberfläche des Fleisches ziehen sich aufgrund der hohen Temperaturen zusammen – deshalb funktioniert der Trick mit dem Fleischsaft auf der Oberfläche. Schneidet man dann das Fleisch auf, so rinnt der Saft auf den Teller und kann höchstens mit ein paar Scheiben Brot aufgetunkt werden.

Besser wäre es, wenn Sie das Fleisch in einer Ruhezone mit einer Temperatur von weniger als 70 °C – vielleicht sogar unter einer Haube – rasten lassen. Nach 15 Minuten Rastzeit können sich die Fasern entspannen, das Fleisch bleibt aber immer noch medium – wenn gewünscht. Wichtig ist, dass beim Rasten keine heiße Luft von den Grillkohlen über das Fleisch zieht – diese Luft ist viel zu heiß. Einer stabilen Eisenplatte ist hier der Vorzug zu geben. Der Unterschied ist schmeckbar, und Sie sehen, dass man sich auch beim Grillen weiterentwickeln kann.

Rezepte zu diesem Kapitel

Semmelknödelteig
350 g   Knödelbrot aus Semmeln
1   Ei, Größe L bis XL
1 KL   Salz
1/3 l   Milch
1/6 l   Wasser
          Mehl
1 Bd.   Petersilie, klein geschnitten

Das Ei mit dem Knödelbrot und dem Salz vermengen. Die Petersilie kurz in heißem Fett anschwitzen und zum Knödelbrotgemenge dazugeben. Dann erhitzt man die Milch und das Wasser und gibt beides über das Knödelbrotgemenge. Das Ganze sollte man gut vermengen und nun mindestens einundhalb Stunden rasten lassen. Erst zum Schluss drei bis vier EL Mehl dazugeben und nochmals alles miteinander gut vermengen – immer von unten nach oben. Die Hände mit Wasser benetzen und danach die Masse zu Knödeln formen. Die Knödel in einen Topf mit heißem Salzwasser legen und ziehen lassen, bis sie schwimmen.

Kartoffelknödel

1 kg	mehlige Kartoffeln, keine Heurigen, gekocht
100–150 g	Mehl
2	große Eier
	Salz
	Muskatnuss, gerieben
1 EL	Butter
1 EL	Grieß

Die gekochten Kartoffeln sofort schälen und durch die Kartoffelpresse drücken. Die Kartoffeln auf einem Teller verteilen und kalt werden lassen. Die zerdrückten Kartoffeln mit Mehl, Grieß, Butter, Ei, Salz und geriebenem Muskat gut vermengen. Ist der Teig zu cremig, etwas mehr Mehl verwenden – nicht alle Kartoffeln sind gleich. Den Teig rund eine Stunde stehen lassen. Danach den Teig zu einer dicken Rolle formen und in zehn Scheiben schneiden. Aus den Scheiben gleichmäßige Knödel formen und in einem Topf mit Salzwasser ziehen lassen. Am besten die Hände mit Mehl bestauben, dann kann der Teig leichter zu Kugeln geformt werden. Das Ziehenlassen dauert rund 15 Minuten.

Hascheeknödel

	Semmelknödel- oder Kartoffelteig
100 g	gebratene Schweinsschulter
100 g	gekochtes Rindfleisch
100 g	Bauchspeck
100 g	Wurstreste, am besten von würzigen Würsten
1	Zwiebel, grob geschnitten
2	Knoblauchzehen, geschält
1 Handvoll	Grammeln

| 1 KL | Majoran |
| 1 EL | Schmalz |

Alle Zutaten durch den Fleischwolf drehen und dann in einer Pfanne abrösten.

Aus dem Teig eine Rolle formen, in gleich große Stücke zerteilen, diese auf der Handfläche flachdrücken, mit der Hascheemasse füllen und zu Knödeln formen. Diese im Salzwasser rund zehn Minuten lang ziehen lassen.

Grammelknödel
	Semmelknödel- oder Kartoffelteig
2 Handvoll	Grammeln
1/2	Zwiebel, fein geschnitten
2 EL	Petersilie, frisch gehackt
1 KL	getrockneter Majoran
1 KL	Schmalz
	Pfeffer aus der Mühle
	Salz

Die Zwiebel mit den Grammeln anrösten, mit Salz, Pfeffer und der Petersilie vermengen. Nach Belieben mit Majoran würzen. Aus dem Teig eine Rolle formen, in gleich große Stücke zerteilen, diese auf der Handfläche flachdrücken, mit der Grammelmasse füllen und zu Knödeln formen. Diese im Salzwasser rund 10 bis 15 Minuten lang ziehen lassen.

Wurstknödel
	Semmelknödel- oder Kartoffelteig
500 g	Wurst, verschiedene Sorten, am besten würzig
2	Knoblauchzehen
1	kleine Zwiebel, grob geschnitten
	Salz
	Pfeffer

Die Wurst mit den Knoblauchzehen und der Zwiebel fein hacken oder durch den Fleischwolf drehen. Aus dem Teig eine Rolle formen, in gleich große Stücke zerteilen, diese auf der Handfläche flachdrücken, mit der Wurstmasse füllen und zu Knödeln formen. Diese im Salzwasser rund 10 bis 15 Minuten lang ziehen lassen.

Welser Knödel
Semmelknödel- oder Kartoffelteig
500 g Blutwurst, enthäutet, klein geschnitten
1 Zwiebel, fein gehackt
1 TL getrockneter Majoran
Salz
Pfeffer

Die Blutwurst mit den Zwiebeln anrösten und mit Majoran und Pfeffer abschmecken. Aus dem Teig eine Rolle formen, in gleich große Stücke zerteilen, diese auf der Handfläche flachdrücken, mit der Blutwurstmasse füllen und zu Knödeln formen. Diese im Salzwasser rund 10 bis 15 Minuten lang ziehen lassen.

Gulaschknödel
Semmelknödel- oder Kartoffelteig
500 g kaltes Gulasch

Da das Gulasch kalt ist, kann es leicht in den Teig gefüllt werden. Aus dem Teig eine Rolle formen, in gleich große Stücke zerteilen, diese auf der Handfläche flachdrücken, mit dem kalten Gulasch füllen und zu Knödeln formen. Diese im Salzwasser rund 10 bis 15 Minuten lang ziehen lassen.

Topfenknödel
500 g Topfen
60 g zerlassene Butter
2 Eier
2 Dotter
120 g Weizengrieß
Salz
2 EL Butter
Semmelbrösel
Staubzucker

Topfen, Butter, Eier, Dotter und eine Prise Salz zu einem Teig glatt rühren. Grieß untermischen und die Masse kalt stellen. Nach rund einer Stunde mit bemehlten Händen aus der Masse kleine Knödel formen und zehn Minuten im Salzwasser ziehen lassen. In einer Pfanne zwei EL Butter zergehen lassen und die Semmelbrösel darin anrösten. Die fertigen

Knödel darin wälzen und dann auf einem Teller liebevoll anrichten. Mit Staubzucker dekorieren. Dazu Zwetschkenröster servieren.

Marillenknödel

	Topfenknödel-, Kartoffelteig
10	Marillen (Aprikosen)
10 Stück	Marzipan, würfelzuckergroß
10 TL	Weinbrand
2 EL	Butter
	Semmelbrösel
	Staubzucker

Die Marillen zur Hälfte aufschneiden, jeweils mit einem Stück Marzipan und einem Teelöffel Weinbrand füllen. Die Marillen wieder zusammenklappen, mit dem Teig umhüllen und 10 bis 15 Minuten im Salzwasser ziehen lassen. In einer Pfanne zwei EL Butter zergehen lassen und die Semmelbrösel darin anrösten. Die fertigen Knödel darin wälzen und dann auf einem Teller liebevoll anrichten. Mit Staubzucker dekorieren.

Zwetschkenknödel

	Topfenknödel-, Kartoffelteig
10	Zwetschken (Pflaumen)
2 EL	Butter
	Semmelbrösel
	Staubzucker

Die Zwetschken mit dem Teig umhüllen und 10 bis 15 Minuten im Salzwasser ziehen lassen. In einer Pfanne zwei EL Butter zergehen lassen und die Semmelbrösel darin anrösten. Die fertigen Knödel darin wälzen und dann auf einem Teller liebevoll anrichten. Mit Staubzucker dekorieren.

Osmose und Diffusion

Kommen wir nun zu den wirklich schwierigen Dingen in der Zubereitung von Lebensmitteln: das Kochen von Würsten und die Zubereitung einer guten Suppe mit einem wunderbaren Stück Tafelspitz (auch manchmal als Hüftdeckel bezeichnet). Ich kann mich noch gut erinnern, als ich ein kleiner Bub war und mein Vater mit meiner Mutter über die Zubereitungsart einer Speise diskutierte. Damals meinte mein Vater: „Bevor du weitersprichst, überlege dir doch einmal, wie man eine Knacker richtig kocht." Um welche Speise es sich handelte und wer dann letztendlich bei der Diskussion gewonnen hatte, weiß ich nicht mehr. Oft musste ich an den Spruch von meinem Vater denken, dass man zuerst „Knackerkochen lernen sollte". Als ich dann mit dem Physikstudium begonnen hatte, wusste ich, dass es nicht eine bloße Redewendung war, sondern hier tatsächlich mehr verborgen ist. Übrigens finden Sie im Kapitel „Wörterbuch: Österreichisch-Deutsch" keine Entsprechung für Knacker. Die Knacker, so wie sie in Österreich üblich sind, gibt es in Deutschland nicht. Aber kommen Sie nach Österreich und genießen diese Wurst – als Salat, gekocht, gebraten, gegrillt oder aufgeschnitten mit Zwiebel und Senf in der Mitte oder einfach nur zum Abbeißen …

Die Opferwurst

Die meisten Menschen kochen Würstel, indem sie einfach einen Topf nehmen, Wasser hineingießen, die Würstel hineinlegen, den Herd einschalten und ihn rechtzeitig wieder ausschalten. Da gibt

es doch keine Physik, die schwierig wäre, sie zu verstehen, am ehesten noch der Strom in den Herdplatten, nicht?

Aber was beobachten wir, wenn wir Würstel kochen? Am Ende des Kochvorgangs wird das Wasser schmierig, es bildet sich ein weißlicher, extrem überwürzter Schaum, der nicht besonders gut aussieht. Woher kommt dieser Schaum?

Betrachten wir den Effekt der Diffusion. Nehmen wir ein Glas mit Wasser und geben einen Teelöffel Salz oder Zucker hinein. Die Kristalle sinken auf den Boden. Warten wir ein paar Tage, so können wir erkennen, dass die Kristalle verschwunden sind, das Wasser aber komplett salzig oder süß, je nach dem, schmeckt. Natürlich ist das Salz nicht einfach verschwunden – es hat sich aufgelöst und überall gleichmäßig im Glas verteilt. Warum? Die einzelnen Wasserteilchen haben durch ihre Eigenbewegung einzelne Atome aus dem Kristallgitter der Salz- oder Zuckerkristalle herausgelöst und dann in der restlichen Flüssigkeit verteilt. Diesen Effekt der gleichmäßigen Verteilung nennt man Diffusion. Je höher die Temperatur ist, umso schneller werden sich Stoffe auflösen und gleichmäßig verteilen.

Kommen wir nun zu unserem Würstel – es ist egal, um welche Wurstart es sich handelt. Legen wir es ins Wasser, so lösen sich im Laufe der Zeit Fette, Salze und Geschmacksstoffe aus dem Würstel und gehen in die Flüssigkeit über. Kochen wir ein Würstel, so geschieht dies umso schneller, und es bildet sich dieser unansehnliche Schaum. Der stammt aus dem Inneren des Würstels. Nun könnte man fragen, ob man nicht froh sein sollte, dass man diesen Schaum nicht essen muss, aber das Würstel verliert seine Würze. Es wird durch das Kochen ausgelaugt.

Sie können dieses Problem leicht lösen, benötigen dafür aber eine sogenannte „Opferwurst". Diese Wurst wird zerkleinert und ausgekocht. Dabei gehen extrem viele Fette, Salze und Geschmacksstoffe in die Lösung über. Diese Wurst können Sie dann Ihrem Hund oder Ihrer Katze geben – oder einfach wegwerfen. Durch die „Opferwurst" haben wir eine gesättigte Lösung erhalten. Legen wir nun in diese Lösung eine andere Wurst, so wird sich aus dieser nichts mehr herauslösen können – die Lösung ist ja

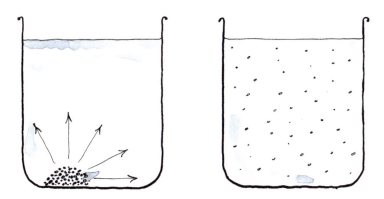

Gibt man einen Löffel Zucker in Wasser, so löst sich der Zucker auf. Die einzelnen Wassermoleküle lösen einzelne Zuckermoleküle heraus, und durch die Bewegung der einzelnen Wassermoleküle werden die Zuckermoleküle im gesamten Glas verteilt. Dies kann aber einige Zeit dauern.

schon gesättigt. Kochen wir in diesem Sud unser Würstel, so wird dieses viel besser schmecken, da noch alle Inhaltsstoffe drinnen sind. Wir mussten nur eine Wurst opfern, damit die anderen besser schmecken. Natürlich ist es ein bisschen snobistisch, wenn man für ein Paar Frankfurter (nicht zu verwechseln mit Wiener Würstchen, diese sind nach dem EU-Lebensmittelkodex ein anderes Produkt, schmecken auch schlechter) ein Würstel zerkocht, damit das andere besser schmeckt. Ich persönlich verwende die „Opferwurst" nur dann, wenn ich mehrere Würstel, zum Beispiel für eine Party, koche. Zur Not können auch ein paar Wurstblätter verwendet werden, die sich noch im Kühlschrank befinden. Das Kochwasser nur zu salzen und ein paar Tropfen Öl hineinzugeben, ist etwas zu wenig. Auch empfiehlt es sich nicht, Würstel in einer Suppe zu kochen. Sie würden dann nach der Suppe schmecken.

Vielleicht noch kurz zu dem Begriff „Opferwurst". Er entstand ungefähr im Jahr 1998 in der Volkshochschule Mauer. Damals hielt ich einen Vortrag über das Kochen von Würsten und sprach dabei auch davon, dass man eine Wurst opfern muss, damit die anderen besser schmecken. Ein Kursteilnehmer konnte es nicht fassen und schrie heraus: „Das ist dann ja eine Opferwurst!" So entstand dieser schöne Begriff – ich bin gespannt, ob er den Einzug in den „Duden" schaffen wird …

Einen großen Fehler muss ich allerdings noch verbessern: Ich spreche immer von Würstel „kochen". Dies ist aber falsch. Man sollte Würstel genauso wie Knödel auch nur ziehen lassen. Sobald direkt unter der Wursthaut eine Temperatur von 92 °C entsteht, bilden sich Dampfbläschen, die zum Zerplatzen der Wurst führen. Also auch Würste nur ziehen lassen.

Der perfekte Tafelspitz gelingt nur den wenigsten

Es gibt verschiedene Arten von Suppen. Bei manchen Suppen möchten wir zum Beispiel Gemüse auslaugen – die Suppe sollte dann nach diesem Gemüse schmecken. Wie das Gemüse dann im Detail aussieht, ist uns in der Regel egal, da es meist püriert wird. Wenn wir eine Hühnersuppe köcheln, so soll das Suppenhuhn ausgelaugt werden. Die Suppe soll nach dem Huhn schmecken. Wenn man sich noch etwas Mühe gibt, so löst man nach dem Kochvorgang das Fleisch vom Huhn und gibt es in die Suppe. Aber es würde keiner auf die Idee kommen, das ausgelaugte Huhn als Hauptspeise zu servieren.

Anders sieht es beim Tafelspitz aus. Er sollte einerseits den Geschmack der Suppe positiv beeinflussen, und andererseits sollte er auch schön saftig sein, wenn er dann serviert wird. Hier besteht ein Widerspruch zwischen saftig und ausgelaugt.

Beim Tafelspitz liegt nicht nur das Phänomen der Diffusion vor, sondern auch der Osmose. Die Osmose tritt überall auf, wo eine semipermeable Membran vorhanden ist. Dies trifft so ziemlich auf alle Lebensmittel zu. Jede Zellwand stellt eine solche semipermeable Wand dar. Darunter versteht man eine Wand, die zwar Wasser in beide Richtungen durchlässt, aber nur dieses. Zucker oder andere Stoffe, wie zum Beispiel Geschmacksstoffe, können nicht hindurch. Das wäre ja an sich noch nicht spannend.

Aber es gibt einen interessanten Grundsatz in der Natur: Ein Lösungsmittel begibt sich immer dorthin, wo etwas zu verdünnen ist, sodass überall die gleiche Konzentration besteht. Nehmen wir ein Glas, und quer durch dieses Wasserglas sollte eine semipermeable Membran gespannt sein. Diese teilt das Glas in eine rechte und in die linke Hälfte. In den beiden Hälften wird das Wasser gleich hoch stehen – das Wasser kann sich jederzeit vom rechten Bereich in den linken Bereich und umgekehrt bewegen. Geben wir nun etwas Zucker in den linken Bereich, so wird etwas Spannendes passieren. Der Zucker löst sich auf – die Diffusion kennen wir ja schon. Aber zusätzlich wird der Wasserstand im linken Bereich steigen. Es wandert mehr Wasser vom Bereich ohne Zucker in den Bereich mit Zucker als umgekehrt. Das Wasser versucht die Zuckerkonzentration zu verringern. Da der

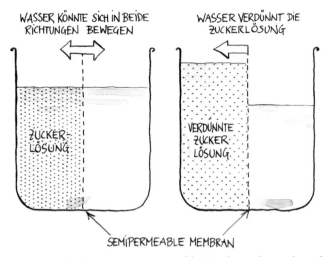

Bei der Osmose verhindert eine semipermeable Membran, dass sich große Moleküle durch die Membran bewegen. Aber das Wasser kann sich durch die Membran bewegen. So versucht es die Lösung zu verdünnen.

Zucker nicht wandern kann, wandert eben das Wasser. Natürlich gelingt kein perfekter Ausgleich, die Schwerkraft wirkt der Wasserbewegung entgegen.

Was lernen wir daraus? Wasser kann in Zellen eindringen oder aus ihnen herauswandern, in Abhängigkeit der Konzentration von verschiedensten Stoffen.

Betrachten wir ein einfaches Beispiel: Erbsenkochen. Kochen wir Erbsen in normalem Wasser, so werden die Erbsen fad schmecken. Im Inneren der einzelnen Erbsenzellen befindet sich Zucker. Im umgebenden Wasser tritt kein Zucker auf. Also wird das kochende Wasser in die einzelnen Erbsenzellen hineinwandern, um die Zuckerkonzentration zu verringern. Damit steigt der Wassergehalt in den Erbsen. Diese schmecken dann aber nicht mehr so schön süß. Also muss man das Wasser etwas zuckern und salzen. Somit ist die Konzentration von Salz und Zucker im Inneren der einzelnen Erbsenzelle genauso groß wie die Konzentration von Salz und Zucker im Kochwasser. Das Wasser hat jetzt keinen Grund mehr zu wandern, und die Erbsen behalten ihren typischen Geschmack.

Beim Tafelspitz wird es etwas komplizierter, denn hier möchten wir einerseits eine gute Suppe und andererseits einen saftigen Brocken Fleisch. Stellen wir uns ein Stück Fleisch in Wasser vor. Was wird passieren? Das Wasser wird in das Fleisch eindringen, um dort die Salzkonzentration zu verringern. Das Fleisch würde zwar saftig sein, aber die Konzentration der Geschmacksstoffe wäre verringert, außerdem würde die Suppe nach nichts schmecken.

Denken wir an ein Stück Fleisch in gesalzenem Wasser. Wahrscheinlich ist die Konzentration des Salzes im Wasser höher als in den einzelnen Zellen des Fleisches. Dadurch wird das Wasser vom Fleisch in die Suppe – das Wasser – fließen. Das Fleisch würde austrocknen, aber das Wasser würde dann hervorragend schmecken, denn beim Wassertransport werden sicher auch Geschmacksmoleküle mittransportiert. Wie lösen Sie dieses Dilemma? Ganz einfach, indem Sie eine billige Kalbsknochensuppe herstellen, in der Sie dann den Tafelspitz ziehen lassen.

Zuerst nehmen Sie eine paar Kalbsknochen und braten diese in einem großen Topf an. Dadurch entstehen wunderbare Geschmacksaromen, auf die man nicht verzichten sollte. Danach löschen Sie das Ganze mit Wasser ab und lassen es rund 20 bis 30 Minuten lang köcheln. Während dieses Vorgangs lösen sich aufgrund der Diffusion viele Salze, Geschmacksstoffe und so weiter aus den Knochen heraus. Sie erhalten eine schöne Suppe. Danach lassen Sie die Suppe auskühlen und nehmen die Knochen heraus. In diese kalte Suppe geben Sie nun alle Gewürze und das restliche Gemüse, das Sie benötigen. Lassen Sie die kalte Kalbsknochensuppe ruhig einen Tag lang ziehen. Auch im kalten Zustand lösen sich interessante Aromen heraus, die man leider nicht in warmem Zustand erhält. In diese Kalbsknochensuppe legen Sie schließlich den Tafelspitz und lassen alles längere Zeit köcheln.

„Die Suppe darf nur lächeln", sagen die Chinesen. Würden wir das Ganze kochen, so würden sich die Kollagenfasern des Fleisches zusammenziehen, und der wunderbare Fleischsaft ginge in die Suppe über. Diese würde dann überragend schmecken, aber das Fleisch wäre ziemlich fad. Da beim Kochen zusätzlich Dampfblasen entstehen, würden diese beim Aufsteigen das Fleisch beschädigen. Kleinste Flocken würden sich lösen und die Suppe trüb werden. Um dies zu verhindern, schöpfen Sie immer den Schaum, der sich bildet, sowohl bei der Kalbsknochensuppe als auch bei der späteren Rindsuppe ab – dann bleibt die Suppe schön durchsichtig.

Durch die Kalbsknochensuppe herrscht ein Gleichgewicht zwischen dem Salz und den anderen Stoffen inner- und außerhalb der Fleischzellen. Es wandert kein Wasser, das Fleisch bleibt saftig, und die Suppe schmeckt gut.

Damit stellt sich nur mehr die Frage: Wann salzen wir? Das Fleisch am Teller mit grobkörnigem Salz, wie es die Tradition vorsieht, und die Suppe am Tisch, wenn sie serviert wird.

Rezepte zu diesem Kapitel

Kalbsknochensuppe

200–300 g	Kalbsknochen, zerhackt
2	Karotten, in ein paar Stücke geschnitten
1	Petersilienwurzel, in ein paar Stücke geschnitten
1/4	Sellerieknolle, in große Würfel geschnitten
1	Zwiebel, halbiert, auf beiden Seiten angebrannt
2	kleine Tomaten
1 Zehe	Knoblauch

Die Knochen kurz anbraten, dann das restliche Gemüse dazugeben. Mit rund zwei Liter Wasser ablöschen. Rund 20 bis 30 Minuten lang kochen. Den Schaum abseihen. Danach die Suppe auskühlen lassen und abseihen.

Rindsuppe mit Tafelspitz

	Kalbsknochensuppe
2–3 kg	Tafelspitz
2	Karotten, in Scheiben geschnitten

1	Petersilienwurzel, in Scheiben geschnitten
1/4	Sellerieknolle, in große Würfel geschnitten
2	Lorbeerblätter
	Muskatnuss, geschabt
8	Pfefferkörner
6	Wacholderbeeren, zerstoßen
1 Prise	Bohnenkraut
1 Prise	Liebstöckel

Das Fleisch in die Kalbsknochensuppe legen, die Gewürze in ein Teeei geben und ebenfalls in die Suppe legen. Die Suppe nur ziehen lassen. Nach rund zwei bis drei Stunden den Tafelspitz aus der Suppe nehmen und in Scheiben schneiden. Die Scheiben wieder in die Suppe legen.

In den Suppenteller ein paar Fritatten geben, einige Stücke mitgekochtes Gemüse mit der heißen Suppe übergießen. Mit Schnittlauch garnieren. Danach den Tafelspitz auf einem Teller mit etwas grobem Salz anrichten. Um den Tafelspitz diverse Saucen (Apfelkren, Schnittlauch-, Gurken-, Dillsauce) und Beilagen (Semmelkren, Kartoffelröster usw.) drapieren.

Hühnersuppe

1/2 kg	Hühnerklein (keine zu fetten Hühnerteile oder das Fett wegschneiden)
2	Karotten
1	Petersilienwurzel
1/4	Sellerieknolle
1/2	Zwiebel mit Schale
2	Lorbeerblätter
	etwas Kümmel
1/4 TL	Rosmarin
1 TL	Liebstöckel
3 TL	Salz
	Petersilie
	Pfeffer

Hühnerklein kalt abspülen, im Wasser aufkochen lassen und den Schaum sofort abschöpfen. Bildet sich kein Schaum mehr, das Gemüse und die Zwiebel dazugeben. Die Gewürze in ein Teeei legen und ebenfalls zur Suppe geben. Rund eine Stunde köcheln lassen, es sollten sich keine Dampfblasen bilden. Die Suppe abseihen, die Karotten, die Petersilienwurzel und die Sellerieknolle klein schneiden, das Fleisch von den Knochen lösen und alles in die abgeseihte Suppe geben. Diese Suppe mit etwas Salz abschmecken. Auf einen Teller extra gekochte Fadennudeln geben und mit der Suppe übergießen. Mit Schnittlauch dekorieren.

Gemüsesuppe

1 1/2 l	Kalbsknochensuppe
400 g	Gemüse, nach Jahreszeit und Geschmack, mundgerecht geschnitten
2–3	speckige Kartoffeln, würfelig geschnitten
1	Zwiebel, fein geschnitten
1 EL	Butter
1/2 TL	Majoran
1/2 TL	Liebstöckel
2	Lorbeerblätter
1 Prise	Kümmel
1 Prise	Muskat
	schwarzer Pfeffer, gemahlen
1 TL	Petersilie
	Salz
2 EL	Obers
1	Dotter
1 MS	Mehl

Die Butter in einem Topf erhitzen und die Zwiebel darin anschwitzen. Mit der Kalbsknochensuppe ablöschen und das Gemüse dazugeben. Die Lorbeerblätter, den Majoran, den Liebstöckel und den Kümmel in ein Teeei legen und ebenfalls zur Suppe geben. Alles solange kochen, bis das Gemüse weich ist. Dann entfernt man das Teeei. Mit der Muskatnuss, dem Salz und dem Pfeffer abschmecken und die Petersilie dazugeben. Das Obers mit dem Dotter, einem Schöpfer Suppe und der Messerspitze Mehl cremig verrühren und in die nicht mehr kochende Suppe einrühren.

Wurst im Schlafrock

8	Frankfurter Würstel, ev. auch Wiener Würstchen
	Blätterteig
1	Ei

Den Blätterteig ausrollen und in acht Dreiecke schneiden. Die Würstel auf die Dreiecke legen und zusammenrollen. Das Ei versprudeln und den Teig bestreichen. Auf das Backblech Backpapier legen und darauf die Würstel platzieren. Das Ganze ab ins vorgeheizte Backrohr bei rund 200 °C für rund 20 Minuten. Dazu grünen Salat reichen.

Wurst im Schlafrock mit Geschmack

	Blätterteig
1	Zwiebel, fein gehackt
2 EL	Dijonsenf
2 EL	Ketchup
1	Knoblauchzehe, gepresst
1 TL	Worcestersauce
1	Ei

Die Zwiebel mit dem Senf, der Worcestersauce, dem Ketchup und der Knoblauchzehe vermengen. Den Blätterteig ausrollen und in acht Dreiecke schneiden. Die Dreiecke mit der Würzmasse bestreichen, darauf die Würstel legen und zusammenrollen. Das Ei versprudeln und den Teig bestreichen. Auf das Backblech Backpapier legen und darauf die Würstel im Schlafrock platzieren. Das Ganze ab ins vorgeheizte Backrohr bei rund 200 °C für rund 20 Minuten. Dazu grünen Salat reichen.

Currywurst

Berliner Variante:
  Brühwürste mit Darm, gepökelt und leicht, aus fein gemahlenem Schweine- und teilweise auch Rindfleisch,
  Würste ohne Darm, nicht gepökelt oder geräuchert, von weißlicher Farbe

Ruhrgebiet-Variante:
  Bratwurst, nicht gepökelt oder geräuchert

Soße:
1	Zwiebel
1	kleine Dose Tomaten
1/2	Apfel
1/8 l	Apfelessig
2 EL	Honig
2 EL	Currypulver

2 TL	Senf
1 EL	süßes Paprikapulver
	Worcestersauce
	Chilipulver
	Fett
	Salz
	Pfeffer aus der Mühle

Die Zwiebel in Öl anrösten, mit dem Apfelessig ablöschen und die Tomaten mit dem Saft dazugeben. Den Apfel hineinreiben. Den Honig, den Senf, das Paprika- und das Currypulver dazugeben. Das Ganze solange ohne Deckel köcheln lassen, bis sich eine sämige Sauce bildet. Mit einem Stabmixer die Sauce zerkleinern. Zum Schluss mit Salz, Pfeffer, Worcestersauce und Chilipulver abschmecken.

Die Würste werden in reichlich Fett als Ganzes gebraten. In grobe Scheiben schneiden, auf einen Teller legen. Mit Sauce übergießen und mit reichlich Currypulver garnieren. Wenn gewünscht, kann man noch mit fein gehackten Zwiebeln und Cayennpfeffer die Speise verfeinern.

Soleier

6	Eier, hart gekocht
4	Chilischoten
10	Pfefferkörner
6	Wacholderbeeren, zerstoßen
2	Lorbeerblätter
3 TL	Senfkörner
1 EL	Salz
	Worcestersauce
	Tabascosauce
	Senf

Chilischoten, Pfefferkörner, Wacholderbeeren, Lorbeerblätter und Salz in einen Topf mit rund einem Dreiviertelliter Wasser geben. Das Ganze einmal aufkochen lassen. Gewürzsud abkühlen lassen. Ein großes Glas mit Schraubdeckel auskochen. Die Schale der Eier ringsum leicht abklopfen oder mit leichtem Druck hin und her rollen, damit die Schale nur feine Risse bekommt. Die Eier in das Glas legen. Senfkörner hinzufügen und den abgekühlten Gewürzsud in das Glas leeren. Deckel gut verschließen und zwei Tage rasten lassen. Die Eier schälen und halbieren. Das Eigelb vorsichtig entfernen und die Eierhälften je nach Geschmack mit Worcestersauce, Tabascosauce, Pfeffer und Senf füllen. Dann legt man das Eigelb verkehrt herum – mit der Wölbung nach oben – wieder auf die Eierhälften. Mit Weißbrot servieren.

Rindsroulade
6   Rindsschnitzel, je 15 dag, plattiert
2   Karotten, in lange, dicke Streifen geschnitten
6   Essiggurkerl, in lange, dicke Streifen schneiden
3 EL   scharfer Senf
200 g   Selchspeck, in dünne Scheiben geschnitten
1   Zwiebel, fein geschnitten
1/4 l   Rotwein
1/8 l   Rindsuppe
1/8 l   Sauerrahm
2 EL   Mehl
        Fett

für die Sauce:
2   Karotten, in Scheiben geschnitten
1   Petersilienwurzel, in Scheiben geschnitten
1/4   Sellerieknolle, in feine Streifen geschnitten

Die Rindsschnitzel auf ein Brett legen, mit Senf bestreichen, zuerst mit ein paar Streifen Selchspeck, dann mit ein paar Streifen Karotten und Essiggurkerl belegen. Die Schnitzel zusammenrollen und mit Zahnstochern oder Rouladenspießchen fixieren. Die Rouladen mit Pfeffer würzen. In einer Pfanne das Fett erhitzen und die Rouladen von allen Seiten anbraten. Dann die Zwiebel, die Karotten, die Petersilienwurzel, den Sellerie, den restlichen Speck dazugeben und kurz anbraten. Mit der Rindsuppe und dem Rotwein ablöschen und rund 30 Minuten bei kleiner Flamme köcheln lassen. Den Deckel für die Pfanne nicht vergessen. Nun kann man die Sauce pürieren, wenn man will. Nach der Kochdauer den Sauerrahm mit dem Mehl vermengen und glatt rühren. In die Sauce einrühren, diese sollte nur mehr warm sein. Das Ganze kurz aufkochen. Mit Knödeln oder Nudeln servieren.

Winzerbissen
5 Scheiben	Schwarzbrot, dünn mit Butter bestrichen
1	Ei
100 g	Edamer, gerieben
100 g	Schinken, fein geschnitten
3 EL	Sauerrahm
	Muskatnuss
	Pfeffer
	Salz

Das Ei mit dem Schinken, dem Sauerrahm und dem Käse vermengen, mit etwas Pfeffer, geriebener Muskatnuss und Pfeffer abschmecken, auf die Brote streichen und diese bei 180 °C bei Oberhitze im Backrohr backen. Kurz abkühlen lassen und mit grünem Salat servieren.

Schinkenkipferl
	Blätterteig
300 g	Schinken, fein gehackt
3 EL	Edamer, fein geschnitten
1	Zwiebel, fein geschnitten
1	großes Essiggurkerl, fein geschnitten
1 EL	Petersilie
125 g	Sauerrahm
3 EL	Hüttenkäse

Den Blätterteig ausrollen und in Dreiecke schneiden. Alle Zutaten vermengen, mit Salz und Pfeffer abschmecken und auf die Dreiecke legen, zu Kipferln formen. Diese Kipferl auf das Backrohr mit Backpapier legen, mit etwas Eiklar bestreichen und rund 20–25 Minuten bei 180 °C im Backrohr backen.

Mit Lichtgeschwindigkeit zurück in die Zukunft

Gerade der Mikrowellenherd ist höchst umstritten. In manchen Familien ist er das Böse schlechthin, für andere das Wichtigste in der Küche überhaupt. Aber was kann er wirklich, und warum kann er gefährlich sein? Kann man überhaupt mit einer Mikrowelle kochen, oder ist sie nur für das Erwärmen von Speisen geeignet?

Mikrowellen kochen – warum überhaupt?

Ein Mikrowellenherd produziert Mikrowellen – das wissen Sie, klar. Aber Mikrowellen sind elektromagnetische Strahlung wie Radiowellen oder auch das sichtbare Licht. In der Physik ist der Bereich der elektromagnetischen Strahlung wichtig und umfasst viele Gebiete. Man unterscheidet die Strahlung nach ihrer Wellenlänge beziehungsweise nach ihrer Energie.

Je kleiner die Wellenlänge der Strahlung ist, umso größer ist die Energie. Die größten Wellenlängen besitzen Radiowellen. Sie haben eine Länge von einigen Kilometern. Sie werden dadurch erzeugt, dass in einer Antenne Elektronen dazu gebracht werden, im richtigen Takt hin und her zu schwingen, also sich vom Ausgangspunkt zum Endpunkt und wieder zurück zu bewegen. Diese extrem langwelligen Radiowellen werden heute kaum mehr für den Radioempfang verwendet. Es gibt auch kürzere Radiowellen, die nur ein paar Meter lang sind. Im Ultrakurzwellenbereich sind die Wellenlängen nur noch ein Meter.

Dann kommen schon die Mikrowellen, deren Wellenlängen einige Zentimeter betragen. Auch Handys übertragen ihre Signale über Mikrowellen, allerdings sind hier die Wellenlängen wieder kleiner, aber sie liegen immer noch in der Größe von Zentimetern.

An diesen Bereich schließt sich die Wärmestrahlung. Hier reicht die Wellenlänge von einigen Millimetern bis hinab zu einem Mikrometer. Die Wärmestrahlung wird auch als Infrarotstrahlung bezeichnet. Damit ist auch klar, welche Strahlung als Nächstes kommt: das sichtbare Licht. Die Wellenlänge liegt in der Größe von knapp unter einem Mikrometer. Sie erstreckt sich von Rot über Orange, Grün bis zum Blau und Violett. Dann wird es schon ein wenig gefährlich. Es kommt das ultraviolette Licht, das in seiner harmlosesten Form nur Sonnenbrand verursacht, in der stärkeren leider auch Krebs.

Eine noch kürzere Wellenlänge hat die Röntgenstrahlung, die in der Medizin eingesetzt wird. Allerdings muss man hier schon sehr auf die richtige Dosis aufpassen.

Der Wellenlängenbereich, der als der kürzeste gilt, ist die Gammastrahlung. Mit ihr sollte man nicht mehr spaßen.

Wir sehen also: Je kürzer die Wellenlänge ist, desto gefährlicher die elektromagnetische Strahlung. Die Strahlung, die von einem Mikrowellenherd erzeugt werden kann, ist harmlos, solange sie im Mikrowellenherd eingesperrt bleibt. Warum ist sie aber gefährlich, wenn sie rauskommt? Ganz einfach, weil sie alles Wasserhaltige erwärmt. Ein mit brennend heißem Wasser gefüllter Kochtopf ist auch gefährlich, wenn ich mir den Inhalt über den Körper schütte.

Einmal habe ich in einer Zeitung einen interessanten Leserbrief gefunden. Es ging darum, die Gefahr des Mikrowellenherdes anzuprangern. Der Leserbriefschreiber hatte einen Putzlappen in den Mikrowellenherd gegeben und festgestellt, dass er nach ein paar Minuten Mikrowellenherdbehandlung absolut keimfrei war. Er stellte dann noch lakonisch die Frage: Wenn das für Bakterien schon so gefährlich ist, was geschieht dann mit unserem Essen?

Dazu wieder der Vergleich: Was passiert, wenn man einen Putzlappen für ein paar Minuten in kochendes Wasser hält – es sollten dann auch die meisten Erreger zerstört sein. Also dürfte man nach dieser Logik auch keine Karotten mehr in Wasser kochen.

Apropos Karotte: In einer Fernsehsendung habe ich gesehen, wie der Vitamingehalt einer Karotte bestimmt wurde. Die Karotte wurde in den Mikrowellenherd gelegt und „bestrahlt". Anschließend wurde wieder der Vitamingehalt bestimmt. Na, was glauben Sie, wurde festgestellt? Der Vitamingehalt ist gesunken. Damit wäre gezeigt, dass die Mikrowellen gefährlich sind und unser Essen zerstören. Aber halt, kann man das so einfach sagen? Was wäre passiert, hätte man einen Teil der Karotte nicht bestrahlt, sondern einfach gekocht? Tja, dann wäre auch bei der gekochten Karotte der Vitamingehalt gesunken.

Sind Sie sich nicht sicher, ob Ihr Mikrowellenherd harmlos ist, also dass die Strahlung auch im Inneren bleibt, so können Sie dies ganz leicht überprüfen. Nehmen Sie ein paar Glasschälchen und geben in jedes einen Esslöffel Eiklar von einem Hühnerei hinein. Ein Schälchen stellen Sie in den Mikrowellenherd, die anderen positionieren Sie um den Mikrowellenherd. Dann schalten Sie ein und beobachten, was passiert. Im Inneren des Herdes wird das Eiklar fast sofort weiß, während draußen nichts passiert. Warum kann ich mir so sicher sein? Ganz einfach, die menschliche Hornhaut reagiert sehr empfindlich auf Wärme. Würde Ihr Mikrowellenherd undicht sein, so wären Sie binnen kürzester Zeit (Sekunden) blind. Jetzt jammern wieder jene Leute, die keine Ahnung von Physik haben, wie gefährlich der Mikrowellenherd ist! Aber mir ist kein einziger Fall bekannt, bei dem ein Mikrowellenherd geleckt und Schaden verursacht hat. Lassen Sie sich nicht von solchen Ammenmärchen verunsichern. Nützen Sie Ihren Mikrowellenherd, aber sinnvoll.

Was kann er, und was kann er nicht? Nun, ein Mikrowellenherd kann eigentlich nur flüssiges Wasser erhitzen. Die Strahlung bringt die einzelnen Wassermoleküle dazu, sich schneller zu drehen. Wie wir schon in den Kapiteln zuvor besprochen haben, führt dies zu einer Erhöhung der Temperatur. Geben Sie allerdings einen Eisblock in den Mikrowellenherd und bestrahlen diesen, so lässt dies den Eisblock kalt. Die Moleküle bilden ein so kompaktes Kristallgitter, sodass es für die Mikrowellen durchsichtig ist. Es ist nur möglich, das Oberflächenwasser zu erhitzen. Sobald dieses erwärmt wurde, kann es über die konventionelle Wärmeleitung die Wärme in das Innere des Gefriergutes abgeben. Während das Oberflächenwasser die Wärme an die inneren Bereiche abgibt, bringt es gar nichts, wenn die Bestrahlung weiter andauern würde. Es führt nur dazu, dass dieses Wasser verdampft, und dann dauert es noch länger, bis der Eisblock auftaut. Damit kann man sagen, dass der Mikrowellenherd in der Auftaustufe sich im Minutentakt ein- und ausschaltet.

Jetzt werden einige Nutzerinnen und Nutzer sofort sagen, dass ihr Mikrowellenherd in der Auftaustufe doch kontinuierlich arbeitet – die Lampe leuchtet die ganze Zeit. Ich glaube Ihnen auch, dass die Lampe die ganze Zeit brav leuchtet, aber dies hat nichts damit zu tun, ob Mikrowellen das Gargut bearbeiten. Das Problem liegt leider tiefer. Im Backrohr können wir die Temperatur schön einstellen. Also erwarten wir uns, vor allem wenn wir uns den Leistungsschalter ansehen, dass man dies auch mit dem Mikrowellenherd durchführen kann. Aber die momentane Leis-

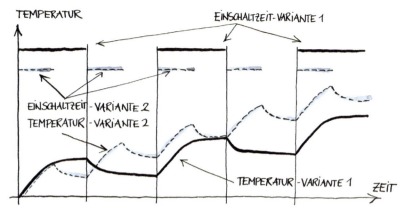

Mikrowellenherde kann man nicht miteinander vergleichen. Betrachten wir zwei 1000-Watt-Mikrowellenherde bei 50 Prozent der Leistung. Also wird die halbe Zeit über keine Mikrowellen emittiert. Eigentlich müsste die Temperatur am Ende des Garvorganges die gleiche sein. Aber das Abkühlverhalten und das Erwärmungsverhalten unterscheiden sich bei den beiden Varianten beträchtlich. Manchmal stimmt die Temperatur überein, manchmal nicht.

tung eines Mikrowellenherdes lässt sich nicht steuern. Ein Mikrowellenherd kann nur Mikrowellen einer bestimmten Frequenz herstellen, und dies auch nur bei einer bestimmten Leistung. Alles andere wäre eindeutig zu teuer. Deshalb greifen die Hersteller von Mikrowellenherden zu einem Trick: Sie schalten den Mikrowellengenerator einfach an und aus. In Abhängigkeit zur Leistungsstufe ist der Generator länger aktiv, oder umgekehrt sind die Pausen länger. Greift man auf den eingeschalteten Herd, so bemerkt man, dass manchmal Vibrationen gerade beginnen. Dann werden wieder Mikrowellen produziert.

Dass die Leistung nicht wirklich eingestellt werden kann, verursacht große Probleme. Haben wir ein Rezept mit der Angabe, dass wir bei 600 Watt die Speise rund drei Minuten erwärmen sollen, so können wir bei einem Herd, der eine Maximalleistung von 1000 Watt hat, nicht einfach den Schalter auf 600 Watt einstellen und drei Minuten warten. Während der aktiven Zeit wird der Herd trotzdem mit vollen 1000 Watt arbeiten. Dies kann dann dazu führen, dass die Speise übergeht oder dass sonst Prozesse ablaufen, auf die man verzichten möchte. Deshalb kann man bei Mikrowellenrezepten nur eine grobe Leistungs- und eine ungefähre Zeitangabe machen. Jeder muss dann selber ausprobieren, bei welcher Einstellung man das beste Ergebnis erhält.

Warum sollten Sie eigentlich nicht immer gleich mit der höchsten Stufe arbeiten? Es würden die Speisen dann ja in kürzerer Zeit fertig werden. Dann würden viele Speisen schlicht und einfach zu heiß werden. Es muss nicht immer mit der höchsten „Leistungsstufe" gearbeitet werden. In den Pausen verteilt sich die Wärme auf andere Teile des Gargutes. Damit wird das Gargut gleichmäßiger erwärmt. Es hat auch einen großen Nachteil, wenn Sie mit einer zu hohen Leistungsstufe arbeiten. Das Gargut ist in einem Bereich schon sehr heiß, in einem anderen Bereich ist es aber noch kalt – die Wärmeleitung braucht auch Zeit, damit alles gleichmäßig erhitzt wird.

Das führt auch dazu, dass manche Leute behaupten, sie könnten schmecken, ob Speisen in der Mikrowelle erwärmt wurden. Ich gebe diesen Leuten recht. Bekommt man einen Teller und ist die Speise besonders heiß und kühlt besonders schnell aus, dann wurde mit der Mikrowelle gearbeitet – allerdings falsch. Das Problem besteht eigentlich darin, dass manche Teile der Speise, vor allem die Oberfläche, sehr heiß sind. Man spürt sogar die Wärme, die abgestrahlt wird. Aber die gesamte Speise, vor allem das Innere, wurde nicht ausreichend erhitzt. Wir lassen uns von einigen Bereichen, die eine hohe Temperatur haben, täuschen. Diese Bereiche werden durch die Wärmeleitung jene Bereiche, die noch nicht so heiß sind, erwärmen. Dadurch „kühlt" die Speise dann relativ schnell aus. Deshalb sollten Sie vielleicht mit weniger Leistung arbeiten, dafür aber länger – so kann sich die Wärme gleichmäßig ausbreiten, und das Essen schmeckt dann auch besser. Denn eines muss ich klarstellen: Erwärmen Sie mit der Mikrowelle richtig, so schmeckt das Essen genauso gut, wenn nicht sogar besser, als wenn Sie die Mahlzeit konventionell nachwärmen würden.

Ein schönes Beispiel ist Kaffee. Wärmt man Kaffee konventionell auf, nämlich in einem Topf über einer Herdplatte, so wird der Kaffee malzig schmecken. Im Mikrowellenherd wird dies nicht passieren.

Über eines dürfen wir allerdings nicht hinwegsehen: Mit einem Mikrowellenherd kann man nur schwer Temperaturen über 100 °C erreichen. Vergessen wir nicht, dass wir nur Wasser erwärmen können, und dieses verdampft bekanntlich schon bei 100 °C. Es kommt zu keiner Bräunung, und auf zusätzliche Geschmacksstoffe müssen wir verzichten. Aber wenn man in der Küchenphysik Bescheid weiß, kann man sich helfen.

Einen extrem großen Vorteil besitzt der Mikrowellenherd bei der Erwärmung von Milch. Da kann ein Topf einfach nicht mit. Damit sind wir bei einem weiteren Problem angelangt: Warum kann Milch überhaupt übergehen, Wasser aber nicht?

Milch ist eine Emulsion, das heißt, es ist Öl im Wasser gelöst. Damit sich beides nicht trennt und das Öl obenauf schwimmt, gibt es Netzmittel. In der Milch ist es das Kasein, das die kleinen Öltröpfchen tarnt. Diese Moleküle lagern sich mit ihrem fettfreundlichen Teil um das Öl an, während der wasserfreundliche Teil nach außen in Richtung Wasser weist. Erwärmt man nun die Milch, so passiert am Anfang noch gar nichts Spannendes. Die einzelnen Wassermoleküle und die Öl-Netzmittelcluster bewegen sich einfach schneller. Aber bei 74 °C kommt es dazu, dass die Molkenproteine denaturieren – sie verändern ihre Gestalt. Dadurch können sie nicht mehr so gut die Öltröpfchen vor dem Wasser schützen. Gleichzeitig werden auch einige dieser Moleküle, die vorher an die Fetttröpfchen gebunden waren, frei. Die hitzestabilen Kaseinmoleküle versuchen die denaturierten Molkenproteine zu umschließen – dadurch bleiben sie in der Flüssigkeit und können sich dort weiterhin bewegen. Erhöht man die Temperatur weiter, so beginnt auf der Oberfläche Wasser zu verdampfen. Durch das fehlende Wasser kann das Kasein nicht mehr ausreichend dafür sorgen, dass diese Cluster mit den Molkenproteinen in der Flüssigkeit gelöst bleiben. Sie beginnen zu verklumpen. Dadurch bildet sich auf der Oberfläche eine Milchhaut.

Steigt die Temperatur weiter an, so bilden sich kleinste Dampfbläschen. Diese werden nach oben steigen. Dabei treffen sie auf die denaturierten Proteine. Diese klammern sich an den Dampf, ihnen fehlt es ja an Fett, das sie lieber haben würden. Dabei entstehen auf der Oberfläche vor allem im Bereich des Topfrandes Milchbläschen. Es bildet sich ein kleiner, unscheinbarer Schaum. Jetzt wird der Zustand der Milch kritisch. Es entstehen immer mehr Dampfblasen, die aufsteigen, aber sie können nicht entweichen: Es hat sich ein Deckel aus Milchschaum und Milchhaut gebildet. Die Temperatur steigt weiter an, bis größere Dampfblasen entstehen. In der finalen Phase drücken sie dann diesen Deckel nach oben, und die Milch geht über. Das muss nicht passieren – beobachten Sie die Milch, während sie kocht, erkennen Sie die Anzeichen des drohenden Überlaufens und können damit rechtzeitig den Topf zur Seite schieben.

Die Industrie bietet ja einige Hilfsmittel an, die das Überlaufen der Milch verhindern. Zum einen sind es Kugeln, die man in die kalte Milch legt. Sie haben den Vorteil, dass sie die Wärme, die vor allem am Topfboden entsteht, aufnehmen. Dadurch kommt es zu einem verzögerten Anstieg der Temperatur im Milchtopf, und man gewinnt Zeit. Der Nachteil ist aber auch, dass das Milchkochen länger dauert. Zum anderen besteht die Möglichkeit, die Milch im Wasserbad zu kochen. Es gibt den Simmertopf, in dem man die Milch stundenlang kochen lassen kann, ohne dass sie überläuft. Diesen Topf, von verschiedenen Firmen hergestellt, will ich Ihnen auf alle Fälle auch für andere Dinge sehr empfehlen. Er eignet sich hervorragend, um Schokolade zu schmelzen, Brandteig herzustellen und für vieles mehr.

Die Schwierigkeit ist ja nicht, dass Sie neben dem Topf stehen und der Milch beim Überlaufen zusehen. Nein, das Problem besteht darin, dass Sie meist noch etwas anderes tun möchten, wie Telefonieren oder Staubsaugen. Es wäre daher sinnvoll, wenn Sie rechtzeitig daran erinnert werden würden, dass die Milch gleich überzulaufen droht. Ihnen kann geholfen werden. Dafür gibt es sogenannte Porzellanzungen. Diese legen Sie einfach in die Milch. Bei niedrigen Temperaturen vibrieren sie leicht und verursachen ein harmloses, leises Geräusch. Steigt die Temperatur aber an und entstehen erste Dampfblasen, so werden diese Porzellanzungen in die Höhe gedrückt, kippen zur Seite und fallen wieder auf den Topfboden. Dabei verursachen sie ein typisches Geräusch, auf das Sie unbedingt reagieren sollten – wenn Sie hoffentlich nicht gerade Staub saugen oder telefonieren.

Das wirkliche Problem tritt aber erst später ein und auch, wenn die Milch nicht übergegangen ist. Am Topfboden hat sich ein hartnäckiger Belag gebildet, der schwer zu entfernen ist. Natürlich können Sie einen teflonbeschichteten Topf verwenden, aber mit einem Mikrowellenherd geht es einfacher. Sie müssen nur die Milchtemperatureinstellung wissen. Wenn man den Mikrowellenherd auspackt, so findet man meist eine Bedienungsanleitung, und wenn man Glück hat, sogar ein kleines Kochbuch. Leider lesen sich das die meisten Anwender nicht durch. Aber man würde etwas Tolles darin finden: jene Einstellungen, bei der man Milch, ohne dass sie übergeht, erwärmen kann. Zusätzlich fällt das Problem der Reinigung weg.

Vielleicht noch kurz zum Aufschäumen von Milch, was ja für viele Kaffeetrinker wichtig ist. Wie stellt man den besten Milchschaum her? Leider muss ich dazu sagen, dass hier gerade aktiv daran geforscht wird, aber bislang nur Trenderkenntnisse vorliegen. Man kann aus den bisherigen Ergebnissen ableiten, dass Milchschäume aus H-Milch, am besten aus magerer H-Milch, stabiler sind. Eine steigende Aufschäumtemperatur führt sowohl bei Mager- als auch bei Vollmilch zu einer zunehmenden Schaumdichte und -stabilität.

Was sollten Sie im Mikrowellenherd vermeiden? Metall, würde jeder sagen, aber ganz so einfach kann man es sich nicht machen. Auch der Mikrowellenherd besteht aus Metall. – Nein, es geht darum, dass sich keine Antennen im Inneren des Herdes befinden dürfen. Der Goldrand eines Tellers kann wie eine Antenne wirken. In diese Antenne wird durch die Strahlung ein hoher Strom induziert – genauso funktioniert auch ein Radio. Allerdings ist bei einem Radio der Sender etwas weiter weg, und dadurch wird auch bedeutend weniger Strom in die Antenne induziert. Diese hohen Ströme können einerseits zu Funken und andererseits zum Schmelzen des Goldes führen. Es gibt aber Mikrowellenherde, die Metalle vertragen. Dies hängt mit der genauen Konstruktion im Inneren zusammen. Verzichten Sie im Zweifelsfall lieber auf Metalle.

Eine viel größere Gefahr kann durch den Siedeverzug entstehen. Normalerweise verdampft Wasser bei 100 °C. Dafür benötigt man aber sogenannte Kondensationskeime. Diese findet man am Topfboden beziehungsweise ist das Wasser vielleicht ganz leicht verunreinigt – ein Staubkörnchen aus der Luft kann genügen. Allerdings kann es im Mikrowellenherd passieren, dass sich keine Dampfbläschen bilden, weil die Temperatur auf etwas ungewöhnliche Weise erhöht wird. Verwendet man eine besonders glatte Tasse mit frischem Wasser, so lassen sich leicht Temperaturen von über 150 °C erzielen – für einen Physiker eine tolle Sache. Aber gibt man ein Stück Würfelzucker in das Wasser, so bringt man viele kleine Kristallisationskeime ein – das Wasser beginnt enorm zu sprudeln. Durch dieses Sprudeln des Wassers kommt es zu den wirklichen Verletzungen im Umgang mit Mikrowellenherden.

Rezepte zu diesem Kapitel

Marmor-Gugelhupferl
1   Sweety-Form, oder eine andere Form, die mikrowellentauglich ist und etwas mehr als einen Viertelliter aufnehmen kann
20 g   Butter
60 g   Staubzucker

3 EL	Rum
4 EL	Milch
1 Prise	Backpulver
1 Prise	Vanillezucker
1 Prise	Salz
1 TL	Zitronenschalen, feinst gehackt
80 g	Mehl
1 EL	Kakaosauce

Butter weich rühren, Eidotter, Staubzucker, Rum, Milch und die Zitronenschalen sowie je eine Prise Back- und Vanillezucker hinzufügen. Alles gut vermengen, bis eine homogene Masse entsteht. Aus dem Eiklar und einer Prise Salz Eischnee schlagen. (Vorsicht: Am Rührgerät beziehungsweise in der Rührschüssel darf sich kein Fett befinden – der Eischnee würde sonst zusammenfallen.) Zur Teigmasse Mehl hinzufügen und gut mit dem Rührschwinger vermengen. Unmittelbar danach den Eischnee über die Masse kippen und mit einer Spachtel ein Gemenge zwischen dem Eischnee und dem Teig herstellen. Den Teig vorsichtig unterheben, das heißt, den Teig von unten nach oben hochziehen. Zwei Eßlöffel Teig mit einem Eßlöffel Kakaosauce vermengen. Die Form mit der Hälfte dieses Kakaoteiges bestreichen. Danach wird der Teig eingefüllt und der restliche Kakaoteig unter den Teig kurz eingerührt. In den Mikrowellenherd für vier Minuten bei der Auftaustufe, und dann für ein bis zwei Minuten auf der maximalen Stufe erwärmen.

Gulasch „Rapid"

500 g	Gulaschfleisch, würfelig geschnitten, ohne Sehnen
3	Zwiebeln, feinst geschnitten
2 EL	Rosenpaprika
1 EL	scharfer Paprika
1 EL	Tomatenmark
1 Prise	Cayennepfeffer
1 Prise	Salz
	Öl
5	Gelatineblätter, in lauwarmem Wasser aufgeweicht

Das Fleisch mit einem EL Rosenpaprika in ein mikrowellengeeignetes Geschirr geben. Das Fleisch sollte mit dem Paprika und einer Prise Salz eingerieben und mit Wasser vollständig bedeckt werden. (Achtung: Fleisch, das nicht mit Wasser bedeckt ist, wird hart!) Für zehn Minuten bei 600 Watt in den Mikrowellenherd stellen. Die sehr fein geschnittenen Zwiebeln in etwas Öl sehr stark anbraten. Sobald leichte Bräunungsspuren bemerkbar sind, mit ganz wenig Wasser ablöschen. Ein EL Rosenpaprika und ein EL scharfen Paprika hinzufügen und bei starker Hitze weiterkochen. Sobald das Wasser zu verdampfen beginnt und die Zwiebeln zu verbrennen drohen, einen Schuss Wasser hinzufügen. Dabei immer kräftig umrühren. Das fertige Fleisch mitsamt dem Wasser aus dem Mikrowellenherd zu den gebratenen-gekochten Zwiebeln beimengen, kurz aufkochen lassen und mit einem EL Tomatenmark (oder Ketchup) verfeinern. Danach für ein paar Minuten stehen lassen. Die aufgeweichte Gelatine hinzufügen (Vorsicht: Das Gulasch darf nicht zu heiß sein!), einmal umrühren und fertig.

Mikrowellen-Muffins

100 g	Butter
1 Tafel	Milchschokolade
3	Eier
120 g	Mehl
50 g	Zucker
1 Päckchen	Backpulver
250 g	Puderzucker

Zuerst die Schokolade mit der Butter schmelzen lassen, dann den Zucker dazugeben und gut vermengen. Eier, Mehl und Backpulver zum Zucker dazurühren. Den Teig in eine Muffin-Form aus Silikon geben. Die Form nur halbvoll füllen. Zum Schluss ein Schokobonbon auf den Teig setzen, aber nicht hineindrücken. Bei etwa 400 bis 450 Watt für viereinhalb Minuten in die Mikrowelle stellen. Man braucht danach keine Ruhezeit in Kauf nehmen, sondern kann die Form gleich herausnehmen, stürzen – und schon lösen sich alle Muffins aus der Form. Nach dem Erkalten Puderzucker mit Zitronensaft zu einem Guss mischen.

Mikrowellenkuchen

200 g	Butter
200 g	geschmolzene Schokolade
200 g	Zucker
5	Eier
2 EL	Rum
200 g	Mehl
1 Päckchen	Backpulver

Im Mikrowellenherd die Butter und die Schokolade zum Schmelzen bringen – bitte nach Anleitung des Herdherstellers. Die Anleitung findet sich in der Regel im Begleitbuch zum Mikrowellenherd. Den Zucker und die Eier einrühren, den Rum dazugeben, das Mehl mit dem Backpulver unterheben. Den Teig in eine Silikonform gießen. Bei 600 Watt für rund sieben bis zehn Minuten in den Mikrowellenherd stellen. In den letzten Minuten die Holzstäbchenprobe durchführen. Klebt kein Teig mehr am Stäbchen, die Zeit für das nächste Mal notieren und den Kuchen rund fünf Minuten rasten lassen. Mit einer Glasur verzieren.

Huhn Hawaii
6	kleine Hühnerkeulen
1	frische Ananas, Saft und Stücke
	Curry
	Salz
	Fett
	Injektionsnadeln, 1–1,5 mm Durchmesser
	Spritzen, 5 cm^3

Hühnerkeulen, nach Geschmack vielleicht mit Curry gewürzt, einsalzen. Mit einer Spritze Ananassaft aufziehen und dabei achten, dass sich keine Ananasreste in der Spritze befinden. Injektionsnadel aufsetzen und den Saft in die Nähe der Knochen injizieren (5 cm^3 pro Keule, eine Spritzen-

füllung). Die Keulen werden dann für eine Minute bei einer hohen Temperatur angebraten. Danach kommen die Keulen in ein mikrowellengeeignetes Geschirr ohne Deckel. Die Keulen werden bei der höchsten Stufe des Mikrowellenherdes für zwei bis vier Minuten fertig gegart (vier Minuten bei 600 Watt und zwei Minuten bei 1200 Watt). Danach werden die Keulen noch einmal kurz angebraten. Während die Keulen im Mikrowellenherd sind, können Ananasstückchen in heißem Fett kurz angebraten werden.

Von Beilagen und mehr

Die Sahelzone des Salats

Wir in Österreich und auch unsere deutschen Nachbarn sind unfähig, Salate zuzubereiten. Diese Landstriche sind eine Sahelzone der wunderbarsten Beilagen oder Hauptspeisen. Wenn Sie in einem Lokal einen gemischten Salat bestellen, so serviert man Ihnen verschiedene Salatsorten, die lieblos nebeneinanderliegen, durchtränkt von einem Einheitsdressing, bestehend aus Essig und Öl. Manchmal werden Sie auch gefragt, welches Dressing Sie haben möchten, und dann erhalten Sie etwas Joghurtartiges oder eine Creme, die einen so intensiven Eigengeschmack hat, dass Sie vom Gemüse wieder nichts mitbekommen.

Wie können wir das verbessern? Brauchen wir überhaupt Essig und Öl für einen genussvollen Salat? Der Salat sollte ja auch mit Kräutern gewürzt sein – in ihnen befinden sich viele zusätzliche Aromen. Ein Teil dieser Aromen ist wasserlöslich, und der andere fettlöslich. So ist zum Beispiel Salz nur im Wasser des Essigs löslich, aber praktisch nicht im Öl. Zusätzlich perlt der Essig einfach vom Salatblatt ab. Hingegen bleibt der Öltropfen auf dem Blatt haften.

Damit der Essig und das Öl das Gemüse zart umschmeicheln, sollten das Öl und der Essig eine Verbindung eingehen. Wir brauchen wieder Netzmittel, und damit erhalten wir dann eine Vinaigrette. Einfach etwas Öl, Essig und ein wenig Senf (Sauerrahm oder Eigelb), und schon ist die Basis für eine wunderbare Salatsauce fertig. Das Lecithin im Senf sorgt dafür, dass das Öl und das Wasser eine Emulsion bilden. Der Salat wird von einer dünnen, aber feinen Schicht an Aromen, die aus den Kräutern, dem Essig und auch dem Öl stammen, überzogen.

Nun muss man nur mehr eine richtige Komposition und Variation der Beilagen finden.

Wenn wir schon beim Gemüse sind, so nehmen wir uns auch gleich der Farbe des Spinats an.

Spinatkochen ist keine Wissenschaft, solange er nicht braun wird. Gibt man die Spinatblätter in heißes Wasser, dann färbt es sich sofort leuchtend grün. Kleine Luftbläschen im Inneren der Blätter platzen und befördern das grüne Chlorophyll des Spinats in das Wasser. Später platzen zusätzlich einige Zellen des Spinats. Diese setzen organische Säuren frei, die den grünen Pflanzenfarbstoff Chlorophyll in das graubraune Phäophytin umwandeln. Je länger der Spinat kocht, umso bräunlicher wird er.

Manche kennen die Hypothese, dass Zitronensaft bei geschnittenen Äpfeln eine Bräunung verhindert. In diesem Fall ist die Hypothese aber falsch, und durch die Säure wird der Effekt noch verstärkt. Am besten verwenden Sie große Töpfe mit viel Wasser ohne Deckel. Durch die große Wassermenge wird die Säure verdünnt, und ohne Deckel können die Säuren auch leichter abdampfen.

Werden die Spinatblätter nur im Wasserdampf gedämpft, dann können sich die Säuren nicht verteilen. Aber die Blätter bekommen dann graubraune Flecken. Um ganz sicher zu gehen, dass der Spinat leuchtend grün bleibt, nehmen Sie eine Messerspitze Natron. Diese Substanz neutralisiert die organischen Säuren, und das Chlorophyll bleibt grün.

Die Körnung des Kartoffelpürees

Die Kartoffel ist eine wunderbare Beilage. Sie schmeckt fast jedem, lässt sich auf verschiedenste Arten zubereiten und nimmt wunderbar Saucen auf. Aber auch hier kann man einiges falsch machen.

Kartoffelpüree eignet sich hervorragend als Zuspeise – wenn nur nicht der Zeitaufwand wäre, sie selber herzustellen. Manche verwenden Pürierstäbe, andere Kartoffelzertrümmerer. Dies sollten Sie vermeiden. Das Püree wird sonst ein besserer Leim. Die Zellen der Kartoffeln enthalten Stärke. Sobald 65 °C Kochtemperatur überschritten werden, werden die Zellwände zerstört, die Stärke bleibt aber immer noch im Inneren der Zellen. Werden die gekochten Kartoffeln nun mechanisch zerteilt, zum Beispiel durch eine Gabel oder einen Stampfer, so werden dabei auch Zellen zerstört, Stärke und Klebereiweiß freigesetzt. Das Klebereiweiß bildet ein Netzwerk, das zäh und leimig ist. Das wollen wir, aber bitte nicht zu viel, denn das Püree sollte leicht und flockig sein, aber nicht breiig. Durch Messungen wurde herausgefunden, dass nur fünf Prozent der Zellen zerstört werden sollten. Wird diese Menge überschritten, so können Sie das Püree eher zum Kleistern verwenden. Achten Sie deshalb darauf, dass nicht zu viel Klebereiweiß freigesetzt wird.

Normalerweise würde man sagen, dass man mehlige Kartoffeln verwenden sollte. Sie haben nicht so stabile Zellwände. Aber bei diesen Kartoffeln besteht die Gefahr, dass zu viel Klebereiweiß herausgelöst wird. So verwende ich immer eine Mischung aus festkochenden und mehligen Kartoffeln. Zusätzlich darf man die Kartoffeln nur so weit zerteilen, als es unbedingt notwendig ist – am besten mit einer Gabel. Natürlich ist dies bei den festkochenden Kartoffeln mit Arbeit verbunden, aber es lohnt sich. Dadurch erhalten wir unterschiedlich große Kartoffelteilchen – alle noch mikroskopisch klein.

Freilich ist es Geschmackssache, ob man noch kleine Stückchen im Püree haben will oder ob es absolut cremig sein sollte. Die Entscheidung liegt bei jedem Einzelnen, und es lohnt nicht, darüber zu streiten.

Rezepte zu diesem Kapitel

Sauce Vinaigrette
2	Eier, hart gekocht
1	Zwiebel, klein geschnitten
2	Essiggurkerl
1 TL	Kapern
1 TL	scharfer Senf
	Öl
	Essig
	Salz
	Pfeffer
	Staubzucker

Die hart gekochten Eier fein hacken, den Essig mit Öl, Senf, Salz, Pfeffer und Zucker abschmecken und zu den Eiern geben. Mit den Kapern und den Essiggurkerl vermengen. Eventuell mit Salz und Essig nachwürzen. Die Sauce sollte eher dünnflüssig sein.

Thousand-Island-Dressing
150 ml	Mayonnaise
1/2	rote Paprikaschote, sehr fein schneiden
1/2	grüne Paprikaschote, sehr fein schneiden
1	Zwiebel, fein geschnitten

3 EL	Joghurt
2 EL	Ketchup
2 EL	Chilisauce
	Rosenpaprika
	Salz
	Pfeffer, frisch gemahlen

Die Mayonnaise mit dem Joghurt, dem Ketchup und der Chilisauce vermengen. Jetzt die Paprika- und Zwiebelwürfelchen dazugeben, alles gut miteinander verrühren. Mit den Gewürzen abschmecken und eventuell nachwürzen.

French Dressing

1	Ei
2 EL	Dijonsenf
	Saft einer halben Zitrone
1/2 l	Öl
1/4 l	Rindsuppe
1/8 l	Weißweinessig
	Pfeffer
	Salz
	Zucker

Das Ei mit dem Senf, dem Zitronensaft vermengen und das Öl wie bei einer Mayonnaise einarbeiten. Mit der Rindsuppe und dem Essig verdünnen und mit Pfeffer, Salz und Zucker abschmecken.

Italian Dressing

1 TL	Senf
1	Knoblauchzehe, zerdrückt
3 EL	Olivenöl
2 EL	Balsamicoessig
	weißer Pfeffer
	Zucker
	Oregano
	Basilikum
	Salz

Den Senf mit dem Zucker vermengen und das Öl langsam einrühren. Danach die gepresste Knoblauchzehe einarbeiten und den Balsamicoessig dazugeben. Mit Pfeffer, Zucker, Oregano und Basilikum abschmecken.

Kartoffelsalat, klassisch
1 kg	speckige Kartoffeln, gekocht und geschält
1–2	Zwiebeln, in Streifen geschnitten
4 EL	Öl
2–3 EL	Essig
	Rindsuppe
	Salz
	Zucker
	Pfeffer

Die Kartoffeln kochen und danach noch ein paar Minuten ziehen lassen. In der Salatschüssel die Zwiebeln mit dem Öl und dem Essig vermengen. Dann die warmen Kartoffelscheiben in die Salatschüssel hineinschneiden. Öfter umrühren – die Kartoffeln sollten erst in der Salatschüssel auskühlen. Etwas warme Rindsuppe dazugeben, damit der Salat eine schöne Konsistenz erhält. Zum Schluss mit etwas Salz, Zucker und Pfeffer abschmecken. Vor dem Anrichten noch einmal kosten und überprüfen, ob der Salat noch Essig benötigt.

Kartoffelsalat mit Mayonnaise
3 EL	Mayonnaise
1 EL	Sauerrahm

Den Kartoffelsalat wie den klassischen Kartoffelsalat zubereiten, aber anstelle von Öl die Mayonnaise und den Sauerrahm verwenden.

Kartoffelsalat auf jüdische Art
1	Apfel, in Würfel geschnitten
1 EL	Gänsefett

Zubereitung wie beim klassischen Kartoffelsalat, aber zusätzlich gibt man einen würfelig geschnittenen Apfel und etwas Gänsefett dazu.

Kartoffelpüree
1 kg	Kartoffeln, mehlig bis speckig, gekocht und geschält
1/4 l	Milch
120 g	Butter

Salz
Muskatnuss, fein gemahlen

Die Kartoffeln heiß passieren. Etwas Butter dazugeben, mit Salz und Muskatnuss abschmecken und mit dem Schneebesen die Milch verrühren. Aber nicht die gesamte Milch sofort dazugeben, sondern immer nur in kleinen Portionen, bis die richtige Konsistenz herrscht.

Petersilienkartoffeln
1 kg speckige Kartoffeln, gekocht und geschält
2 EL Petersilie, fein gehackt
Öl
Salz

In den Topf rund vier EL Wasser und zwei EL Öl geben. Die Kartoffeln hineingeben, einmal verrühren und bei kleiner Flamme den Topf mit Deckel erwärmen. Nach fünf Minuten die Kartoffeln umdrehen und mit der Petersilie bestreuen. Wiederum fünf Minuten mit Deckel bei kleiner Flamme erwärmen, die Kartoffeln wenden und dann noch ein paar Minuten ziehen lassen.

Die wunderbare Welt der Saucen

Zu Besuch bei Frau Maier in Filzmoos ...

Vor ein paar Jahren wurde ich vom Technischen Museum gebeten, Informationen für die Schau „Alltag – eine Ausstellung" zu liefern. Ich sollte die Damen und Herren beraten, warum wie was schmeckt, wenn man es wie auch immer zubereitet. Als eine besondere Überraschung plante das Museum, dass ich ein Rezept der weltbesten Köchin (nach dem Guide GaultMillau), von Johanna Maier, das extra für die Ausstellung kreiert wurde, physikalisch und chemisch analysieren sollte. Warum schmeckt es bei ihr besser als bei anderen?

Eine kleine Delegation des Technischen Museums und ich fuhren zu Frau Maier nach Filzmoos und verbrachten dort einen wunderbaren Abend. Am nächsten Tag sollte eines ihrer Rezepte präsentiert, fotografiert und verkostet werden. Es wurde ein leicht gewürzter Schweinslungenbraten in einer Folie in warmem Wasser für einige Minuten gegart. Danach wurde der Lungenbraten in rund acht Zentimeter lange Stücke zerschnitten und einzeln auf den Tellern aufgestellt. Das Fleisch war innen zart rosa, im äußeren Bereich dezent braun, etwas Myoglobin wurde umgewandelt. Trotzdem sah das alles nicht besonders spektakulär aus.

Dann kam Frau Maier und griff in den Saucentopf. Mit der Sauce wurde das Fleisch schwungvoll besprengt, und auf das Ganze kam dann noch ein kleiner Pilz. Erst durch die Sauce wurde aus dem Fleisch ein unbeschreibliches Ged(r)icht. Die zarten Aromen des perfekt zubereiteten Lungenbratens und die Sauce harmonierten vollkommen. Was lernen wir daraus? Erstens kann Frau Maier gut mit Saucen umgehen, und zweitens, dass man mit einer Sauce aus einem guten Gericht eine perfekte Speise gestalten kann.

Saucen sind nicht schwierig, nur aufwendig. Sie sind weder Püree noch Saft. Vom Standpunkt der Physik bildet hier die Viskosität den zentralen Begriff. Eine Sauce sollte nicht zu dünnflüssig sein, aber sie darf auch nicht pampig sein – außer man kennt nichts anderes und will es nicht anders haben. Was Ihre Gäste dann dazu sagen, ist eine andere Frage.

Eine Art von Saucen haben wir schon kennengelernt: die eigebundenen Saucen. Aber es gibt noch viele andere. Man könnte ein eigenes Buch über Saucen schreiben, und es wäre ein sehr dickes Buch. Deshalb erlaube ich mir, hier nicht alle Saucen vorzustellen, sondern nur die Arten der Bindung. Für eine Sauce Velouté ist es vom Standpunkt der Naturwissenschaft egal, ob die Sauce mit einem Kalbsfond – Velouté de veau –, mit einem Geflügelfond – Sauce suprême – oder einem Fischfond – Velouté de poissons – zubereitet wird. Wichtig ist die Art der Bindung. Natürlich sind am Ende des Kapitels die wichtigsten Saucenrezepte angegeben.

Saucen bestehen aus einem aromatischen Saft und einer Liaison. Die Sauce soll gebunden werden, ihre Viskosität zunehmen, die Fluidität, das entspricht dem Kehrwert, sollte abnehmen.

Die einfachste Sauce

Die einfachste Sauce setzt sich nur aus etwas Bratenrückstand, Wasser und bisschen Butter zusammen. Butter besteht ja nicht nur aus Fett, sondern auch aus Wasser, Proteinen und – damit sich das Wasser nicht von der Butter löst – auch aus Netzmitteln. Letztere umgeben das Wasser in der Butter. So erscheinen die Wassertröpfchen nach außen wie Fetttröpfchen.

Die Bratenrückstände enthalten viele Aromen, die es zu nützen gilt, und durch das Wasser werden diese von der Pfanne ge-

löst. Natürlich kann man auch Wein oder Cognac verwenden. Geben wir nun etwas Butter hinzu, so schmilzt das Fett, und jetzt heißt es rühren und rühren. Die Fetttröpfchen müssen möglichst klein sein und von Netzmitteln umhüllt werden. Die Netzmittel können einerseits von der Butter und andererseits vom Bratensaft kommen. Je mehr Butter Sie verwenden und umso kräftiger Sie schlagen, desto cremiger wird die Sauce. Je kleiner die Fetttröpfchen sind und umso weniger Flüssigkeit sich in der Sauce befindet, desto mehr werden die Fetttröpfchen aneinanderreiben. Dadurch steigt die Viskosität. Freilich sollten Sie nicht übertreiben – es muss nicht alles nach Butter schmecken.

In den alten Kochbüchern findet man oft den Hinweis, dass man kalte Butter verwenden sollte. Dieses Vorurteil stimmt, mit einer kalten Butter wird die Sauce besser. Der Grund ist ganz einfach. Sie schmilzt langsamer, und dadurch werden die Fetttröpfchen kleiner. Man muss nicht mehr ganz so stark schlagen.

Natürlich kann man auch mit Schlagobers oder Crème fraîche eine Sauce binden. Wichtig ist, dass der Fettanteil hoch genug ist.

Bitte vermeiden Sie daher fettreduzierte Produkte – sie flocken aus, und die Sauce schmeckt nicht gut. Wollen Sie Kalorien reduzieren, nehmen Sie lieber ein bisschen weniger von der Sauce.

Eine andere Möglichkeit, um Saucen zu binden, besteht in der Verwendung von Gelatine. Das Prinzip wurde ja schon beim Gulasch beschrieben. Aber gerade bei Säften, bei einem Rinderbraten zum Beispiel, haben wir schon im Saft etwas Gelatine. Es sollte aber vermieden werden, einen Bratensaft nur mit Gelatineblättern zu binden. Sie werden sehr viele Blätter benötigen. Wählen Sie hier besser eine Variation aus einer Bindung mit ein paar Flocken Butter und einem Gelatineblatt. Mit dem einen Gelatineblatt, das natürlich vorher in Wasser eingelegt wurde, braucht man bedeutend weniger Butter, um eine stabile Sauce zu bekommen.

Mehl – der Klassiker

Schließlich lassen sich Saucen mit dem Klassiker binden: dem Mehl. Mehl besteht aus Stärkekörnern, die beim Kontakt mit Wasser zu quellen beginnen. Das bedeutet, dass sich Stärkemoleküle aus den einzelnen Körnern herauslösen. Es sind zwei Moleküle, die hier wirksam werden: das Amylopektin und die Amylose. Das Amylopektin ist ein kleines, aber sehr sperriges Molekül, während die Amylose eher länglich ist. Durch ihre Länge kann sie aber insgesamt sperriger sein und die Viskosität massiv erhöhen. Diese langen, fadenartigen Moleküle behindern die anderen Moleküle in ihrer Bewegung. Und genau das wollen wir.

Leider gibt es ein Problem. Die Stärkekörner kleben leicht aneinander, und kommt Wasser hinzu, so quillt die Oberfläche zu einem Klumpen auf. Dann kann kein Wasser mehr in das Innere der Stärkekörner hinein, um weitere Moleküle herauszulösen. Die Stärke löst sich dann in der Sauce nicht mehr auf.

Deshalb vermengt man das Mehl mit der Butter. Die Butter überzieht die einzelnen Stärkekörner mit einer Fettschicht. Sie werden dadurch getrennt. Gelangen dann diese mit Fett überzogenen Stärkekörner in den heißen Bratensaft, schmilzt das Fett. Dieses lagert sich wiederum zu kleinen Kügelchen an. Durch die Netzmittel der Butter trennt sich das Fett nicht von der Flüssigkeit. Gleichzeitig kann nun das Wasser des Bratensafts die Stärkekörner auflösen, und die freigesetzte Amylose erhöht die Viskosität der Sauce.

Deshalb macht man eine Einbrenn (Mehlschwitze). Butter wird mit Mehl in einer Pfanne erhitzt, am besten verwendet man eine Teflonpfanne. Diese Mischung sollte einige Minuten rösten, dadurch entstehen wieder einmal durch die Maillard-Reaktion zusätzliche Aromastoffe. Damit verschwindet auch der typische Mehlgeschmack. Diese Einbrenn kann man natürlich schon vorbereiten, und sie lässt sich auch im Kühlschrank gut lagern.

Gibt man die Einbrenn in die Sauce, sollte man unbedingt darauf achten, dass die Sauce nicht kocht. Die Amylose zerfällt bei einer Temperatur von über 92 °C. Dadurch ist sie nicht mehr sperrig, und die Sauce verliert an Viskosität. Dann müsste man erneut eine Einbrenn einarbeiten.

Bei manchen Saucen wird auch Essig für den Geschmack verwendet. Diese Saucen sollten nicht mit Mehl gebunden werden, denn die Säure zerstört das Amylopektin. Oder man bietet den Essig erst bei Tisch an und „parfümiert" die Sauce nachträglich.

Selbstverständlich ist es in Wien üblich, es sich beim Kochen manchmal etwas einfacher zu machen. Anstelle einer Einbrenn kann man sich auch mit einer Mehlbutter behelfen. Dafür nehmen Sie einen Teil Butter und einen Teil Mehl, egal welches, und vermengen beides sehr gut. Dann lassen Sie das Ganze noch einen Tag stehen. So können die Stärkekörner ein bisschen zu quellen beginnen – es befindet sich ja ausreichend viel Wasser in der Butter. Korrekterweise muss man sagen, dass diese Mehlbutter nur eine Notlösung ist – eine gute Einbrenn ist ihr sicher vorzuziehen.

Eine etwas exotische, in letzter Zeit kaum mehr verwendete Art, Saucen zu binden, sollte aber doch erwähnt werden: die Bindung einer Sauce durch frisches Blut. Dieses enthält sehr viele Eiweißstoffe, die unter Temperatureinfluss gerinnen und somit zu einer Verdickung der Sauce führen. Das frische Blut wird bei mäßiger Temperatur, unter 80 °C, einfach in die Sauce eingerührt.

Am besten bespricht man sich mit seinem Fleischhacker, der Ihnen sicher helfen kann, frisches Blut zu bekommen. Meist erhält man nur Schweineblut, aber bei Wildgerichten verleiht das Blut von Hasen oder Hirschen den Gerichten den letzten Pfiff.

Rezepte zu diesem Kapitel

Rindsbratensauce, Braune Grundsauce, Demi-glace

1,5 kg	Knochen, vom Rind und Kalb, klein gehackt
1/2 kg	Rindfleisch, Parüren, grob geschnitten
2 Stück	Ochsenschlepp
50 g	Selchspeck
1/4 l	Weißwein
2	Karotten, grob geschnitten
1	Petersilienwurzel, grob geschnitten
1/6	Sellerieknolle, grob geschnitten
2	Zwiebeln, grob geschnitten
2 EL	Mehl
1 EL	Butter
1 EL	Tomatenmark
1	Knoblauchzehe, geschält
	Thymian
1	Lorbeerblatt
	Pfefferkörner
	Salz
	Fett

In eine Kasserolle etwas Fett geben und die Knochen darin anbraten. Die Kasserolle dann ins Backrohr für rund 20 Minuten bei 200 °C geben. Sobald die Knochen eine bräunliche Farbe angenommen haben, mit etwas

Weißwein ablöschen und den Speck, das Rindfleisch und den Ochsenschlepp dazugeben und für rund zehn Minuten weiterrösten. In der Zwischenzeit in einer Pfanne die Zwiebeln und das Wurzelwerk anrösten, mit einem EL Mehl stauben und das Tomatenmark dazugeben. Kräftig umrühren. Das Ganze dann in die Kasserolle geben und die Bratenrückstände mit einem Spritzer Weißwein lösen und zusammen mit den Gewürzen ebenfalls in die Kasserolle geben. Mit rund zwei bis drei Liter Wasser in der Kasserolle aufgießen. Im Backrohr bei rund 180 °C für ein paar Stunden braten. Es sollte zum Schluss nur mehr ein Liter Flüssigkeit übrig bleiben. Diese Flüssigkeit durch ein Sieb passieren – nur die Flüssigkeit und nicht das Wurzelwerk und den restlichen Weißwein dazugeben. Mit der Butter und dem Mehl eine Einbrenn zubereiten und die Sauce damit binden.

Natürlich kann kein Mensch einen Liter Demi-glace sofort verarbeiten, daher bitte den Rest in brauchbaren Portionen einfrieren.

Madeirasauce

1 l	Demi-glace
1	Zwiebel, fein gehackt
100 g	Champignons, in Scheiben geschnitten
1/8 l	Rotwein
1/16 l	Madeira
2 EL	Butter
	Fett

Die Zwiebel mit den Champignons anbraten und mit dem Rotwein ablöschen. Mit einem Liter Demi-glace aufkochen und rund 20 Minuten lang köcheln lassen. Passieren und dann mit dem Madeira abschmecken. Mit der Butter montieren.

Wildsauce

1 kg	Wildknochen
1/2 kg	Wildparüren
50 g	Bauchspeck
2	Karotten, grob geschnitten
1	Petersilienwurzel, grob geschnitten
1/6	Sellerieknolle, grob geschnitten
2	Zwiebeln, fein geschnitten
	Thymian

	Lorbeerblatt
	Wacholderbeeren, zerstoßen
	Pfefferkörner
1/8 l	Rotwein
2 EL	Preiselbeerkompott
1 EL	scharfer Senf
2 EL	Mehl
1 EL	Butter
	Fett

Die Zubereitung erfolgt wie die Sauce Demi-glace. Allerdings wird der Weißwein durch Rotwein ersetzt. Nachdem die Sauce passiert wurde, mit dem restlichen Rotwein, den Preiselbeeren und dem Senf die Sauce abschmecken.

Weiße Grundsauce, Kalbseinmachsauce

3/4 l	Kalbsknochensuppe
2 EL	Butter
2 EL	Mehl
4 EL	Sahne
1	Dotter
	Muskat, fein gerieben
	Salz

In einer großen Pfanne die Butter erwärmen und die Butter anschwitzen lassen. Sie sollte aber nicht braun werden. Mit der Kalbsknochensuppe aufgießen und aufkochen lassen. Den Dotter und die Sahne gut verrühren. Die Pfanne vom Herd nehmen und den Dotter und die Sahne einrühren.

Weißweinsauce, Fischsauce

1 kg	Fischgräten, gereinigt
6	Fischköpfe, gereinigt, halbiert
1	Zwiebel, fein geschnitten
5	Pfefferkörner
	Zitronensaft
	Salz
2 EL	Butter
2 EL	Mehl
1/8 l	Weißwein

Die Fischgräten mit den Fischköpfen in einem Liter Wasser köcheln lassen – umso langsamer, desto besser. Alle paar Minuten abschäumen. Sobald sich kein Schaum mehr bildet, können die anderen Zutaten dazugegeben und mitgekocht werden. Nach rund einer Stunde Kochdauer – umso geringer die Temperatur, desto besser – den Fond abseihen. Nun kocht man den Fond, bis nur mehr ein halber Liter übrig bleibt. Das Mehl in der Butter anschwitzen, mit dem Fischfond ablöschen und mit dem Weißwein abschmecken. Noch eine halbe Stunde lang bei geringster Hitze ziehen lassen.

Dillsauce

3/4 l	Rindsuppe
1	Zwiebel, fein geschnitten
2 EL	Dill, gehackt
1/8 l	Sauerrahm
2 EL	Essig
1 KL	Zucker
2 EL	Butter
2 EL	Mehl

Zwiebel in aufgeschäumter Butter leicht anrösten, sie sollte nicht zu viel Farbe annehmen, mit Mehl stauben und mit der Rindsuppe aufgießen. Das Dillkraut dazugeben und rund 20 Minuten auf kleiner Flamme köcheln lassen. Danach vom Herd nehmen und den Sauerrahm unterrühren. Mit Essig, Salz und Zucker abschmecken.

Gurkensauce

1	Gurke, halbiert, entkernt, in Scheiben geschnitten
1/4 l	Rindsuppe
2 EL	Balsamicoessig
	Pfeffer
1 EL	getrocknete Dillspitzen
2 EL	Butter
1 EL	Mehl
2 EL	Obers
	Salz

Die Gurke in wenig Wasser mit einer Prise Salz dünsten. Wenn die Gurke weich ist, das überschüssige Wasser abgießen und durch Rindsuppe ersetzen. Die Dillspitzen dazugeben und mit dem Mehl und der Butter eine

Einbrenn zubereiten. Diese unter die Sauce mengen und mit dem Obers, dem Balsamicoessig und dem Pfeffer abschmecken.

Apfelkren

3	Äpfel, gedünstet
1 EL	Zitrone
3 EL	Kren (Meerrettich), fein gerieben
1 EL	Essig
1 KL	Honig

Die Äpfel ohne Kerne und Schale passieren, mit dem Zitronensaft versetzen und den Kren beimengen. Mit dem Essig und dem Honig noch abschmecken.

Biersauce

1	Zwiebel, fein geschnitten
1/3 l	Bier, hell oder dunkel, je nach Geschmack
2 EL	Dijonsenf
1 EL	Butter
	Piment, frisch gemahlen
	Pfeffer, gemahlen
1 EL	Butter

Zwiebel in der Butter rösten, mit Bier ablöschen und das Ganze solange köcheln lassen, bis nur mehr die Hälfte vorhanden ist. Dann mit Senf, Piment und Pfeffer abschmecken und mit der Butter binden.

Weinschaumsauce

1/16 l	Weißwein
1	Ei
2	Dotter
1 EL	Kristallzucker

Wein mit Ei, dem Dotter und Zucker in einem Schneekessel über Wasserdampf cremig rühren.

Im Wendekreis der Torten

Es gibt unendlich viele Süßspeisen, und es ist eine Kunst, dass sie gelingen: dass die Torten aufgehen, dass der Zucker sich so verhält, wie man möchte, und dass alles noch leicht und flaumig schmeckt. Allein die Art der Teige ist schwindelerregend, und die Fehler, die einem unterlaufen können, sind auch nicht gering. Aber zum Trost sei gesagt, dass es ja die Physik und Chemie gibt, die uns bei der Bewältigung der Schwierigkeiten helfen …

Das Wiener Rosinengugelhupfproblem

Vor einigen Jahren wurde ich gebeten, einen Vortrag bei der Fortbildungswoche der Lehrer in Wien zu halten. Ein älterer Kollege ersuchte mich, einen Vortrag über die Physik und Chemie des Kochens zu halten. Da der Vortrag Ende Februar stattfand, der ganze Monat vorlesungsfrei war und ich damit Zeit hatte, wollte ich den Kolleginnen und Kollegen etwas Beeindruckendes zeigen. So überlegte ich ein bisschen und kam zu dem Schluss, dass sich der Wiener Rosinengugelhupf als Beispiel für Hypothesen und deren Überprüfung durch Experimente hervorragend eignen würde. Das Problem bestand darin, dass sich bei manchen Köchinnen und Köchen die Rosinen gleichmäßig im Teig verteilen, während sie bei anderen lediglich im oberen Teil des Gugelhupfs zu finden sind. Warum ist das so?

Die Arbeitshypothese lautete, dass Rosinen aufgrund der Dünnflüssigkeit des Teiges nach unten sinken. Es gibt ja den Ratschlag, Rosinen mit Mehl zu bestauben, bevor man sie in den Teig rührt. Da stellt sich nur die Frage, warum das funktionieren

sollte. Normalerweise wird das Mehl beim Gugelhupf erst ziemlich zum Schluss dazugegeben. Damit ist der Teig zu diesem Zeitpunkt sowieso ziemlich staubig. Was soll es also bringen, die Rosinen mit Mehl zu bestauben?

Zunächst geht es darum, die Viskosität des Teiges zu messen. Dazu gibt es verschiedenste Verfahren. Das einfachste Verfahren aus der Physik besteht darin, dass man die zu untersuchende Flüssigkeit in einen hohen Messzylinder füllt und dann kleine Kugeln in die Flüssigkeit fallen lässt. Aufgrund der Dauer des Fallens entlang einer klar definierten Strecke und dem Durchmesser der Kugeln kann man sich die Viskosität ausrechnen.

Nun sind Rosinen nicht besonders kugelförmig. Aber das Problem konnte leicht gelöst werden. Wir – Michael Steurer, der mir bei diesen Vorträgen als treuer Freund zur Seite stand, zwar im Hintergrund, aber umso wichtiger – und meine Wenigkeit haben die Rosinen einfach in Rum gelegt. Erinnern wir uns an die Osmose: Das Wasser des Rums versucht die hohe Zuckerkonzentration im Inneren der Rosinen zu verdünnen. Also wandert Wasser – und damit natürlich auch die Geschmacksstoffe – in das Innere der Rosinen, und diese gehen dann auf. Sie werden kugelförmig, zumindest in erster Näherung.

Das zweite Problem war allerdings viel größer. Wie kann man die Falldauer bestimmen, wenn man nicht durch den Teig blicken kann? Also nahmen wir die Rosinen, legten sie auf den Teig und warteten. Allerdings sanken die Rosinen nicht ein. Also dürfte der Teig eine höhere Viskosität haben, und die Rosinen können im Teig nicht sinken. Damit war unsere Arbeitshypothese gestorben. Eine neue Hypothese musste her.

Am besten kommt man auf Ideen, wenn man das ganze Produkt selbst einmal herstellt. Daher buken wir im Labor mit der Gugelhupfform meiner Großmutter einen Gugelhupf. Als der erste Gugelhupf fertig war, schnitten wir ihn sofort auf und verbrannten uns die Finger. Wir mussten erkennen, dass sich die Rosinen im oberen Bereich angelagert hatten. Der Gugelhupf schmeckte recht gut, aber das war ja nicht das Problem. Also bereiteten wir gleich den nächsten Gugelhupf zu. Bei dem waren die Rosinen allerdings im ganzen Teig gleich verteilt. Was hatten wir anders gemacht?

Es wurden noch viele Gugelhupfe hergestellt, und zwar solange, bis wir auf des Rätsels Lösung kamen. So haben wir pro Tag rund drei bis fünf Gugelhupfe gebacken und jedes Mal einen Parameter verändert. Wir konnten das Zeug nicht mehr sehen, geschweige denn essen. Also verteilten wir das Backwerk großzügig an die Institute. Ein Professor vom Institut für Theoretische Physik hatte damals einen berühmten Physiker zu Gast und bat, ob er ihn nicht zum Mittagessen mitbringen dürfe. Wir bastelten nämlich zu diesem Zeitpunkt auch am Gulasch „Rapid". Wir versprachen, die illustren Gäste mit Gulasch und Gugelhupf zu begrüßen. Allerdings passierte mir in der Aufregung beim Gugelhupf ein Fehler. Da es sich noch um eine ältere Backform handelte, nicht so wie die neumodischen aus Teflon, musste diese noch mit Butter ausgestrichen und anschließend mit Mehl bestäubt werden. Ich vergaß jedoch auf das Mehl. Der Gugelhupf ging nicht aus der Form heraus – ich wäre am liebsten im Boden versunken. In ein paar Minuten würden unsere Gäste kommen, was war zu tun? Wie schnitten schließlich den Gugelhupf in kleinen, rechteckigen Stückchen aus der Form heraus und boten das Ganze als original „Wiener Schnittkuchen" an. Diese Strategie funktionierte tadellos – ich hoffe, der Kollege aus Russland wird nie in einer Wiener Konditorei nach einem original „Wiener Schnittkuchen" fragen …

Aber zurück zum eigentlichen Problem: Warum sinken bei manchen Gugelhupfen die Rosinen und bei anderen nicht? Ich glaube, wir buken fast 30 Gugelhupfe, und wir hatten immer noch keine Lösung. Endlich entstand die Idee, dass der Teig während des Backens seine Viskosität verändern könnte. Aber wie kann man dies messen? Natürlich ist es dann von Vorteil, wenn man von der Ausbildung ein Experimentalphysiker ist, der auch Zugang zu Röntgengeräten hat. Wir wollten den Gugelhupf während des Backens röntgenisieren und nachsehen, wo sich denn die Rosinen befinden. Schwierige Aufgaben bedürfen kreativer Lösungen. Wir hatten schon alles vorbereitet und wollten am nächsten Tag das Experiment durchführen. Am Abend vor dem Schlafengehen kam mir die Königsidee – wir brauchten keinen Röntgenapparat. Das Problem war viel einfacher. Wir hatten in den vergangenen Tagen immer am Teig experimentiert, aber dabei mit den Rosinen wenig gemacht. So entstand eine neue Hypothese: Die Rosinen wurden nicht richtig verteilt. Gibt man die Rosinen erst ganz zum Schluss in den Teig, so verrührt man sie, aber sobald sie einen Zentimeter im Teig verschwunden sind, weiß man nicht mehr, wo sie sind. Möglicherweise verteilt man die Rosinen einfach zu wenig.

Diese Hypothese kann man mit einem Experimentalgugelhupf überprüfen. Dazu nimmt man eine Gugelhupfform, bestreicht sie auf der Innenseite mit Butter und bemehlt sie. Dann gibt man etwas Teig hinein – der Boden sollte gut bedeckt sein. Der Teig sollte rund einen Zentimeter dick sein. Darüber streut man Rosinen, und darauf kommt wieder etwas Teig, dieses Mal sollten es rund zwei Zentimeter sein. Darauf folgen wieder Rosinen und so weiter, bis man keine Rosinen mehr hat oder der Teig ausgegangen ist. Ab ins Backrohr und abwarten. Die Schichtung sollte eigentlich erhalten bleiben, wenn die Hypothese richtig ist. Nach 75 Minuten wussten wir es und jubelten: Die Schichtung blieb erhalten. Damit hatten wir das Wiener Rosinengugelhupfproblem gelöst.

Interessanterweise kann damit auch noch ein anderes genauso schwerwiegendes Problem gelöst werden. Nicht alle wollen Rosinen, und dieses Wollen und Nichtwollen zieht sich quer durch Familien. Deshalb wird sicher in manchen Familien kein Gugelhupf mehr gebacken. Schade, denn wir haben die Lösung. Stellen auch Sie einen Experimentalgugelhupf her und unterteilen Sie den Gugelhupf in vier Quadranten. Einen Quadranten bestreuen Sie mit Rosinen, einen mit Schokostückchen, einen mit Aranzini, und einen Bereich lassen Sie frei – für die Gugelhupfspartaner.

Wenn wir einen Gugelhupf backen, müssen wir uns entscheiden: zwischen einem Germgugelhupf (Hefenapfkuchen), wie er am Lande üblich ist, oder einem Gugelhupf aus Rührteig. Übrigens haben wir unsere Experimente mit Rührteig durchgeführt.

Von Torten und Kuchen

Worin unterscheiden sich die Torten von den Kuchen? Nun könnte man sagen, dass die Torten rund, die Kuchen eckig sind. Das stimmt zwar, aber auch nicht immer. Es gibt ja auch eckige Hochzeitstorten. Dann ließe sich feststellen, dass Torten viel aufwendiger gestaltet sind als Kuchen. Das würde ich zwar so auch nicht unterschreiben, aber damit kommen wir der Sache schon näher. Nach einer anderen Definition findet man, dass die Torten viel mehr Kalorien als gewöhnliche Kuchen haben. Aber wir müssen genau sein und festhalten, dass sowohl ein Kuchen als auch eine Torte aus einem gebackenen Teig bestehen. Allerdings wird die Torte noch mit ungebackenen Schichten ergänzt. Unter ungebackene Schichten fallen Cremen und auch die wunderbare Marillenmarmelade (Aprikosenkonfitüre), mit denen man das Backwerk noch verbessern kann. Gerade beim Obst erkennt man den Unterschied leicht. Bei einem Obstkuchen wird das Obst mitgebacken, während bei einer Obsttorte das Obst erst nachträglich hinzugefügt wird.

Besonders das Aprikotieren, das Bestreichen von gebackenem Teig hat einen wesentlichen Einfluss auf die Feuchtigkeit der Torte. Manche wollen den Teig eher speckig, also sollte er nicht ganz so flaumig sein und etwas feuchter. In diesem Fall sollten Sie den Teig sofort nach dem Backen mit Marmelade bestreichen. Dadurch kann keine Flüssigkeit mehr vom Teig abdampfen. Der Teig wird speckig. Wartet man aber ein paar Minuten und lässt die Torte abkühlen, so wie es in den meisten Kochbüchern steht, wird die Torte nicht mehr speckig, außer sie wurde schon so gebacken. Sie behält durch das nachträgliche Aprikotieren ihre Flaumigkeit, wird aber geschmacklich besser.

Damit sind wir bei einer wichtigen Frage, die für das gesamte Backen wichtig ist: welches Mehl für welches Backwerk? Vom Standpunkt der Physik lässt sich die Frage einfach beantworten. Es gibt keinen Unterschied, denn Mehl ist Mehl. Der einzige Unterschied besteht in der Korngröße. Das bedeutet aber auch, dass sich glattes Mehl, das sehr fein gemahlen wird, gut in Wasser auflöst, während es zum Beispiel etwas länger dauert, bis sich die Stärkekörner von doppelgriffigem Mehl lösen. Also kann man jedes Mehl für alles verwenden. Aber so einfach dürfen wir es uns auch nicht machen. Wir müssten ganz genau wissen, wie lange es dauert, bis sich doppelgriffiges Mehl unter einer bestimmten Flüssigkeitsmenge auflöst – im Gegensatz zu glattem Mehl. Also belassen wir die Faustregel so, wie wir sie kennen: Griffiges Mehl verwendet man für Kuchen, die flaumig werden sollen, genauso auch für Mürbteige, Biskuitteige und diverse Tortenmassen. Gemischtes Mehl für Germ oder Brandteig und glattes Mehl für Strudelteig.

Worauf muss man bei einer Torte noch achten? Oftmals entsteht ein Gupf in der Mitte der gebackenen Torte – sie geht nicht gleichmäßig auf. Der Grund dafür ist diffizil. Wir haben zwei Parameter, die das Aufgehen beeinflussen: den Wasserdampf und die Erstarrung. Ab rund 80 °C kann das Wasser die Luftbläschen, die in den Teig eingearbeitet wurden, entweder durch Eischnee oder durch Treibmittel ausdehnen. Dadurch geht der Teig auf. Bei einer etwas höheren Temperatur wird der Teig aber auch fest – das Eiweiß gerinnt. Das bedeutet, dass zuerst der Teig aufgeht und, wenn die Temperatur weiter steigt, fest wird.

Das Problem besteht nun darin, dass nicht in allen Bereichen der Torte die Temperatur gleichmäßig ansteigt. Am Rand der Torte wird die Temperatur zuerst ansteigen, und es dauert eine gewisse Zeit, bis dieselbe Temperatur in der Mitte der Torte herrscht. Dadurch wird die Torte zuerst am Rand aufgehen, und erst etwas später in der Mitte. So weit, so gut. Aber da die Temperatur am Rand etwas stärker zunimmt, wird der Teig in der Nähe des Randes auch schneller fest als in der Mitte. Der Teig kann dort noch weiter aufgehen, während er am Rand schon fest ist. Meist bricht die Torte auch auf und bildet eine harte Kruste.

Dafür brauchen wir eine Lösung, denn wer möchte schon einen Vulkankrater servieren. Es gibt mehrere Lösungen zu diesem Problem. Einerseits kann man die Backrohrtemperatur reduzieren. Das hat den Vorteil, dass die Torte gleichmäßig aufgeht. Leider bleibt die Torte dann sitzen und wird speckig. Dafür ist sie aber auf der Oberfläche gleichmäßig. Die zweite Variante besteht darin, die Torte nach dem Backen auf die falsche Seite zu stürzen. Durch das Eigengewicht wird sich das Ungleichgewicht wieder geben. Dies funktioniert zwar, ist aber sehr unelegant. Von der Zuckerbäckerin Alexandra Jesenko habe ich erfahren, wie es die Profis machen. Man füllt den Teig in die Tortenform und streicht dann den Teig von der Mitte zum Rand hin. Der obere Rand der Tortenform sollte mit dem Teig benetzt sein. Dadurch steigt die Masse dann gleichmäßig.

Oftmals wird der Teig in die Form geschüttet und dann direkt in den Backofen gegeben. Der kleine Hügel wird dann im Laufe der Backdauer immer größer. Das sollte man vermeiden. Deshalb streicht man den Teig von der Mitte zum Rand hin nach oben. Das führt dann dazu, dass der Teig gleichmäßig aufgeht.

Damit kommen wir zum größten Problem, das sich vor allem bei Torten ergeben kann: die Schokoladeglasur. Für viele ist es nur Schokolade, die man erwärmt und auf die Torte pappt. Diese ist dann hart und verliert meist an Glanz. Den meisten fällt es nicht einmal auf, dass die Glasur stumpf und zerbrechlich wie Glas ist.

Schokolade ist aber nicht nur eine Flüssigkeit, die bei einer bestimmten Temperatur hart wird. Sie kann in verschiedenen Strukturen auskristallisieren. Schokolade besteht aus Fett und diversen Aromastoffen. Die Fettmoleküle können sich auf verschiedene Arten aneinanderlagern. Manche Strukturen sind für unsere Geschmackswahrnehmung besser als andere. So unterscheidet man zwischen sechs verschiedenen Kristallisationsformen, während für den Feinschmecker nur die Form V von Bedeutung ist. Alle anderen Kristallisationsformen lösen sich nur schlecht aus der Form, zeigen eine stumpfe Oberfläche, oder die Schokolade schmeckt sandig.

Kristall-form	Entstehungsbedingung	Schmelz-temperatur [°C]
I	schnelles Abkühlen der Schmelze	17,3
II	rasches Abkühlen der Schmelze mit 2 °C/min	23,3
III	Kristallisieren der Schmelze bei 5–10 °C wandelt sich dabei in Zustand II um	25,5
IV	Kristallisiert bei 16–21 °C	27,3
V	langsames Kristallisieren der Schmelze	33,8
VI	entwickelt sich aus V nach mehreren Monaten bei Raumtemperatur	36,3

Kommen wir nun zu einer perfekten Schokoglasur. Dafür benötigen wir 300 g Zucker, 120 g Wasser, 250 g Kochschokolade und ein genaues Thermometer. Unter ständigem Rühren werden die Zutaten vermengt und erwärmt. Man sollte immer mit dem Thermometer messen. Sobald wir eine Temperatur von über 100 °C erreichen, müssen wir uns vorsichtig an die 104 °C herantasten. Die Masse darf unter gar keinen Umständen zu wenig oder gar zu viel Temperatur haben. Leider können wir nicht mit einem Wasserbad arbeiten – hier erreichen wir nur im besten Fall 100 °C, das ist zu wenig. Sobald die 104 °C erreicht sind, sofort den Topf von der Herdplatte nehmen.

Jetzt kommt der arbeitsame Teil. Die Masse muss gerührt werden. Mit einer Spachtel wird die Masse gerührt, gerührt und gerührt, damit die Fettmoleküle sich möglichst gut auflösen. Nur so können sie später in der gewünschten Form auskristallisieren. Nun sollte man der Masse auch mitteilen, in welcher Kristallstruktur sie auskristallisieren soll. Erreicht die Masse eine Temperatur von 40 °C, so gibt man etwas gehackte Kuvertüre dazu. Die Kuvertüre ist in der Kristallstruktur V kristallisiert. An diesen Kristallen können sich nun die anderen Fette anlagern. Es bildet sich die richtige Struktur heraus. Aber auf das Umrühren nicht vergessen. Bei 35 °C sollte man nochmals ein paar kleine Stückchen Schokolade hinzugeben und kräftig einrühren. Sobald die Masse eine Temperatur von rund 32 °C hat, kann man mit der weiteren Verarbeitung beginnen. Natürlich stellt dieses Verfahren einen gewissen Aufwand dar, aber es lohnt sich. Hat man es einmal so gemacht, dann ist es beim nächsten Mal fast schon Routine.

Man sieht aber auch an diesem Verfahren, dass man Schokolade nicht einfach in der Mikrowelle erwärmen sollte. Sicherlich kann man, aber es kommt zu einer ungleichmäßigen Erwärmung, und dies führt dann in weiterer Folge dazu, dass sich keine schöne Kristallstruktur bildet.

Sobald die Masse dickflüssig, also ausreichend ausgekühlt ist, einfach auf die Torte gießen. Hier gilt: Nicht kleckern, sondern klotzen. Stellen Sie einen Rost auf ein Backblech, das mit Backpapier ausgelegt ist, und geben die ausgekühlte Torte auf den Rost. Nun gießen sie die Schokolademasse auf die Torte und verstreichen diese vorsichtig. Ein Teil der Schokolade wird auf dem Backblech landen, aber das macht nichts, sie kann für das nächste Mal wieder verwendet oder einfach gegessen werden.

Damit wären wir beim letzten Problem: Wie schneidet man eine Torte der Länge nach in der Mitte durch? Freilich kann man mit einem Messer arbeiten, aber es geht einfacher. Man arbeitet mit einem sehr dünnen Draht oder einem Bindfaden. Damit die Höhe immer dieselbe bleibt, gibt es zwei Möglichkeiten. Für die Anfänger oder auch weniger Mutigen empfehle ich, sich zwei Holzleisten mit ein paar Zentimetern Höhe zu kaufen. Die Höhe hängt vom Selbstvertrauen und Einschätzungsvermögen ab, die Sie in das Aufgehen des eigenen Backwerkes setzen. Die beiden Holzleisten legt man nun neben die Torte. Der Faden sollte über die beiden Leisten gezogen werden. Dabei wird die obere von der unteren Hälfte schön getrennt. Eine andere Möglichkeit erfordert etwas mehr Mut, dafür braucht man keine Leisten. Man legt den Faden schön um die Torte, genau in der

Höhe, in der man den Schnitt benötigt. Dann zieht man an den beiden Enden an, und die Torte ist geteilt. Man darf den Faden nur nicht nach unten oder nach oben ziehen.

Schnee aus Eiern

Beim Rührteig werden Eier, Butter, Zucker und Mehl in den Teig gegeben. Damit er besonders flaumig wird, verwendet man Eischnee. Aus dem Eiklar wird Schnee geschlagen, der dann später unter den Teig gehoben wird.

Aber wie bereiten Sie perfekten Eischnee zu? Viele glauben, dass perfekter Eischnee so fest sein sollte, dass er, wenn man die Schüssel umkippt, nicht herausfällt. Dies ist leider falsch, denn dann wissen Sie nur, dass er hart genug ist, aber Sie wissen nicht, ob er weich genug ist.

Früher, als man den Schnee noch mit der Hand geschlagen hatte, reichte diese Regel vollkommen aus. Ich habe ein einziges Mal Schnee mit der Hand geschlagen. Es hatte den Vorteil, dass ich wahrscheinlich mehr Kalorien verbraucht habe, als ich durch den Kuchen zu mir genommen habe. Schlägt man den Eischnee mit der Hand, hört man auf, sobald man die Schüssel umkippen kann. Verwendet man aber eine Rührmaschine oder einen Handrührschwinger, so kann man den Eischnee zu fest schlagen. Es arbeitet ja das Gerät, und frei nach dem Motto „Umso fester, desto besser" wird dann der Eischnee „zertrümmert".

Am besten hat der Eischnee jene Konsistenz, bei der ein Ei zur Hälfte im Schnee einsinkt. Dann ist er gerade richtig. Schlagen wir weiter, so zerstören wir die Netzmittel und manche Moleküle, die für die Stabilität im Teig verantwortlich sind. Genau das gilt es zu verhindern. Sollten Sie aber auf eine Küchenmaschine nicht verzichten wollen, so verwenden Sie bitte den kleinsten Gang beziehungsweise die geringste Geschwindigkeit. Es dauert zwar länger, aber das Ergebnis wird besser.

Auf eines müssen Sie höllisch aufpassen: Es darf kein Fett in die Rührschüssel gelangen. Gelingt der Schnee nicht oder fällt er zusammen, so liegt es daran, dass vielleicht nur ein kleiner Spritzer Fett in den Schnee gelangt ist. Im Eiklar haben wir Netzmittel. Diese würden sich am liebsten auf das Fett stürzen. Bieten wir diesen Netzmitteln aber kein Fett an, so nehmen sie auch Luft. So lagern sich dann die Netzmittel um die kleinen Luftblasen an. Ein Tropfen Fett, und aus diesem Eiklar lässt sich kein Kuchen mehr backen, außer er soll zusammenfallen.

Meist passiert es, dass man zuerst mit dem Rührschwinger den Teig rührt, dann kurz dieses Arbeitsgerät nicht vollständig reinigt und danach versucht, den Eischnee zu schlagen. Es bleibt dann aber nur beim Versuch. Wichtig ist auch, nach der Zubereitung die Rührschüssel so zu reinigen, dass sich kein Fett darin befindet. In einer Abwasch (Spüle) kann es leicht einmal zur Fettübertragung kommen. Dann befindet sich in der Schüssel ein

hauchdünner Fettfilm, und der nächste Eischnee gelingt ebenfalls nicht.

Es gibt auch diese Meinung: Wenn ein bisschen Dotter in das Eiklar gerät, fällt der Eischnee sofort zusammen, da der Dotter etwas Fett enthält. Aber dem ist nicht so. Sie können auch aus einem ganzen Ei (natürlich ohne Schale) Eischnee schlagen, trotz des Fettes im Dotter. Warum? Im Dotter befindet sich auch das Netzmittel Lecithin. Dieses bindet das Fett des Eigelbs, und damit kann es im Eischnee kaum wirksam sein. Also stellen ein paar Überreste des Eidotters im Eischnee kein wirkliches Problem dar. Es gibt sogar einige Rezepte, die verlangen, dass man den Eischnee mit dem Dotter schlägt.

Dennoch sollten Sie nicht für jedes Rezept – nur weil es praktisch ist – den Dotter mit dem Eiklar schlagen. Der Dotter kann nämlich im Teig eine wichtige Aufgabe übernehmen – er kann für ausreichend Flüssigkeit sorgen.

Haben Sie das Eiklar in einer Rührschüssel, so gehört eine Messerspitze Salz dazu. Dies hat keine geschmacklichen Gründe, sondern durch das Salz bilden die Netzmittel des Eiklars stabilere Verbindungen zu den Luftbläschen. Der Schaum wird stabiler, ohne dass die Netzmittel durch Küchenmaschinen zerhackt werden. Dann beginnen Sie zu rühren – langsam und vorsichtig. Vergessen Sie nicht: Wir sind beim Kochen und nicht auf der Flucht.

Nach ein paar Minuten wird Zucker in die Schneemasse eingebracht. Auch hier kursieren verschiedene Meinungen der Kochphysik. Hat es Sinn, den Eischnee mit Zucker aufzuschlagen oder nicht? Vom Standpunkt der Physik ist das eine schwierige Frage. Einerseits können die Zuckerkristalle die Luftblasen anstechen und damit zerstören. Dadurch fällt der Eischnee zusammen, und tatsächlich beobachtet man, dass der Eischnee etwas zusammenfällt, wenn man Zucker dazugibt. Andererseits werden nur die großen Luftblasen zerstört – die kleinen Blasen bleiben bestehen. Dadurch wird der Eischnee zwar cremiger, aber insgesamt der Eischnee im Teig stabiler. Messungen haben ergeben, dass es günstig ist, den Eischnee mit Zucker aufzuschlagen. Wenn Sie rund die Hälfte des Zuckers, den Sie normalerweise im Teig verarbeiten würden, in den Eischnee einbringen, geht der Gugelhupf um rund ein Drittel mehr auf. Ein befreundeter Bäcker kann mit dieser Methode rund 35 Gugelhupfe herstellen. Würde er den gesamten Zucker in den Teig einarbeiten, so erhält er nur rund 25 bis 28 Gugelhupfe.

Für den Eischnee ist es wichtig, dass die Blasen sehr klein sind. Große Blasen werden sofort beim Unterheben mit dem Teig zerstört. Damit sich die Bläschen noch zusätzlich vergrößern, sollte pro Esslöffel Zucker ein Kaffeelöffel Wasser dazugegeben werden. Erst der Wasserdampf drückt die Bläschen auf, das Volumen des Teiges wird größer.

Damit haben wir einen wichtigen Teil aus dem Kapitel der Kuchen und Torten besprochen, aber es gilt noch, die verschiedenen Teige zu diskutieren.

Schaumgebäck, Windbäckerei, Baiser, Meringues oder Spanischer Wind

Beginnen wir mit etwas Einfachem, dem Schaumgebäck, auch bekannt als Windbäckerei, Baiser, Meringues oder Spanischer Wind. Der Teig für diese süßen Köstlichkeiten besteht aus Eischnee und Zucker. Beides wird vermengt, auf ein Backblech in verschiedenen Formen gespritzt und im Backrohr bei rund 100 °C getrocknet. Sie sehen schon, das Schaumgebäck soll keine Farbe erhalten – unter 140 °C gibt es keine Maillard-Reaktion. Durch die lange Trocknungsdauer wird das Wasser dem Eischnee-Zucker-Gemisch entzogen, und übrig bleiben das getrocknete, denaturierte Eiweiß, Luftblasen und natürlich ein Netzwerk aus

Spanischer Wind...

Zuckerkristallen. Durch die vielen kleinen Luftblasen können sich aber keine großen Zuckerkristalle bilden, das Gebäck bleibt zart schmelzend und geschmeidig.

Diverse Omeletts und Salzburger Nockerl

Erweitern wir den Teig um ein paar Dotter. Machen wir ein Französisches Omelett. Es werden die Eier verrührt, und dieses Gemisch wird in einer Pfanne herausgebraten. Dadurch entstehen Dampfblasen, die zur Flaumigkeit führen. Man kann ein solches Französisches Omelett auch im Backrohr herstellen. Dies hat den Vorteil, dass die Wärme von oben und unten wirkt. Es wird gleichmäßiger. Durch die Denaturierung der Moleküle wird dies Speise hart. Die Eier sollten aber nicht zu lange gebraten werden, denn wenn zu viel Wasser verdampft, verlieren sie an Geschmeidigkeit. Natürlich können Sie dieses Omelett sowohl süß als auch sauer gestalten.

Erweitern wir dieses Rezept um etwas Mehl. Dann erhalten wir ein Wiener Omelett. Und so geht's: Sie verrühren die Eier, geben etwas Wasser oder Milch dazu und rühren das Mehl drunter. Dann lassen Sie diesen Teig rund eine halbe Stunde stehen. Durch das Warten können sich die Amylose und das Amylopektin aus den Stärkekörnern herauslösen. Die einzelnen Moleküle bilden ein schönes Netzwerk. Damit das Wiener Omelett nicht zu trocken wird, fügen Sie etwas Wasser dazu. Dieses benötigt die Stärke zum Quellen. Würde das Wasser aus den Eiern stammen, so würde der Teig sehr trocken werden. Gießt man etwas von diesem Teig in eine Pfanne, bilden sich wieder Wasserdampfblasen, die für eine Flaumigkeit des fertigen Produktes sorgen. Um zusätzlich für kleinste Bläschen zu sorgen, die sich dann beim Erhitzen ausdehnen, können Sie etwas Mineralwasser mit Kohlensäure dazugeben.

Dieses Mal haben wir aber zusätzlich Stärke, die ein Netzwerk bildet. Es gibt länderabhängig verschiedene Ausprägungen

dieses Teiges. Wir finden ihn in Frankreich, bekannt als Crêpes. Dabei verwenden Sie etwas mehr Flüssigkeit, damit der Teig recht dünn wird. Damit die Crêpes besonders dünn werden, nehmen Sie noch zusätzlich einen Teigrechen, mit dem Sie den Teig in der Pfanne verrühren. Dies erfordert etwas Übung, aber es lohnt sich. Am besten belegen Sie die Crêpes mit Orangenfilets und flambieren sie beim Anrichten.

Bei den amerikanischen Pancakes handelt es sich ebenfalls um dasselbe Rezept, allerdings kommt mehr Teig in die Pfanne. Pancakes sollten rund fünf Millimeter dick sein. Man hat dann etwas Flaumiges zu beißen. Natürlich lassen sich Pancakes mit allem Möglichen garnieren, obwohl der Klassiker der Ahornsirup ist. Die europäische Variante würde wohl eher mit Honig verfeinert werden.

Und dann sollte man nicht die Palatschinken (Pfannkuchen) vergessen. Sie sind dicker als die Crêpes und dünner als die amerikanischen Pancakes. Die Palatschinke sollte ungefähr einen bis zwei Millimeter dick sein. Am einfachsten bestreicht man sie mit etwas Marillenmarmelade (Aprikosenkonfitüre) aus der Wachau und rollt sie zusammen. Dass man aus den fertigen Palatschinken noch vieles machen kann, soll nicht verschwiegen werden. Die ausgekühlten Palatschinken können fein nudelig zusammengeschnitten werden, und wir haben Frittaten, eine köstliche Suppeneinlage.

Damit der Teig noch flaumiger wird, kann man die Eier trennen und aus dem Eiklar Eischnee schlagen, den man dann vorsichtig unter das Eidotter-Mehl-Milch-Gemisch unterrührt. Durch die vielen Luftblasen entsteht ein absolut leichtes Gebilde, das nicht lange auf der Zunge bleibt. Diese Speise wird als Omelette Soufflé bezeichnet.

Außerdem lässt sich auch eine Mischform aus den bisherigen Rezepten konstruieren. Sie nehmen Eier, verrühren diese und geben Eischnee, der mit Zucker verrührt wurde, dazu. Mehl wird nur in Form einer Messerspitze dazugegeben. Dann erhalten Sie Salzburger Nockerl. Diese werden aber nicht in einer Pfanne, sondern im Backrohr gebacken. Viele Köchinnen und Köche verzweifeln an diesem Rezept, denn erst durch die hohen Temperaturen, bei rund 180 °C gehen die Nockerl auf. Das Wasser aus dem Eiklar und dem Dotter verdampft, dabei werden die kleinen Luftbläschen des Eischnees aufgebläht. Erst wenn die Proteine des Eiklars denaturiert sind, fällt der Teig nicht mehr zusammen. Wenn Sie also zu früh das Backrohr öffnen – und sei es nur, um nachzusehen –, haben Sie schon verloren. Für diese Speise benötigen Sie Selbstvertrauen. Sonst lässt man besser die Finger davon.

Aber der Grund, warum die Salzburger Nockerl oft misslingen, liegt manchmal an den Rezepten selbst. So habe ich in mehreren Kochbüchern, sogar von renommierten Köchen, folgende Anweisung gefunden: „Die Kasserolle gut mit Butter ausstreichen" (!!?). Eischnee fällt jedoch sofort zusammen, wenn es in der Nähe nur irgendeine Spur von Fett gibt. Daher bitte die Form nicht mit Butter ausstreichen. Geben Sie lieber etwas Preiselbeermarmelade in die Kasserolle. Das schmeckt gut und schadet den Salzburger Nockerln nicht.

Wie mache ich den Teig mürbe?

Kommen wir zu einem anderen Teig: zum Mürbteig. Er wird aus drei Teilen Mehl, zwei Teilen Fett und einem Teil Zucker zubereitet. Bei manchen Rezepten findet man noch etwas zusätzliche Flüssigkeit. Aber hier ist Vorsicht geboten. Zuerst sollte das Mehl mit der Butter verknetet werden. Ähnlich wie bei der Mehlbutter bildet sich eine Fettschicht um die Stärkekörner. Diese sollen nämlich nicht quellen. Käme in dieser Phase eine Flüssigkeit dazu, würde der Teig leicht zäh. Das Mehl und die Butter dürfen aber nicht zu stark geknetet werden. Denn auch dies führt dazu, dass sich vermehrt Stärkemoleküle aus den Körnern lösen. Sobald beides vermengt wurde, dürfen Sie zwei Esslöffel Weißwein hinzugeben. Der Weißwein sorgt dafür, dass der Teig geschmeidiger wird – er lässt sich so leichter verarbeiten. Nach dem Backen geben Sie dem Teig die nötige Ruhe, denn er erhält seine Stabilität aus der Butter. Die Butter wirkt ähnlich wie Zement. Ist die Butter noch weich, so zerbricht der Teig gerne. Am besten lässt man den Teig in der Form erkalten.

Sandig – und doch gut

Als Erweiterung des Mürbteiges kann man den Sandteig betrachten. Auch er ist ein trockener Teig. Zusätzlich gibt man ein Ei zu den bisherigen Zutaten, wie Mehl, Butter und Zucker. Jetzt werden aber alle Zutaten gleichzeitig vermengt. Dies führt dazu, dass die einzelnen Stärkekörner ein wenig quellen können – sie erhalten Flüssigkeit aus dem Ei. Allerdings verhindert das Fett, das die Stärkekörner trennt, dass ein Netzwerk aus Stärke entsteht. Die einzelnen Stärkekörner garen dann für sich allein dahin. Das Ei führt auch zu einer leichteren Verarbeitbarkeit, aber während des Backens bindet das Eiklar viel Wasser in den denaturierten Eiweißmolekülen. Der Teig wird dadurch ein wenig härter – sandiger.

Lassen wir das Mehl einmal das tun, was es wirklich kann. Bisher haben wir die Stärkekörner durch Fett voneinander getrennt. Aber es geht auch anders. Beim Wiener Omelett haben wir das Mehl mit den Eiern längere Zeit stehen lassen. Dabei können die Stärkekörner quellen, und zusätzlich löst sich Gluten heraus. Gluten heißt das Eiweiß des Mehls. Es bildet lange Moleküle, die elastisch sind. Dadurch erhält der Teig eine wunderbare Flexibilität. Gerade beim Brot sind die Glutenmoleküle sehr wichtig.

Der Biskuitteig – flaumig und flauschig

Betrachten wir jetzt einen Biskuitteig. Er besteht aus Ei, Zucker und etwas Mehl. Zuerst wird das Eigelb mit dem Zucker cremig gerührt. Dann das Mehl dazurühren und anschließend den Eischnee vorsichtig unterheben. Da nur wenig Mehl verwendet wird und der Dotter wenig Wasser enthält, können zwar die Stärkekörner etwas quellen und verkleistern auch beim Backen. Aber aufgrund der geringen Menge des Mehls bleibt der Teig luftig und flaumig. Der Eischnee sorgt dann für den Zusammenhalt des Teiges und wie so oft auch für die Luftigkeit.

Beim Biskuitteig entsteht eine flüchtige Verbindung zwischen den einzelnen Stärkekörnern.

Der Strudelteig – einmal wieder selbst gemacht

Aber wirklich spannend wird es beim Strudelteig. Er besteht nur aus Mehl, etwas Wasser, Öl oder Butter und einem Eigelb. Alles wird gut miteinander vermengt. Die Flüssigkeit des Dotters und die zusätzlich eingebrachte Flüssigkeit führen dazu, dass die Stärkekörner quellen können und die Glutenproteine freigesetzt werden. Aber viel wichtiger ist, dass Sie den Teig rasten lassen. Erst dadurch können die elastischen Glutenproteine ein stabiles Netzwerk bilden. Wir erhalten einen zähen, elastischen Teig.

Allerdings muss unbedingt darauf geachtet werden, dass der Teig nicht zu stark geknetet wird. Denn dann brechen die Glutenproteine, der Teig wird hart und beginnt leicht zu reißen. Der Teig sollte so elastisch sein, dass er sich so weit auseinanderziehen lässt und so dünn wird, dass Sie durch ihn eine Zeitung lesen können. Aber man sollte es am Anfang nicht übertreiben. Das Öl hat hier vor allem die Aufgabe, dass der Teig nach dem Backen nicht zu spröde ist. Es hindert das Gluten daran, ein vollständiges Netzwerk über den gesamten Teig zu bilden.

Der gebrannte Teig

Auch beim Brandteig soll sich ein Netzwerk mit dem Gluten bilden. Dies wird allerdings unter Wärmeeinwirkung bewerkstelligt. Damit erspart man sich das Rastenlassen. Eine Flüssigkeit wird erhitzt, meist mit Fett, und dann Mehl eingerührt. Wichtig ist, dass Sie die Masse so stark verrühren, dass nichts anbrennt. Während sich ein Netzwerk bildet, hilft uns die Maillard-Reaktion, damit wir zusätzliche Geschmacksstoffe erhalten. Ist das Netzwerk stark genug ausgebildet, löst sich der Teig wie von selbst vom Topfboden. Selbstverständlich können Sie dann noch nachträglich Eier oder andere Zutaten beimengen – sie haben aber nur mehr für den Geschmack eine Bedeutung.

Nachdem der Teig ausgekühlt ist, wird er portioniert und gekocht, frittiert oder gebacken. Der Brandteig zeichnet sich dadurch aus, dass er nach dem zweiten Erhitzen im Inneren große Poren hat. Durch die verkleisterte Oberfläche kann der Wasserdampf nicht ins Freie dringen, und so bläht der Wasserdampf das Innere auf. Man spricht hier von einer sogenannten physikalischen Lockerung.

Es gibt auch noch die chemische Lockerung. Der Teig soll aufgehen, die Palatschinke flaumig sein und die Buchtel auf der Zunge zergehen. Da helfen uns die Treibmittel und das Wasser. Wir unterscheiden zwischen dem Germ (der Hefe), dem Backpulver und nicht zu vergessen dem Wasser. Die Germpilze fressen das Mehl, und dabei entstehen als „Abfallprodukt" Kohlendioxidbläschen. Beim Backpulver sind es chemische Substanzen, die zum Beispiel mit Wasser reagieren und dabei ebensolche Bläschen freisetzen. Verwendet man Eischnee, dann sind es kleinste Luftbläschen. Sie dehnen sich nur wenig (rund 20 Prozent) durch die Temperaturerhöhung aus. Wichtiger ist das Wasser. Dieses kann leichter verdampfen, wenn es schon kleinste Gasbläschen gibt. Durch den Wasserdampf dehnen sich die Bläschen erst richtig aus. Geht der Teig nicht richtig auf, so ist meist Wassermangel eine typische Ursache. Oft reichen ein bis zwei Esslöffel Wasser, und schon geht das Backwerk so richtig auf.

Mit Pilzen zur perfekten Flaumigkeit – der Germteig

Beim Germteig verwendet man Mehl, Wasser und natürlich Germ. Man mischt alles zusammen – dabei bildet sich wieder unser bewährtes Gluten-Netzwerk. Allerdings beginnen dann die Pilzsporen das Mehl zu fressen. Wichtig ist, dass der Teig ausreichend rasten kann, damit viele Gasbläschen entstehen. Leider sind die Pilzsporen sehr unbeweglich. Darum sollten Sie den Teig, nachdem er aufgegangen ist, nochmals durchkneten. Dadurch werden die großen Blasen zerstört – die braucht keiner –, und die Sporen bekommen neue Nahrung. Dies sollten Sie mindestens drei Mal durchführen. Um es den Sporen noch leichter zu machen, kann der Teig in der Schüssel ins warme Wasserbad oder auf den Heizkörper gestellt werden. Bei höheren Temperaturen vermehren sich die Pilze besser – aber bitte nicht über 40 °C erhitzen, dann sterben die Sporen, und der Teig wird nicht aufgehen. Gibt man noch etwas Öl zu Beginn dazu, wird der Teig schön geschmeidig.

K. u. K. – Kekse und Karamell

Bei dieser Gelegenheit will ich auch noch kurz auf die Zubereitung der Kekse (Plätzchen) eingehen. Vor allem in der Weihnachtszeit hat man in der Regel wenig Zeit. Gerade zu diesem Fest sollen viele Gerichte zubereitet werden – auch Kekse. In alten Kochbüchern finden sich Hinweise, dass man in das Backrohr eine Schüssel heißes Wasser stellen soll, damit die Kekse schneller fertig werden. Das stimmt auch – trotzdem sollten Sie es vermeiden. Die Wärme wird im Backrohr über die heiße Luft über-

tragen – die Wärmestrahlung hat nur einen geringen Anteil am Erhitzen der Kekse. Damit die Luft noch mehr Wärme transportieren kann, befeuchtet man diese. Somit verringert sich die Backdauer enorm. Die Wassermoleküle werden an den Wänden des Backrohrs erhitzt und wandern dann zu den „kalten" Keksen, wo das Wasser kondensiert. Dadurch werden die Kekse erhitzt.

Aber benötigen wir eine höhere Backgeschwindigkeit? Gerade Kekse nehmen es einem übel, wenn sie sich zu lange im Backrohr befinden. Die Ränder werden dunkel oder sogar schwarz, wenn es zu rasch geht. Bei Keksen sollte auf diese Methode verzichtet werden. Dadurch verlängert sich zwar die Backdauer, aber es verlängert sich auch die optimale Zeit zum Herausnehmen der Kekse. Sie müssen nicht auf die Sekunde genau arbeiten.

Und wenn wir schon so viel über Süßes sprechen: Wie stellt man perfektes Karamell her?

Dafür brauchen wir Zucker. Durch Erwärmung können sich nun einzelne Zuckermoleküle zu längeren Molekülen zusammenschließen. Dies geschieht bei Temperaturen ab 200 °C. Aber Vorsicht: Wird es für die Zuckermoleküle zu heiß, mehr als 230 °C, beginnt der Zucker zu verbrennen. Sobald es nach Karamell duftet, sollte man sofort aufhören, die Temperatur weiter zu erhöhen – am besten stellt man die Pfanne auf eine kalte Platte. Setzt man fort, bilden sich Bitterstoffe, und das Karamell löst sich später in Wasser fast nicht mehr auf.

Optimalerweise gibt man bei 190 °C Schlagobers zu der heißen Zuckermasse. Durch das Fett können sich die einzelnen Moleküle nicht aneinanderlagern und einen harten, festen Kristall bilden. Die einzelnen Moleküle werden durch das Fett voneinander getrennt. Und damit das Ganze noch Geschmack erhält, gibt man zum Beispiel gehackte Walnüsse dazu. Die flüssige Mischung wird nun auf Backpapier ganz dünn gestrichen. Wenn alles erkaltet ist, klein schneiden und langsam im Mund zergehen lassen – oder einfach beißen.

Rezepte zu diesem Kapitel

Salzburger Nockerl
2	Dotter
5	Eiweiß
40 g	Kristallzucker
20 g	Mehl
1 Päckchen	Vanillezucker
1 TL	Zitronenzeste
	Salz
250 g	Preiselbeergelee

In einer Kasserolle das Preiselbeergelee im Backrohr bei rund 100 °C für rund zehn Minuten erhitzen. Das Gelee sollte richtig heiß sein. Den Kristallzucker mit dem Eiweiß und einer Prise Salz zu einem Eischnee schlagen. Mit einem Kochlöffel die beiden Dotter, den Vanillezucker und die Zitronenzesten einrühren und zum Schluss das Mehl. Die Kasserolle unter gar keinen Umständen mit Fett einschmieren – der Teig würde sofort zusammenfallen. Den Teig über die heißen Preiselbeeren geben und drei Nockerl formen. Sofort ins Backrohr bei 190 °C für fünf Minuten geben. Danach die Backrohrtemperatur auf 160 °C reduzieren und noch weitere 15 Minuten backen. Sofort servieren.

Gugelhupf

210 g	Butter
42 g	Staubzucker
4	Eier
150 g	Kristallzucker
210 g	Mehl
	Mark einer Stange Bourbonvanille
1 KL	Zitronenzesten einer unbehandelten Zitrone
1 Tasse	Rosinen
1/2 Tasse	Rum
1 Prise	Salz

Die Rosinen in den Rum legen und über Nacht stehen lassen. Die Butter im Wasserbad erwärmen und mit dem Staubzucker, der Vanille, zwei EL Rum und den Zitronenzesten einen schaumigen Teig rühren. Die Masse darf nicht zu warm sein, dann gibt man die Dotter dazu und rührt sie kräftig ein.

Mit dem Eiweiß von vier Eiern und dem Kristallzucker, einer Prise Salz und zwei EL warmem Wasser den Schnee aufschlagen. Rund ein Drittel des Schnees unter die zimmerwarme Butter-Dotter-Masse heben und dann mit einem Kochlöffel das Mehl gemeinsam mit den Rosinen vorsichtig einarbeiten. Zum Schluss den restlichen Schnee einarbeiten.

Die Masse in eine bebutterte und bemehlte Form gießen und in das vorgeheizte Backrohr bei 180 °C und 75 Minuten geben. Danach den Teig rund zehn Minuten auskühlen lassen, dann auf ein grobes Sieb stürzen und auskühlen lassen. Kurz vor dem Servieren mit Staubzucker dekorieren.

Sachertorte

210 g	Butter
140 g	Staubzucker
220 g	Mehl
7	Dotter
8	Eiklar
220 g	dunkle Kuvertüre
190 g	Kristallzucker
	Mark einer Stange Bourbonvanille
1 Prise	Salz
150 ml	Marillenmarmelade

Das Rezept ist für eine Torte mit 24 Zentimetern Durchmesser. Die Kuvertüre erwärmen, sodass sie flüssig wird. Die Butter leicht erwärmen, mit dem Staubzucker schaumig rühren und die Dotter einarbeiten. Wichtig ist, dass man die Dotter einzeln einarbeitet. Dafür muss man sich Zeit nehmen. Die Vanille mit der Schokolade in die Butter-Dotter-Masse einrühren. Die Schokomasse darf aber nicht zu warm sein, denn sonst gerinnt der Dotter.

Das Eiklar und den Kristallzucker mit zwei EL warmem Wasser zu einem festen Schnee schlagen. Rund ein Drittel des Schnees unter die zimmerwarme Butter-Dotter-Masse heben und dann mit einem Kochlöffel das Mehl vorsichtig einarbeiten. Zum Schluss den restlichen Schnee einarbeiten. Die Masse in eine bebutterte und bemehlte Tortenform gießen und im vorgeheizten Backrohr bei 160 °C bei 70 Minuten backen. Danach noch bei 190 °C für zehn Minuten im Backrohr backen. Dadurch erhält die Torte eine schöne Farbe. Die Torte nach ein paar Minuten vom Reifen befreien und abkühlen lassen.

Die Marillenmarmelade erwärmen, wahlweise kann auch Ribisel- oder Himbeermarmelade verwendet werden. Die kalte Torte in der Mitte halbieren, sodass man zwei Scheiben erhält. Die untere Scheibe mit der warmen Marillenmarmelade einstreichen und die andere Scheibe draufsetzen. Die gesamte Torte mit der Marillenmarmelade bestreichen. Danach mit der Schokoladeglasur (Rezept im Textteil) versehen. Mit Schlagobers servieren.

Linzer Torte

200 g	Butter
15 g	Staubzucker
2	Eier
250 g	Weizenmehl
1 MS	Backpulver
2 EL	Rum
15 g	ungeschälte Mandeln, sehr fein gerieben
40 g	helle Biskuitbrösel
50 g	geraspelte Bitterschokolade
1 Prise	Salz
2 EL	Milch
1 Prise	Zimt
1 Prise	Nelkenpulver
	Mark einer Stange Bourbonvanille

1 KL	geriebene Zitronenschale (ungespritzt)
250 g	Ribiselmarmelade (Johannesbeergelee)

Butter, Staubzucker und Eier kräftig vermengen, danach langsam und sorgfältig die anderen Zutaten einrühren. Die Hälfte der Masse in eine Tortenform mit 22 Zentimetern Durchmesser füllen und mit der Ribiselmarmelade bestreichen. Den Rest der Masse gitterförmig über die Marmelade legen und die Torte im vorgeheizten Rohr bei 175 °C 60 Minuten backen. Vor dem Servieren mit Staubzucker bestreuen.

Germknödel

250 g	Mehl
10 g	Germ (Hefe)
3 EL	Öl
5 EL	Milch
2 EL	Zucker
1	Eidotter
1	Prise Salz
100 g	Powidl (Pflaumenmus)
2 EL	Rum
	Staubzucker
	Mohn

Mehl in eine Schüssel geben, in der Mitte eine Vertiefung formen. In diese Vertiefung Zucker mit dem zerbröselten Germ geben und mit warmer Milch übergießen. Die Schüssel zudecken und rund 20 Minuten rasten lassen. Anschließend alles kräftig vermengen und dann mit dem Dotter, dem Öl und einer Prise Salz vermengen. Den Teig solange bearbeiten, bis er glatt ist und sich vom Kochlöffel löst. An einem Ort in einer bedeckten Schüssel rasten lassen. In den Powidl den Rum einrühren. Den Teig ausrollen und in zehn Stücke teilen. Die Stücke flachdrücken und mit dem Powidl füllen. Daraus Knödel formen und in Salzwasser für rund 20 Minuten ziehen lassen. Haben Sie einen Dampfgarer, die Knödel im Wasserdampf ziehen lassen. Die Knödel mit Staubzucker und geriebenem Mohn bestreuen und dann servieren.

Dann möchte ich mich noch besonders bei Herrn Herwig Gasser, einem der besten Patissiers Österreichs, wenn nicht sogar Europas, sehr herzlich bedanken, dass er für dieses Buch ein tolles Rezept zur Verfügung gestellt hat. Seine Rezepte zeichnen sich dadurch aus, dass die Speisen hervorragend schmecken, aber sich nicht so stark auf die Figur schlagen. Sein wichtiger Tipp, dem ich nur zustimmen kann: Die besten Kreationen gelingen nur mit hochwertigen Produkten.

Maracujatorte
nach einem Rezept von Herwig Gasser, Chefpatissier der Patisserie Landtmann, Wien

Zutaten für eine Torte von 24 cm Durchmesser
Zubereitungszeit rund eine Stunde

Schokolade-Mandelboden:

Vorbereitung:
1 Tortenreifen von 24 cm Durchmesser mit Papier einschlagen oder den Boden einer Springform mit flüssiger Butter bestreichen und auf ein Backblech stellen.
Backofen auf 180° C vorwärmen.

Masse:

40 g	Bitterschokolade	im Wasserbad schmelzen.
60 g	Dotter (3 Stück)	mit
10 g	Feinkristallzucker,	
10 g	Rum	und
10 g	Vanillezucker	im Wasserbad zuerst warm, danach kalt und schaumig schlagen.
90 g	Eiweiß (3 Stück)	mit
20 g	Feinkristallzucker	zu einem festen, cremigen Schnee schlagen.
20 g	glattes Mehl	und
70 g	geriebene Mandeln	trocken vermengen, die flüssige Schokolade in das Dottergemisch rühren, Schnee, Mehl und Mandeln vorsichtig unterziehen und bei ca. 180 °C 25 bis 30 Minuten backen, die Höhe des Bodens beträgt 2 bis 3 cm.

Vorbereitung:
Schokolade-Mandelboden mit einem Tortenreifen umgeben.

Maracuja-Obers:

5 Blatt	Gelatine	mindestens fünf Minuten in kaltem Wasser einweichen.
3	Maracuja (Passionsfrüchte)	halbieren, mit einem Löffel die Kerne und das Fruchtfleisch ausschaben und in
200 g	Orangensaft	ca. zehn Minuten kochen, anschließend den Saft durch ein Sieb drücken, mit
140 g	Staubzucker	und dem Saft von
1/2	unbehandelten Zitrone	verrühren, die gut ausgedrückte Gelatine im warmen Maracujasaft auflösen und kühl (handwarm) rühren.
500 g	Obers	halbsteif schlagen und vorsichtig unterheben, das Maracuja-Obers in den Tortenreifen füllen und mindestens sechs Stunden kühl stellen.

Dekor:

200 g	Obers	halbsteif schlagen, mit 2/3 die Torte einstreichen, aus dem restlichen Obers Tränen aufdressieren.
100 g	Passionsfruchtmarmelade, passiert, mit	
10 g	Weinbrand	glatt rühren und die Obersträhnen damit ausfüllen, den Rand mit
	Mandeln	gehobelt und geröstet, bestreuen.

Das trauen Sie sich nie – von Molekülen und Gastronomie!?

Wenn ich schon ein Buch über die Physik und Chemie des Kochens schreibe, sollte ich auch die Molekulargastronomie erwähnen. Diese Richtung in der Kochtechnik ist neu, und sie liefert interessante und auch teilweise umstrittene Verfahren. Ich persönlich glaube, dass der Hype für dieses „neumodische Zeug" bald vorbei sein wird. Diese Art zu kochen hat einige bemerkenswerte Beiträge geliefert, aber ein ganzes molekulargastronomisches Menü ist vielleicht nicht nach jedermanns Geschmack. Dennoch möchte ich Ihnen in diesem Kapitel einige interessante Anwendungen näherbringen.

Bisher wurden Schäume nur durch Eischnee realisiert. Dieser Schaum hat den Nachteil, dass er noch gebacken werden muss. Es gibt aber auch Alternativen. Eine sehr einfache Art, die eigentlich noch zur klassischen Küche zählt, wäre der Milchschaum. Dafür nehmen Sie Geschmacksträger, zum Beispiel kleinwürfeligen Speck und etwas Zwiebel, und braten dies kurz an. Dann löschen Sie das Ganze mit Milch ab und kochen die Milch auf. Wenn die Milch ihre optimale Temperatur hat, also bei 60 °C, nehmen Sie einen Milchsprudler und schlagen Milchschaum. Dieser aromatisierte Schaum lässt sich dann wunderbar als Beilage zum Garnieren verwenden. Oder Sie „parfümieren" die Milch mit etwas Parmesan. Auch dieser Schaum ist eine willkommene Abwechslung zu einem Nudelgericht.

Um den Laien den Zugang zur Molekulargastronomie zu erleichtern, gibt es nun eine Firma, die alle Chemikalien für diese neuen Techniken anbietet. Unter der Webpage *www.diegenussformel.at* finden Sie dazu einen Link. Es gibt sogar schöne, nette Bausätze, wo alles inkludiert ist, um sich am Anfang ein wenig zu spielen. Das Ganze ist zwar nicht besonders billig, aber man kommt lange damit aus, wenn man nicht gleich für ein paar hundert Personen kocht.

Möchten Sie etwa besonders stabile Schäume schaffen, so nehmen Sie sieben gestrichene Dosierlöffel (gibt es ebenfalls bei besagter Firma) Celluzoon und lösen es in 100 Milliliter warmem Wasser auf. Dieses Celluzoon ist eine spezielle Zelluloseart. Die Zellulose ist vergleichbar mit dem Kollagen, allerdings ist sie pflanzlichen Ursprungs. Zu dieser Lösung geben Sie nun eine beliebige Flüssigkeit, die Sie aufschäumen möchten. Die Flüssigkeitsmenge sollte rund 0,9 Liter betragen. Damit der Schaum besonders stabil wird, fügen Sie noch vier gestrichene Dosierlöffel Xanthazoon (das ist Xanthan, ein Verdickungsmittel, das Sie sicher auch schon verzehrt haben) zu der Mischung. Optimalerweise gibt man diese Flüssigkeit in eine Espuma-Flasche. Nachdem die Flüssigkeit auf Kühlschranktemperatur abgekühlt ist, können Sie beginnen, ihre Schäume auf den Speisen zu verteilen.

Besonders spektakulär ist die Herstellung von Kaviar oder von flüssigen Kugeln. Dazu benötigt man das Geliermittel Algizoon. Dabei handelt es sich um Zellwände von Braunalgen. Sie nehmen vier gestrichene Dosierlöffel Algizoon auf 120 Milliliter Wasser. Das Ganze wird verrührt, und am besten lässt man es noch ein paar Stunden stehen. Dann verschwinden die letzten Luftblasen. Diese Mischung verrühren Sie mit 240 Milliliter Saft oder Likör. In einer anderen Schüssel löst man fünf gestrichene Dosierlöffel Calazoon in 130 Milliliter Wasser auf. Dabei handelt es sich um Calcium-Laktat, einem Calciumsalz der Milchsäure.

Möchten Sie Likörkaviar herstellen, so ziehen Sie Ihre Likör- oder Saftmischung in einer 50 ml-Spritze auf und lassen die einzelnen Tropfen in das Calazoon-Bad tropfen. Nach rund 30 Sekunden sollten Sie diese kleinen Tropfen herausholen – am einfachsten mit einem Teesieb. Die Kügelchen kurz mit kaltem Wasser abspülen und servieren. Greifen Sie zu dunklem Johannisbeerlikör, so sieht dies täuschend echt aus – am besten auf weißem Joghurt serviert.

Wollen Sie flüssige Kugeln herstellen, nehmen Sie einen Teelöffel und geben etwas von der Saft-Likörmischung darauf. Dann tauchen Sie den Löffel mit dem Saftgelee in das Calciumbad und drehen den Löffel vorsichtig um. Es löst sich ein großer Tropfen vom Löffel. Ebenfalls nach rund 30 Sekunden fischen Sie die Tropfen heraus und spülen sie mit Wasser ab. Sobald Sie einen solchen Tropfen im Mund haben, glauben Sie, dass es sich um ein Gummibärchen, allerdings mit einem anderen Geschmack, handelt. Beißen Sie jedoch hinein, so zerplatzt der Tropfen, und der flüssige Inhalt ergießt sich über die Zunge. Diese Drops sind besonders eindrucksvoll in einem Glas Sekt.

Was passiert dabei? Durch das Calciumbad beginnt das Saft-Likörgel sofort zu gelieren.

Mit diesen Effekten kann man natürlich beeindrucken, aber nur wenn sie maßvoll eingesetzt werden, zum Beispiel bei einem Aperitif oder als kreative Beilage. Aber Vorsicht, das Ganze funktioniert nicht mit besonders säurehaltigen oder stark alkoholischen Getränken – Liköre sind optimal.

Eine neue Möglichkeit besteht im Frittieren ohne Fett. Man nimmt 300 Gramm Trehalose-Zucker (erhält man in der Apotheke, vielleicht auch einmal im Supermarkt) und 100 Gramm Wasser und erhitzt beides. Dabei entstehen Temperaturen von rund 120 °C. Damit kann man schon frittieren. Der Vorteil dieses Zuckers besteht darin, dass es zu keiner Karamellisierung kommt. Der Nachteil ist aber auch, dass keine Maillard-Reaktion einsetzt. Trotzdem kann man damit Faschingskrapfen herausbacken, diese sehen jedoch ziemlich blass aus. Fettfreies Frittieren hat schon etwas, und keine Angst: Das Frittierte schmeckt nicht besonders stark nach Zucker.

Die letzte Möglichkeit besteht in der Verwendung von Alkohol. Man nimmt zwei Eier und vier Stamperl (österreichische umgangssprachliche Bezeichnung für ein Schnapsglas mit 4 cl Füllinhalt) höchstprozentigen Schnaps – mindestens 60 Prozent, besser sind 80 Prozent – und gießt ihn über die Eier. Sie müssen nur mehr umrühren, und schon ist die Eierspeise fertig. Allerdings schmeckt eine kalte Eierspeise nicht wirklich gut. So empfehle ich, das Ganze zu flambieren. Vielleicht gibt man vorher noch etwas Zucker dazu und ein paar Rumfrüchte – es ist sowieso schon egal. Durch den Alkohol beginnen die einzelnen Eiweißmoleküle zu denaturieren. Wichtig: Bitte verwenden sie keinen Stroh-Rum. Ich schätze diesen zwar sehr bei anderem Backwerk, aber die Farbe, die dann die Eierspeise annimmt, ist wirklich nicht jedermanns Sache.

Man kann aber auch Fische mit Alkohol zubereiten. Einfach ein paar Filets nehmen, in eine Glasschüssel legen und ebenfalls mit Alkohol übergießen. Noch einige Gewürze und Kräuter dazugeben, und nach rund vier Stunden im Kühlschrank sind die Fischfilets fertig gegart – ganz ohne Wärme.

Nun, es handelt sich um neue Ideen, und manches schmeckt wirklich gut, während man auf anderes verzichten kann. Ich glaube, man muss nur wissen, wo man es einsetzt. Wie hatte es schon der alte Paracelsus formuliert: „Auf die Dosis kommt es an."

Rezepte zu diesem Kapitel

Frozen Florida, nach einer Idee von Nicholas Kurti
1 Becher	aus Windgebäck (so wie sie für Indianer verwendet werden)
1 Scheibe	aus Windgebäck
2 EL	Marmelade
1 KL	Likör (sollte dem Aroma der Marmelade entsprechen)
	Speiseeis, nach Belieben

Die Marmelade mit dem Likör vermengen, in den Becher aus Windgebäck füllen und auf die Scheibe aus Windgebäck stellen. Das Ganze mit dem Speiseeis überziehen und mehrere Stunden im Gefrierschrank rasten lassen. Rund 10 bis 20 Sekunden bei höchster Leistung im Mikrowellenherd erhitzen und sofort servieren.

Die Marmelade im Inneren wird sehr heiß, während das Eis nicht schmilzt. Der Grund dafür ist einfach. Die Mikrowellen können das Wasser im Eis nur sehr schwer erhitzen, aber die noch flüssige Marmelade kann erwärmt werden. Also warnen Sie Ihre Gäste vor dem heißen Inhalt.

Frozen Florida, schnelle Version
   Früchte aus dem Rumtopf
   Speiseeis

Die Früchte aus dem Rumtopf werden mit Speiseeis umhüllt. Es sollten kleine Knödel entstehen. Das Ganze für rund eine Stunde in den Gefrierschrank stellen. Nachdem das Eis wieder durchgefroren ist, die Knödel in den Mikrowellenherd geben und für ein paar Sekunden bei höchster Leistung erwärmen. Wichtig ist bei diesem Rezept, dass die Knödel nicht durchgefroren sind – die Rumfrüchte sollten, wenn sie aus dem Gefrierschrank kommen, immer noch weich sein.

Baked Alaska, Omelette Surprise
1	Tortenboden aus hellem Biskuit
2	Dotter
100 g	Kristallzucker
4	Eiweiß
1 KL	Zitronenzeste
	Mark einer Stange Bourbonvanille
1 Prise	Salz
250 g	Speiseeis, nach Belieben

Auf ein Backblech, ausgelegt mit Backpapier, den Tortenboden legen. Eiklar mit dem Zucker und der Prise Salz zu festem Schnee schlagen. Die Zitronenzeste, das Vanillemark und den Dotter in die Eischneemasse einrühren. In die Mitte des Tortenbodens das Eis stellen. Die Eischnee-Dotter-Masse über das Eis gießen und mit einem Löffel schön drapieren. In das Backrohr bei 220 °C, bis die Oberfläche der Eischnee-Dotter-Masse zart braun wird. Dies dauert rund fünf bis zehn Minuten. Danach mit Staubzucker bestäuben und sofort servieren.

Omelette Surprise für Feige
	Biskuitteig, fertig gebacken, rund 2 cm stark
2	Dotter
100 g	Kristallzucker
4	Eiweiß
1 KL	Zitronenzeste
	Mark einer Stange Bourbonvanille
1 Prise	Salz
250 g	Speiseeis, nach Belieben

Auf ein Backblech, ausgelegt mit Backpapier, eine Scheibe aus dem Biskuitteig legen. Eiklar mit dem Zucker und der Prise Salz zu festem Schnee schlagen. Die Zitronenzeste, das Vanillemark und den Dotter in die Eischneemasse einrühren. In die Mitte des Tortenbodens das Eis stellen und mit dem restlichen Biskuitteig umhüllen. Die Eischnee-Dotter-Masse über das Eis, das nun durch den Biskuitteig geschützt ist, gießen und mit einem Löffel schön drapieren. In das Backrohr bei 220 °C, bis die Oberfläche der Eischnee-Dotter-Masse zart braun wird. Dies dauert rund fünf bis zehn Minuten. Danach mit Staubzucker bestäuben und sofort servieren.

Die Genussformel

Für uns Physikerinnen und Physiker ist es wichtig, alles in Formeln zu fassen. Das ist nicht nur eine dumme Angewohnheit, denn nur dadurch sind wir in der Lage, Dinge vorauszuberechnen. Hätten wir eine Formel, die den Genuss beschreibt, so könnten wir uns ausrechnen, ob uns diese Speise überhaupt schmecken wird, oder ob es besser ist, einfach nur zu Brot und Wasser zu greifen. Umgekehrt können wir auch versuchen, das Optimum der Formel zu finden. Dadurch können wir den Genuss optimieren, und ich behaupte, dass wir dies jeden Tag durchführen.

Wenn wir es uns jeden Tag leisten könnten, so würden wir immer nur das Beste konsumieren. Aber ganz so einfach ist es auch nicht. Jeder kennt den Spruch: „Nichts ist schwerer zu ertragen als eine Reihe von guten Tagen." Bekommen wir jeden Tag unsere Leibspeise vorgesetzt, so werden wir diese bald verabscheuen. Also ist Abwechslung ein ganz wichtiger Faktor. Natürlich haben auch noch andere Faktoren, wie zum Beispiel der Hunger, einen wichtigen Einfluss. Sind wir hungrig, so essen wir fast alles, und es wird uns schmecken. Plagen uns Sorgen oder sind wir in Euphorie, so wird uns dieselbe Speise anders schmecken. Am einfachsten sollte man aber einmal nur eine Speise losgelöst vom Vortag und der persönlichen Empfindung beschreiben.

Es gibt den Mama-Faktor f_M. Bei der Mama schmeckt es einem am besten. Dieser Faktor beschreibt den Sozialisationsfaktor. Wenn wir in unserer Kindheit mit gebackenen Ameisen groß werden, werden wir diese auch gerne im Alter verspeisen. Im deutschsprachigen Raum ist zum Beispiel der Käse ein begehrtes Lebensmittel. Es ist aber sehr schwierig, in Japan guten Käse zu bekommen. Der Grund ist ganz einfach. Die Japaner halten Käse für verschimmelte Milch. Sie ekeln sich vor Käse. Hier wäre der Mama-Faktor dann $f_M = -1$, während er in Mitteleuropa zumindest $f_M = 0$, das wäre neutral, oder sogar $f_M = +1$, hoher Genuss wäre. Der Mama-Faktor f_M beschreibt den Genuss $f_M = +1$ bei einer Speise aus der Kindheit oder das Ekelgefühl $f_M = -1$, das wir erlebt hatten. Liegt der Mama-Faktor bei null, so bedeutet dies, dass diese Speise keinen Eindruck auf uns hinterlassen hat.

Zusätzlich gibt es noch den Erlebnisfaktor f_E. Wir sind natürlich nicht nur vom Elternhaus geprägt, sondern wir erleben auch später noch Spannendes, darunter Speisen, an die wir vorher nie gedacht haben. Ich denke an einen lieben Freund, der sicher kein Liebhaber von gesunden Lebensmitteln wie Salat ist. Aber in Südtirol bekam er einen Salat serviert, von dem er mir heute noch vorschwärmt. Für den Erlebnisfaktor f_E gilt, dass neue Erfahrungen positiv bewertet werden, maximal mit $f_E = +1$. Wenn die Speisen verdorben waren und ein negatives Erlebnis dargestellt haben, gilt $f_E = -1$. War das Erlebnis nur Nahrungszufuhr, ohne großes emotionelles Erleben, gilt $f_E = 0$. Diese beiden Faktoren, der Mama-Faktor und der Erlebnisfaktor, können beliebige Werte zwischen −1 und +1 annehmen. Zusammen schließen sie einander aber aus. Man kann nicht bei der Mama eine tolle Speise erhalten haben, um 20 Jahre später in Hongkong die gleiche Speise noch einmal als etwas Besonderes zu erleben.

Für den Genuss G gilt somit vorläufig:

$$G = (1 + f_M) \cdot (1 + f_E)$$

Welche Einflüsse haben wir noch, die den Genuss beeinflussen? Betrachten wir einmal die Beilagen auf einem Teller. Im Durchschnitt gibt es zwei Beilagen, die wir mit der Hauptspeise konsumieren. Sogar bei Frankfurter Würstel gibt es zwei zusätzliche Geschmacksrichtungen, den Senf und den Kren. Mit dem Brot oder dem Semmerl und den Würsteln haben wir vier verschiedene Geschmacksrichtungen. In den seltensten Fällen haben wir mehr Geschmacksrichtungen. Normalerweise sind es drei Hauptgeschmacksrichtungen. Stellen wir uns als Hauptspeise einen Teller mit Reis vor. Der erste Bissen schmeckt sicher gut, der zweite ist auch noch in Ordnung. Aber beim dritten Bissen wird es schon fad. Also können wir sagen, dass eine zu kleine beziehungsweise eine zu große Anzahl von Geschmacksrichtungen für den Genuss eher hinderlich sind. Am Teller dürfen rund drei Geschmacksrichtungen sein, während zwei beziehungsweise vier Geschmacksrichtungen auch noch in Ordnung sind. Aber eine Geschmacksrichtung oder mehr als fünf Geschmacksrichtungen auf einem Teller stellen ein Problem dar. Dieser Zusammenhang zwischen dem Genuss und der Anzahl der Geschmacksrichtungen n lässt sich am besten mit einer Gauß-Kurve beschreiben:

$$A_{GR} = e^{-\frac{(n-3)^2}{\Delta}}, \quad \text{wobei für } \Delta \text{ gilt:} \quad \Delta = -\frac{4}{\ln \frac{1}{3}} = 0{,}2746$$

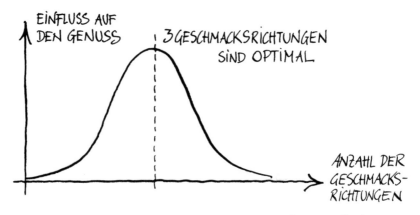

Der Einfluss der Anzahl der Geschmacksrichtungen auf einem Teller hat einen Einfluss auf den Genuss. Optimal sind drei Geschmacksrichtungen. Dies kann man durch eine Gauß-Kurve modellieren.

In das n setzt man die Zahl der unterschiedlichen Geschmacksrichtungen ein, und Δ (Delta) gibt an, wie stark die Gauß-Kurve abfällt. Bei vier Geschmacksrichtungen auf einem Teller werden wir nur mehr ein Drittel des maximal möglichen Genusses wahrnehmen.

Die Geschmacksrichtungen sind eines, aber was ist mit der Aromavielfalt? In einem großen Teil dieses Buches wurde erläutert, wie man den Lebensmitteln Geschmack verleihen kann. Das sollte man natürlich auch in der Genussformel berücksichtigen. Viele Aromen entstehen durch die Maillard-Reaktion. Wir würden in einer traurigen Welt leben, gäbe es keine Aromen, die durch die Maillard-Reaktion verursacht werden. Damit müssen wir die Temperatur der Speise, die zubereitet wurde, ebenfalls berücksichtigen. Erst ab 140 °C setzt die Maillard-Reaktion ein. Aber ab 180 °C beginnt das Lebensmittel, wenn es nicht ausgiebig gekühlt wurde, zum Beispiel mit dem Bestreichen von Butter, zu verkohlen. Also haben wir einen kritischen Bereich von 140 °C bis 180 °C, der für viele zusätzliche Aromen sorgt. Die Anzahl der Aromen, die bei der Maillard-Reaktion entstehen, sind in erster Näherung proportional zur Temperatur. Diesen Zusammenhang kann man durch eine Fermifunktion darstellen:

$$A_{Maillard} = \frac{1}{e^{-0,3 \cdot T + 46} + 1} + 0,5$$

Ist die Temperatur T kleiner als 140 °C, so ist $A_{Maillard}$ sehr klein. Bei höheren Temperaturen steigt die Anzahl der Aromen. Wir müssen allerdings berücksichtigen, dass es Speisen gibt, die auch ohne Maillard-Reaktion schmecken – jedoch mit weniger Aromen. Dies wird durch den Wert +0,5 präsentiert. Dieser Teil berücksichtigt noch nicht, dass man bei Temperaturen von über 180 °C aufgrund von Verkohlung abbrechen muss, und dass dies dann dem Genuss schaden würde. Also muss man obige Formel durch eine inverse Fermifunktion beschränken:

$$A_{Maillard} = \left(\frac{1}{e^{-0,3 \cdot T + 46} + 1} + 0,5 \right) \cdot \frac{1}{e^{5 \cdot T - 900} + 1}$$

Der Genuss einer Speise hängt aber auch vom Faktor f_I ab. Persönliche Vorlieben müssen berücksichtigt werden. Ich persönlich mag gerne Ham and Eggs zum Frühstück. Leider entwickelte ich im Laufe der Zeit eine Allergie gegen einen Bestandteil von rohen Eiern. Der Mama-Faktor wäre hoch, die Zahl der Aromen wäre mit drei (Ei, Schinken und Brot) optimal, und durch die Maillard-Reaktion wäre auch dieser Wert groß. Trotzdem kann ich Ham and Eggs im klassischen Sinne nicht mehr essen. Der individuelle Genussfaktor ist hier $f_I = 0$. Umgekehrt ist er bei Schweinsbraten mit Knödeln sehr hoch: $f_I = 2$. Neutrale Speisen hätten keinen Einfluss auf den Genusswert, hier wäre $f_I = 1$.

Warum werden eigentlich in Lokalen das Wiener Schnitzel mit Kartoffelsalat oder Fleischlaibchen mit Kartoffelpüree angeboten und nicht umgekehrt? Ich habe noch nie auf einer Speisekarte ein Wiener Schnitzel mit Kartoffelpüree gefunden. Der Grund dürfte ganz einfach sein. Stellen Sie sich eine wunderbare

Creme auf einem flaumigen Tortenboden vor. Sie nehmen sich ein Stückchen Torte, und es zergeht wie Butter auf der Zunge. Auch der nächste Bissen ist ein wahres Gedicht, aber auf einmal knirscht es, und Sie sind ganz verblüfft. Ein kleines Schokostückchen hat sich in die Creme verirrt. Natürlich ist Schokolade auch etwas Feines, aber das taktile Gefühl rechnet nicht damit. Die einzelnen Speisen auf einem Teller sollten ungefähr die gleiche Konsistenz besitzen. Der Saft zum Schweinsbraten dient hier ausschließlich einer Aromatisierung. Die aromatisierenden Beigaben, wie Senf, Saft oder Saucen, werden hier nicht berücksichtigt. Die Viskosität beziehungsweise die Konsistenz der einzelnen Beilagen und der Hauptspeise sollte ungefähr gleich groß sein.

Dies kann durch folgenden Zusammenhang ausgedrückt werden:

$$K = \prod_{\{k_n, k_m\}} e^{-(k_n - k_m)^2},$$ wobei die einzelnen k_i's die Viskositäten der i-ten Beilage angeben.

Ein Wert von $k_i = 1$ bedeutet, dass die Beilage knackig ist, während ein Wert von $k_i = 0$ eher eine Flüssigkeit beschreibt.

Für den Genuss ist es wichtig, dass sich auch Aromen nicht gegenseitig schlagen. So schätze ich Knoblauch und Zimt sehr, aber Zimt und Knoblauch zusammen stellen keinen Genuss dar. Betrachten wir der Einfachheit halber vier unterschiedliche Aromen:

		Knoblauch A_1	Schokolade A_2	Zimt A_3	Apfel A_4
Knoblauch	A_1	–	0,1	0,2	0,5
Schokolade	A_2	0,1	–	1,6	0,8
Zimt	A_3	0,2	1,6	–	2
Apfel	A_4	0,5	0,8	2	–

Auch hier haben wir nur Werte von 0 bis 2, wobei $A_i = 0$ nicht besonders schmeckt, während $A_i = 2$ einen großen Genuss darstellt. Hier haben wir unterschiedliche Aromen und ihre Wechselwirkung auf den Geschmack dargestellt. So liefert die Kombination Knoblauch mit Schokolade nur einen geringen Wert, während sich Zimt mit Apfel sehr gut verträgt. Diese Tabelle ist leider individuell, aber man kann sich ungefähr ein Bild machen. Der Zusammenhang als Formel würde dann lauten:

$$f_{\text{Aroma}} = \prod_{\{A_m, A_n\}} f_{A_M A_N}$$

Zu jeder Kombination $A_m A_n$ von zwei Aromen A_m und A_n existiert ein Wert, der angibt, ob sich zwei Aromen gegenseitig befruchten, $f_{\text{Aroma}} > 0$, oder ob man lieber die Finger von dieser Kombination lassen sollte: $f_{\text{Aroma}} = 0$. Damit hätten wir für die Genussformel in der ersten Näherung folgenden Zusammenhang:

$$G = (1 + f_M) \cdot (1 + f_E) \cdot e^{-\frac{(n-3)^2}{\Delta}} \cdot \left(\frac{1}{e^{-0,3 \cdot T + 46} + 1} + 0,5 \right) \cdot$$

$$\frac{1}{e^{5 \cdot T - 900} + 1} \cdot f_1 \cdot \prod_{\{k_n, k_m\}} e^{-(k_n - k_m)^2} \cdot \prod_{\{A_m, A_n\}} f_{A_M A_N}$$

wobei für Δ gilt: $\Delta = 0,2746$

Na, dann rechnen Sie sich einmal aus, welchen Genuss das heutige Abendessen dargestellt hat! Wir, Kollegin Natascha Riahi und meine Wenigkeit, haben uns mit dieser Formel ein wenig gespielt, und tatsächlich lieferte sie für unsere jeweiligen Lieblingsspeisen und auch für Speisen, die vor allem Kollegin Riahi nicht mag, gute Werte. Mein Problem besteht eher darin, dass ich fast alles mag, während natürlich manche Speisen einen größeren Genuss darstellen als andere.

Wie man an der Formel leicht erkennen kann, liegt der unterste mögliche Wert bei $G = 0$. Dieser Wert bedeutet aber noch nicht

Ekel, sondern nur, dass diese Speise keinen Genuss bietet. Es sollte je keine Ekelskala geschaffen werden. Jetzt wäre es freilich auch noch toll zu wissen, welche Speise den absolut größten Genusswert besitzt. Da muss ich Sie leider enttäuschen. Die Werte, welche die Genussformel liefern kann, sind nach oben offen. Damit ist theoretisch ein unendlich großer Genuss möglich. Diesen gilt es nun zu finden.

Was aber passiert, wenn wir eine solche Speise zu uns nehmen? Betrachten wir das menschliche Gehirn. Es gibt einen Bereich, der ausrechnet, wie gut eine Entscheidung ist, die wir gerade getroffen haben. Diese Berechnung findet aber noch zu einem Zeitpunkt statt, wo die Entscheidung noch nicht umgesetzt wurde. Dann gibt es ein Ergebnis: War die Entscheidung gut oder schlecht? War die Entscheidung schlecht, so hat das für das weitere Vorgehen für dieses Gehirnareal keine Bedeutung mehr. Ist das Ergebnis genau so wie vorausberechnet, hat dies auch keinen Einfluss. Ist aber das Ergebnis besser als vorausberechnet, führt dies dazu, dass dieses Areal sich die letzte Entscheidung merkt. Ebenso entstehen übrigens Süchte. Die Entscheidung soll in einer ähnlichen Situation noch einmal genau so durchgeführt werden. Wir wissen, dass Menschen auf Nahrung süchtig werden können. Nun stellt sich die Frage, wie weit diese Formel mit dem Abbild im Gehirn übereinstimmt, oder ob es noch verborgene Parameter gibt. Dies werden die nächsten Jahre zeigen.

Natürlich sind wir uns im Klaren, dass diese Formel nur in erster Näherung die Wirklichkeit beschreiben kann. Diese Formel stellt den ersten Versuch dar, kulinarischen Genuss physikalisch zu beschreiben. Damit möchten wir die Leserinnen und die Leser nicht vom Kochen abhalten, sondern ganz im Gegenteil dazu führen, manche Sachen auszuprobieren, an die sie oder er nie im Traum gedacht hatte. Nur durch die Theorie und das Experimentieren können neue Universen des Genusses erschlossen werden.

Ich möchte mich sehr herzlich bei Frau Kollegin Natascha Riahi für das gemeinsame Entwickeln der Formel bedanken. Da ich selber Experimentalphysiker bin, greife ich gerne auf die Fachkompetenz einer Theoretischen Physikerin zurück. Danke auch für die persönliche Betreuung während des Schreibens an diesem Buch.

Damit wären wir bei den Danksagungen: Natürlich will ich mich bei all den Köchinnen und Köchen bedanken, die meinen Lebensweg begleitet haben. Besonders hervorheben möchte ich meine Mutter und meine beiden Großmütter, die zwar nie das Kochhandwerk gelernt haben, aber wussten, wie man den Kochlöffel schwingt. Auch darf ich an dieser Stelle nicht meinen Vater vergessen, der mir beibrachte, die Umwelt zu analysieren und zu beobachten und daraus die richtigen Schlüsse zu ziehen. Er erklärte mir auch, wie man eine Knacker richtig kocht. Ein großer Dank auch all jenen Köchinnen und Köchen, Kolleginnen und Kollegen, die mit Rat und Tat zur Seite standen, damit dieses Buch so umfangreich wurde. Lieber Verleger, auch dir und deinem Team gilt Dank. Nicht nur, dass du es mir ermöglicht hast, dieses Buch zu schreiben, sondern auch für die persönlichen Ratschläge und Kommentare.

Lexikon

Agar-Agar: Dabei handelt es sich um ein Geliermittel aus der Rotalge. Dieses Mittel besitzt eine hohe Gelierkraft.

Albumin: Dieses Eiweißmolekül stabilisiert den Schaum im Eischnee und im Milchschaum. Es ist ein Hauptbestandteil der Milch.

Aminosäuren: Alle Eiweißmoleküle bestehen aus Aminosäuren, die wie Perlen auf einer Kette aneinandergereiht sind. Die Reihenfolge der Aminosäuren bestimmt die Gestalt des Eiweißmoleküls.

Atome: Die komplette Materie besteht aus kleinen Teilchen – den sogenannten Atomen. Atome können sich durch ihre Eigenschaften unterscheiden – dies hängt mit der Anzahl der Elektronen in der Hülle zusammen. Für das Kochen sind die Atome per se nicht wichtig, sondern die Moleküle, die von Atomen gebildet werden.

Denaturierung: Die einzelnen Proteine sind wie Perlen auf einer Schnur aufgefädelt. Diese langen Moleküle können sich verdrehen und zu speziellen Strukturen falten. Durch die Denaturierung wird die kompakte Gestalt aufgegeben, und es kommt zu einer teilweisen oder vollständigen Änderung der ursprünglichen geometrischen Struktur eines Proteins. Eine Denaturierung wird zum Beispiel durch Temperaturänderungen oder auch eine Änderung des pH-Wertes hervorgerufen.

Diffusion: Die Moleküle eines Lösungsmittels (zum Beispiel Wasser) bewegen sich aufgrund der Wärme. Gibt man eine Substanz in das Lösungsmittel, die löslich ist, so verteilt sich die Substanz willkürlich im Wasser.

Eine Diffusion findet immer dann statt, wenn die Teilchenzahldichten von Ort zu Ort unterschiedlich sind, das heißt, dass es unterschiedliche Konzentrationen gibt. Beendet wird der Vorgang, wenn die Konzentration überall gleich groß ist.

Die Molekularbewegung beim Lösen einer Substanz nennt man Diffusion. Durch die Konvektion wird dieser Effekt weiter unterstützt. Wenn man einen Teebeutel sehr vorsichtig in ein Glas heißes Wasser gibt, kann man schön die Diffusion beziehungsweise die Konvektion beobachten. Die Diffusion ist unter anderem wichtig für das korrekte Zubereiten von Frankfurter Würsteln.

Emulgator: Emulgatoren sind besondere Moleküle, die aus drei Teilen bestehen. Ein Teil ist wasser-, der andere fettfreundlich. Der mittlere Teil verbindet die beiden anderen Teile. Emulgatoren, auch als Netzmittel bekannt, können Fetttröpfchen abkapseln und dann in Wasser schwimmen. Der umgekehrte Fall ist auch möglich.

Fleisch: In der Tradition spielen in der Wiener Küche Fleischspeisen eine wichtige Rolle (Tafelspitz, Backhendl, Beuschel usw.). Bei Fleisch – egal von welchem Tier – handelt es sich um Muskeln.

Fleischporen: Die Meinung, dass es Fleischporen gibt, die durch einen massiven Temperatureinfluss geschlossen werden, beruht auf einem Irrtum des Chemikers Justus von Liebig. Diese Fleischporen gibt es nicht. Mit einem einfachen Experiment kann man dies überprüfen: Ein Stück Fleisch wird bei sehr hoher Temperatur frittiert, dann legt man es auf den Teller. Nach ein paar Minuten nimmt man das Fleisch weg, und am Teller bleibt etwas Saft zurück. Wenn es Poren gäbe, die man verschließen könnte, dürfte es keinen Fleischsaft geben.

Gel: Ein Gel kann eine hohe Zähigkeit besitzen. Dafür sind lange, fadenförmige Moleküle verantwortlich. Diese Moleküle sind in der Flüssigkeit sperrig und behindern das Wasser an der Bewegung. Wir unterscheiden zwischen reversiblen und irreversiblen Gelen. Beim reversiblen Gel führt eine Erwärmung zum Lösen der Verbindungen zwischen den einzelnen Molekülen (Gelatine). Das Gel wird bei höheren Temperaturen wieder dünnflüssig. Beim irreversiblen Gel führt eine erneute Erwärmung oder auch Abkühlung nicht mehr zum Lösen der Verbindungen zwischen den Molekülen (Eierspeise).

Hefe (Germ): Die Zellen der Hefe haben einen Durchmesser von 5–10 µm. Sie vermehren sich durch den Prozess der Knospung optimal bei rund 30 °C. Bei Temperaturen über 45 °C beginnen die Hefen zu sterben. Durch Aufnahme von Stärke oder Zucker produzieren sie Kohlendioxid. Man kann Hefe in Form von gepresster Frischhefe oder als Trockenhefe kaufen. Die Trockenhefe ist nur entwässerte Hefe, die mit ein wenig Wasser wieder ihre vollen Backeigenschaften bekommt. Die Trockenhefe kann längere Zeit bei Raumtemperatur gelagert werden. Frischhefe sollte immer nur frisch verwendet werden, nach rund zwölf Tagen verliert sie ihre Triebkraft. Dies kann auch nicht durch eine höhere Dosierung wettgemacht werden.

Kasein: Das Kasein ist das wichtigste Eiweißmolekül der Milch. Es gibt verschiedene Arten, die sich durch den Aminosäureaufbau unterscheiden. Käse besteht praktisch nur aus Kasein, das in dieser Form geronnen ist. Kasein wird normalerweise nicht bei 100 °C denaturieren.

Kollagen: Kollagen ist ein Strukturprotein, das sich im Bindegewebe von Fleisch befindet. Das Bindegewebe umhüllt jede einzelne Muskelfaser. Gerade Knorpel, Sehnen, Bänder und Haut bestehen aus Kollagen. Die Kollagenfasern besitzen eine enorme Zugfestigkeit. Diese Zugfestigkeit führt zu der Zähigkeit von Fleisch. Erst durch längeres Kochen wird das zähe Kollagen in die weiche Gelatine umgewandelt. Diese Moleküle können sich aber auch bei Temperatureinfluss zusammenziehen. Dadurch wird Fleischsaft aus dem Fleisch herausgepresst.

Konvektion: Auch als Wärmeströmung bezeichnet. Die Konvektion ist ein sehr wichtiger Effekt für das Kochen mit Flüssigkeiten. Die Strömungsvorgänge werden durch lokale Temperatur- und Dichteunterschiede ausgelöst. Warme Luft steigt nach oben, kalte Luft sinkt ab. Durch diese Wärmeströmung wird meist mehr Wärme transportiert als durch andere Vorgänge. Es kommt auch zu einer gleichmäßigen Verteilung der Wärme. Bei dickflüssigen Speisen setzt die Konvektion erst ein, wenn zum Beispiel die Suppe ausreichend dünnflüssig ist – dies ist von der Temperatur abhängig. Durch das Umrühren – eine Form von künstlicher Konvektion – kann das Anbrennen (lokal entstehen Temperaturen von über 200 °C) verhindert werden. Die heißen Flüssigkeitsbereiche werden vom heißen Topfboden weggebracht und durch kühlere ersetzt. In den meisten Fällen wird eine Flüssigkeit durch die Konvektion bewegt, aber es können auch Gase sein. Gerade im Backrohr ist es heißer Wasserdampf, der für die Übertragung der Wärme verantwortlich ist. Im Heißluftherd sorgt ein Ventilator für eine zusätzliche Verteilung des Wasserdampfes beziehungsweise der heißen Luft im Backrohr. Damit können die Speisen gleichmäßiger erwärmt werden. Beim Grillen wird das Fleisch über die aufsteigende erhitzte Luft erwärmt – es ist nicht die Wärmestrahlung.

Kruste: Die Kruste entsteht dadurch, dass das Wasser auf der Oberfläche verdampft – aufgrund der hohen Temperatur (Wasser verdampft bei Temperaturen höher als 100 °C). Die Kruste entsteht nicht durch das Schließen von Poren – diese Poren gibt es nicht!

Lauge (Base): Eine Lauge ist ein Protonen-Fänger, er nimmt H$^+$-Ionen auf. Die Stärke der Lauge wird in pH gemessen (Konzentration der H$^+$-Ionen in Lösungen). Laugen schmecken nach Seife und haben für das Kochen wenig Bedeutung. Ausnahme: Milch ist leicht basisch.

Maillard-Reaktion: Durch die Maillard-Reaktion (benannt nach dem Arzt Louis Camille Maillard) bekommen die Speisen, bei einer Temperatur von über 140 °C, die richtige Würze. Bei hohen Temperaturen reagieren die Zucker- oder Stärkemoleküle und Aminosäuren miteinander, und es bilden sich Aromastoffe. Man sollte auch hier eher von Maillard-Reaktionen sprechen. Diese können unterschiedliche Ausprägungen besitzen – dadurch entstehen unterschiedliche Geschmacksstoffe. Die Reaktionen sind sehr komplex, und viele Details hat man bis heute noch nicht verstanden.

Mikrowellen: Mikrowellen sind elektromagnetische Wellen, genauso wie Radio-, Licht- oder auch Wärmestrahlung. Die Wellenlänge der Mikrowellen liegt bei exakt 12,5 Zentimetern in den Herden. Die Mikrowellen im Herd regen die Wassermoleküle zum Schwingen an – das führt zu einer Erhöhung der Temperatur. Die Strahlung dringt tief in das Gargut ein, wobei eine Erwärmung von innen her erfolgt. Dass nur Temperaturen von 100 °C entstehen können (es wird nur das Wasser erwärmt), ist der größte Vor- und Nachteil dieser Methode. Der Nachteil besteht darin, dass keine Maillard-Reaktion einsetzen kann – das heißt, es können keine zusätzlichen Geschmacksstoffe entstehen, umgekehrt kann auch nichts verbrennen.

Moleküle: Moleküle sind Verbände von mehreren Atomen. Die Moleküle können klein, groß, aufgerollt oder auch sehr lang sein. Längere Moleküle können unterschiedlich geformt sein. Meist liegen sie bei niederen Temperaturen als eine Art Knäuel vor, und bei höheren Temperaturen beginnen sie sich zu entfalten (denaturieren). Dadurch verändern sich die Eigenschaften der Speise. Die einzelnen Moleküle sind wiederum in der Lage, Verbindungen mit anderen Molekülen einzugehen. Wenn zum Beispiel Eiklar gerinnt, beginnen sich zuerst die Eiweißmoleküle zu entrollen. Dabei verbinden sich die entrollten Moleküle miteinander, und es entsteht ein relativ hartes Netz, weil sich die Wassermoleküle darin nicht mehr so gut bewegen können. Das Eiweiß ist geronnen. Moleküle spielen praktisch bei allen Kochvorgängen eine relevante Rolle. Die wichtigen Fragen lauten: Wann entrollt sich (denaturiert) ein Molekül? Unter welchen Bedingungen geht ein Molekül eine Verbindung mit anderen Molekülen ein? Ist diese Verbindung irreversibel – oder ist der Prozess umkehrbar?

Muskeln: Sie bestehen aus Zellen, die aus Eiweiß bestehen. Diese Zellen sind vom Bindegewebe umgeben. Dieses Bindegewebe besteht zu einem wesentlichen Teil aus Kollagen.

Osmose: Fleisch oder auch Gemüse besteht aus Zellen. Diese sind in der Regel von einer Membran umgeben, die zwar das Wasser in beiden Richtungen durchlässt, nicht aber bestimmte Stoffe, wie zum Beispiel Salz oder auch Zucker. Das Wasser ist aber bestrebt, dass die Konzentration der gelösten Stoffe im Inneren und im Äußeren gleich groß ist. Wenn also die Stoffe (Zucker oder Salz) nicht durch die Membran wandern können, so versucht das Wasser die Konzentrationsunterschiede auszugleichen. Dieser Effekt ist für das Kochen von Fleisch wichtig oder wenn Obst eingeweckt wird.

pH-Wert: Der pH-Wert ist ein Maß für die Stärke der sauren bzw. basischen Wirkung einer wässrigen Lösung. Er ist eine logarithmische Größe. Der Begriff leitet sich von potentia Hydrogenii (lat. potentia = Kraft; hydrogenium = Wasserstoff) ab.

pH < 7 entspricht einer Lösung mit saurer Wirkung.
pH = 7 entspricht einer neutralen Lösung.
pH > 7 entspricht einer alkalischen Lösung (basischen Wirkung).

Werden Säuren in Wasser gelöst, geben diese Wasserstoffionen H^+ ab und vermindern dadurch den pH-Wert. Werden dagegen Basen gelöst, geben diese entweder Hydroxylionen ab (NaOH), welche wiederum Wasserstoffionen H^+ binden.

Reaktion: Eine chemische Reaktion liegt vor, wenn sich Atome zu einem Molekül oder einzelne Moleküle miteinander verbinden oder sich trennen. Diese chemische Reaktion benötigt oder setzt Energie frei. Beim Kochen wenden wir Energie auf, sodass sich bestimmte Moleküle verbinden beziehungsweise manche Moleküle brechen. Wenn wir Mehl längere Zeit einem Temperatureinfluss aussetzen, dann bricht unter anderem ein spezielles Molekül – jenes, das für den typischen Mehlgeschmack verantwortlich ist. Unter Temperatureinfluss verbinden sich zum Beispiel die Eiweißmoleküle des Eiklars. Die Reaktionen sind meist von der Dauer des Temperatureinflusses und der Temperatur selbst abhängig.

Säure: Eine Säure ist ein Protonen-Donator (gibt H^+ ab). Die Stärke der Säure wird in pH gemessen (Konzentration der H^+-Ionen in Lösungen). Man unterscheidet zwischen starken und schwachen Säuren. Essig ist eine schwache Säure, während Tabascosauce eine hoch konzentrierte Essigsäure ist.

Temperatur: Die Temperatur ist ein Maß für die Wärme oder – anders ausgedrückt – für die ungeordnete Bewegung der einzelnen Moleküle. Diese besitzen unterschiedliche Geschwindigkeiten – manche sind langsam, manche sind schneller unterwegs.

Wichtig ist die sogenannte Durchschnittsgeschwindigkeit der einzelnen Moleküle. Bei niederen Temperaturen ist die Durchschnittsgeschwindigkeit gering, bei höheren Temperaturen groß. Trotzdem gibt es immer wieder Moleküle, die sich sehr schnell bewegen, und manche, die praktisch ruhen. Somit kann auch bei einer geringen Temperatur Wasser verdunsten – es braucht nur relativ lange dafür. Für die Temperatur ist nicht nur die Bewegung der einzelnen Moleküle wichtig. Die Moleküle können auch rotieren oder schwingen. Diese Rotationsenergie kann beträchtlich sein, und ihr Beitrag für die Temperatur ist nicht zu unterschätzen.

Es bestehen mehrere Möglichkeiten, die Temperatur zu messen. Mit einem Alkohol- oder Quecksilberthermometer wird die Ausdehnung von Flüssigkeiten in Abhängigkeit der Temperatur gemessen. Mit einem Bimetallthermometer wird die Ausdehnung von Festkörpern gemessen – sie befinden sich meist in den Bratenthermometern. (Durchaus zu empfehlen, aber leider etwas ungenau. Beim Einkauf ist zu beachten, dass das Thermometer die Temperatur in Grad Celsius anzeigt und nicht nur irgendwelche Symbole mit Rindern, Schafen usw.) Am besten misst man die Temperatur mit elektronischen Messgeräten. Sie sind sehr genau, und es gibt sie in den verschiedensten Ausführungen. Mit einem geeigneten Computer können auch die Temperaturen über einen größeren Zeitraum gemessen werden. Für den praktischen Hausgebrauch ist dies aber etwas übertrieben.

Viskosität: Unter der Viskosität versteht man die Zähigkeit einer Flüssigkeit. Die Zähigkeit wird durch die innere Reibung verursacht. Die Flüssigkeit widersetzt sich mit einer gewissen Kraft einer Formveränderung. Durch das Erwärmen von Flüssigkeiten entsteht die Konvektion. Warme Flüssigkeitsbereiche wollen aufsteigen, kalte möchten absinken. Durch eine zu hohe Viskosität wird dies verhindert. Man unterscheidet mehrere Arten von Viskosität: die dynamische und die kinematische Viskosität. Mit höheren Temperaturen werden Flüssigkeiten dünnflüssiger, die innere Reibung nimmt ab. Dieser Effekt ist für die Beschreibung von Saucen notwendig. Eine hohe Viskosität bedeutet Zähflüssigkeit.

Wärme: Wärme ist ungeordnete Molekülbewegung. Um die Temperatur eines Körpers zu erhöhen, ist Wärmeenergie (Wärme) notwendig. Sie dient der Vergrößerung der inneren Bewegungsenergie – das heißt, die einzelnen Moleküle bewegen sich schneller. Wärme kann auf verschiedenste Weise übertragen werden: durch Wärmekonvektion, Wärmeleitung und Wärmestrahlung. Im Unterschied zur Temperatur gibt die Wärme die gesamte Bewegungsenergie der einzelnen Atome oder Moleküle eines Körpers an, während die Temperatur zum Quadrat der Durchschnittsgeschwindigkeit proportional ist.

Wärmeleitung: Wärme strömt immer entlang eines Temperaturgefälles, und zwar umso stärker, je größer der Temperaturunterschied ist. Das heißt, ein Körper wird nicht von allein heißer oder kälter, er muss mit einem heißeren Körper oder mit einem kälteren Körper in Kontakt stehen. Wenn wir einen Topf mit Wasser auf eine heiße Herdplatte stellen, dann werden der Topf und das darin befindliche Wasser heiß. Warum? Die Herdplatte ist heißer als der Topf mit Wasser, die Moleküle der Herdplatte bewegen sich schneller als die Moleküle des Topfes. Dadurch, dass die Platte und der Topf miteinander Kontakt haben und die schnell bewegten Moleküle der Herdplatte die gering bewegten Moleküle des Topfes anregen, wird Wärme übertragen.

Streng genommen laufen hier zwei Wärmeleitungsprozesse ab. Zuerst werden die Moleküle des Topfes angeregt, und dann die Moleküle des Wassers beziehungsweise des Gargutes. Wenn sich die Moleküle nur schwer in Bewegung bringen lassen, werden sie als thermische Isolatoren bezeichnet (zum Beispiel Styropor oder Milchschaum). Umgekehrt leiten Metalle sehr gut die Wärme und werden gerne als Kochgeschirr verwendet. Kupfer und Silber wären exzellente Wärmeleiter, aber sie eignen sich nicht für das Kochen. Kupfer kann sehr giftige Substanzen bilden, und Silber (erhöhter Putzaufwand) liefert mit Eiprodukten einen unangenehmen Geruch – es bildet sich H_2S. Je besser der Kontakt zwischen der Herdplatte und dem Topf oder der Pfanne ist, desto besser können die Moleküle des Topfes angeregt werden – die Wärmeleitung findet effizienter statt. Prinzipiell gilt, dass Flüssigkeiten und Gase schlechte Wärmeleiter sind.

Wärmestrahlung: Die Wärme- oder auch Infrarotstrahlung spielt für das Kochen eine eher untergeordnete Rolle. Jeder Körper gibt in Form von elektromagnetischer Strahlung Wärme ab beziehungsweise können Körper auch durch diese Strahlung erwärmt werden. Dabei handelt es sich um elektromagnetische Strahlung, genauso wie Radio-, Licht- oder auch Mikrowellen. Diese Strahlungen unterscheiden sich nur in der Wellenlänge. So besitzt Wärmestrahlung eine Wellenlänge von $3 \cdot 10^{-5}$ Metern oder 30 Mikrometern. Die Strahlung wird in den oberen Schichten der Speise leicht absorbiert, und die Wärmestrahlung selbst kann nicht in das Innere der Speise dringen. Über die Wärmeleitung wird dann das Innere der Speise erwärmt.

Es kann leicht passieren, dass die Oberfläche der Speise zu stark erwärmt wird – die Oberfläche verkohlt. Viele glauben, dass im Backrohr hauptsächlich die Wärmestrahlung für die Erwärmung der Speisen verantwortlich ist. Dies stimmt nur zum Teil. Die Wärmestrahlung sorgt für das Verdampfen des Wassers auf der Oberfläche der Speise, und der Dampf ist dann der Hauptüberträger der Wärmeenergie (leicht zu beobachten beim Öffnen des Backrohrs).

Wasser: Eine geschmacklose, geruchlose Substanz, die in fester (Eis), flüssiger (Wasser) oder gasförmiger Form (Dampf) vorkommt. Wasser ist eine chemische Verbindung von Wasserstoff und Sauerstoff (H_2O). Viele Moleküle lösen sich leicht im Wasser.

Wörterbuch: Österreichisch-Deutsch

Achterl	Ein Achtelliter Wein, rot oder weiß
Backrohr	Backofen
Blaukraut, Rotkraut	Rotkohl
Christkindlmarkt	Weihnachtsmarkt
Eierschwammerl	Pfifferling
Einbrenn	Mehlschwitze
Erdapfel	Kartoffel
Faschiertes	Hackfleisch
Faschierte Laibchen	Frikadelle, Bulette, Klops, Fleischklößchen, Fleischpflanzerl, Hackplätzchen
Fisolen	grüne Bohnen
Fleischhacker, Fleischhauer	Metzger, Fleischer
Frankfurter Würstel	sind KEINE Wiener Würstchen
Fritatten	Suppeneinlage aus in feine Streifen geschnittenen Pfannkuchen
Germ	Hefe
Germteig	Hefeteig, Vorteig
Grammeln	Grieben
grüner Salat, Häuptlsalat	Blattsalat, Kopfsalat
Häferl	Tasse
Haschee	Mett
Heidelbeere	Blaubeere, Schwarzbeere
Hendl, Henderl	Hähnchen, Broiler, Poulet
Karfiol	Blumenkohl
Karotte	Möhre, Rübe

Kekse	Plätzchen
Krapfen	Berliner, Krapfen
Kren	Meerrettich
Krügerl	Dialektausdruck für einen halben Liter Bier
Knödel	Kloß
Kohl	Wirsing, Kohl
Kohlsprossen	Rosenkohl
Kutteln	Kaldaunen, Pansen
Lauch	Porree
Lungenbraten	Lendenbraten, Rinderfilet
Marille	Aprikose
Marmelade	Konfitüre
Orange	Apfelsine
Obers	Sahne
Packerlsuppe	Tütensuppe
Palatschinken	Pfannkuchen
Paradeiser	Tomate
Pfefferoni	Pfefferschote
Powidl	Pflaumenmus
Randl	Fettschicht
Ribisel	Johannisbeere
Rindsuppe	Fleischbrühe
Rote Rübe, Rauna	Rote Bete
Sauce	Soße, Tunke
Sauerrahm	Saure Sahne
Schlagobers	Sahne
Schlögel	Keule
Schwammerl	Speisepilz
Semmel	Brötchen, Weckerl
Semmelbrösel	Paniermehl
Staubzucker	Puderzucker
Stelze	Haxe
Sulz	Aspik
Surfleisch	Pökelfleisch

Tafelspitz	Unterschale, Unterspälte
Topfen	Quark
Vogerlsalat	Feldsalat, Nüsslisalat, Rapünzchen
Weißkraut	Weißkohl
Zuckerl	Bonbon
Zwetschke	Pflaume
Zwetschkenröster	Pflaumenkompott

Literatur

Franz S. Berger, Christiane Holler: Mutters Küche. Von alten Rezepten, jungen Köchinnen und vergangenen Zeiten, Wien 2000.
Herwig Gasser, Petra Schmidt: Neue Wiener Mehlspeisen, Mauerbach 2000.
Nicholas Kurti: But the Crackling is Superb: An Anthology on Food and Drink by Fellows and Foreign Members of The Royal Society of London.
Franz Maier-Bruck: Das große Sacher Kochbuch, Weyarn 1994.
Harold McGee: On Food and Cooking, Scribner Book Company 2004.
Michael Schuyt, Joost Elffers: Die Radieschenmaus im Käseloch, Köln 2000.
Thomas Vilgis: Die Molekül-Küche, Stuttgart 2006.
Robert Wolke: Was Einstein seinem Koch erzählte. Naturwissenschaft in der Küche, München 2004.

Anhang

Wichtige Temperaturen für die Zubereitung von Speisen

−196 °C	Bei dieser Temperatur wird Stickstoff flüssig. Dieses Element ist relativ billig, und man kann damit schnell Eis herstellen. Leider ist flüssiger Stickstoff nicht besonders leicht erhältlich.
−24 °C	Diese Temperatur erreicht man mit einem guten Gefrierschrank. Bei dieser Temperatur kann man Lebensmittel einfrieren beziehungsweise Eis zubereiten.
0 °C	Wasser gefriert.
4 °C	Wasser hat die geringste Ausdehnung.
40 °C	Manche Proteine (im Fleisch) denaturieren (verändern ihre Struktur).
45 °C	Das Bindegewebe von Fischen zieht sich zusammen.
ab 50 °C	Kollagen (Bindegewebe) beginnt sich zu lösen und bildet Gelatine.
ab 60°–65 °C	Das Bindegewebe von Säugetieren beginnt sich zusammenzuziehen.
ab 65 °C	Die meisten Proteine von Säugetieren verändern ihre Form (denaturieren).
65 °C	Die meisten Salmonellenstämme werden zerstört.
75 °C	Das Bindegewebe von Geflügel schrumpft.
76 °C	Alkohol verdampft.
80 °C	Kollagen wird zerstört.
82 °C	Hühnereiweiß (der Hauptanteil) wird hart und fest.
92 °C	Amylose, der bindende Bestandteil des Mehls, zerfällt.
100 °C	Wasser verdampft, in diesem Temperaturbereich arbeitet die Mikrowelle.
125 °C	Diese Temperatur herrscht im Druckkochtopf.
140 °C	Die Maillard-Reaktionen setzen ein, wenn Zucker, Stärke und ausreichend Aminosäuren vorhanden sind. Diese Reaktionen

	sind für das Entstehen der meisten Aromastoffe verantwortlich.
175 °C	Die meisten Aromastoffe entstehen durch die Maillard-Reaktionen.
200 °C	Krebserregende Stoffe entstehen – Verkohlung.

Die Werte in der Tabelle sind nur ungefähre Werte.

Wichtige Maßeinheiten beim Kochen

1 Teelöffel (TL), gestrichen voll, sind	3 Gramm Salz
	4 Gramm Zucker
	3 Gramm Kaffee/Kakao, gemahlen
	4 Gramm Mehl
1 Esslöffel (EL), gestrichen voll, sind	9 Gramm Salz
	15 Gramm Zucker
	10 Gramm Mehl, Brösel
	10 Gramm Öl
	15 Gramm Butter
	5 Gramm Kaffee/Kakao, gemahlen
1/8 Liter	8 Esslöffel
1 Messerspitze (MS)	ca. 1 Gramm
Eine Viertelliter-Tasse fasst	225 Gramm Butter
	185 Gramm Öl
	165 Gramm Grieß
	85 Gramm Haferflocken
	225 Gramm Wasser
	110 Gramm Mehl
	200 Gramm Staubzucker (Puderzucker)
	200 Gramm Reis
	185 Gramm Kristallzucker
	130 Gramm Salz

1 kg = 2 Pfund = 100 dag = 1000 g

Stichwortverzeichnis

Agar-Agar 283
Albumin 283
Alkohol 270, 288
Aminosäure 121, 283
Amylopektin 230, 252
Amylose 252
Anbrennen 60
Apfelkren 236
Aprikotieren 242
Aroma 75, 85, 122, 244, 276
Atom 41, 77, 283
Atombombe 125

Backen 242
Backhendl 164
Backpulver 258
Backrohr 19, 20, 134, 147
Baked Alaska 272
Baiser 251
Barbecue 181, 185
Base 286
Beef Tatar 37
Berliner Schnitzel 169
Biersauce 236
Bindegewebe 51
Biskuitteig 256
Blätterteig 47, 200
Blut 119, 232
Böhmische Knödel 39
Brandteig 257
Bratdauer 16, 133
Braten 20
    Esterházy-Rost- 171

    Hirsch- 38
    Schweins- 144, 169
Bratenthermometer 20
Brathuhn 165
Brotsäge 55
Butter 106, 131, 228

Canard à l'orange 172
Capsaicin 64
Cayennepfeffer 64, 66
Chaos 35, 58
Chili 64
Chili con Carne 67
Chilipulver 64
Conalbumin 75
Crêpe 253
Curie, Maria 27
Currywurst 201

Dampf 44, 92, 147, 176, 180, 212, 221
Demi-glace 232
Denaturierung 78, 119, 252, 283
Diffusion 191, 284
Dillsauce 235
Dokumentation 16
Dotter 75, 100, 249
Dressing
    French 223
    Italian 223
    Thousand-Island- 222
Druck 178
Druckkochtopf 25

Dünsten 87
Durchfall 136

Ei(er) 21, 73
  -aufstrich 110
  Benedikt 109
  harte 84
  Kalk- 74
  -kocher 90
  -likör à la Natascha 112
  -pecken 88
  Rühr- 109
  Sauna- 76
  -schablone 83
  -schale 80, 90
  -schnee 243, 247, 254
  -speise 94, 270
  Spiegel- 92
  Sol- 202
  tausendjährige 87
  tausendjährige falsche 110
  verlorene 108
  weiche 79
Einbrenn 231
Ekel 280
Elektroherdplatte 18
Emulgator 284
Emulsion 100, 102, 105, 211
Ente mit Orangen 172
Entlastungssprünge 81
Erlebnisfaktor 274
Esterházy-Rostbraten 171
Experiment 23, 280
Experimentalgugelhupf 240

Fettsäure 129
Fisch 119, 136, 270
  -sauce 234
Fleisch 21, 28, 123, 284
Französische Zwiebelsuppe 67

French Dressing 223
French Paradox 130
Frozen Florida 271
frittieren 159, 270

Gans 151
  mit vier Geschmäckern 173
Gasherdplatte 18
Gasser, Herwig 265
Gel 284
Gelatine 52, 59, 230
Gemüse 180
Genuss 275
Germ 258, 285
  -knödel 264
  -teig 258
Geschmack 30
Geschmacksrichtungen 276
Geschmacksstoffe 60, 195
Gesetz vom letzten Bissen 34
Gewürze 17
Glasur, Schokolade- 244
Gluten 255
Grammelknödel 187
Grillen 181
Gugelhupf 237, 262
  Experimental- 240
Gulasch 48, 54, 68
  -knödel 188
  „Rapid" 215
  -suppe 46
Gupf 243
Gurkensauce 235

Habanero 66
Hascheeknödel 186
hart 29, 84, 184
Haussegen 32
Haussulz 69
Himalajasalz 98

Hirschbraten 38
Holstein-Schnitzel 168
Huhn
   auf Bier 166
   Hawaii 217
   in Aspik 70
   in Päckchen 170
   Rosmarin- 165
Hühnerhautchips 164
Hühnerkeulen 141
Hypothesen 16, 237

Italian Dressing 223

Jalapeño-Chili 66
Jesenko, Alexandra 244

Kalkeier 74
Kaninchen, in Folie 163
Karamell 259
Kartoffel 28, 46, 221
   -gulasch 60, 69
   -knödel 186
   Petersilien- 225
   -püree 221, 224
   -salat
      jüdisch 224
      klassisch 224
      mit Mayonnaise 224
Kasein 211, 285
Kekse 134, 259
Knacker 191
Knoblauch 146
Knödel 175
   Böhmische 39
   Germ- 264
   Grammel- 187
   Gulasch- 188
   Haschee- 186
   Kartoffel- 186

Leber- 161, 162
Marillen- 189
Semmel- 185
Topfen- 188
Welser 188
Wurst- 187
Zwetschken- 189
Knorpel 51
Kohlenwasserstoffmoleküle 78
Kollagen 51, 58, 119, 150, 285
Kondensieren 44, 92
Konvektion 175, 285
Kristall 245
Kruspeln 54
Kruste 144, 286
Kuchen 241
   Mikrowellen- 216
Kuh 124
Kurti, Nicholas 27, 141
Kuvertüre 245

Laborjournal 16
Lauge 286
Lebensmittelketten 22
Leber 119
   -knödel 161, 162
Lecithin 100
Liebig, Justus von 118
Linzer Torte 263
Livorno-Schnitzel 168
Luftblase 80

Mama-Faktor 274
Madeirasauce 233
Mahlgrad 97
Maillard, Louis Camille 121
Maillard-Reaktion 35, 57, 60, 121,
   128, 159, 251, 276, 286
Maracujatorte 265
Marillenknödel 189

Marmorgugelhupferl 214
Mayonnaise 99, 108
Mayonnaise ohne Eier 108
McGee, Harold 100, 182
Meersalz 97
Mehl 60, 230, 238, 242, 252
Meringues 251
Messbarkeit 18
Messer 55
Metmyoglobin 119
Mikrowelle 116, 205, 246, 286
Mikrowellenkuchen 216
Mikrowellen-Muffin 216
Milch 211
Milchschaum 268
Milch schäumen 213, 268
Molekül 77, 117, 128, 140, 252, 286
Molekulargastronomie 267
Mongolei 136
Morse, Solomon 126
Muffin 216
mürbe 29, 123, 152, 184, 255
Mürbteig 255
Muskel 287
Myoglobin 119, 227

Naga Jolokia 66
Nadel 142, 155
Netzmittel 284
Niedertemperaturverfahren 121, 139
Nockerl, Salzburger 254, 261
Nudel 178
Nullpunkt, absoluter 116

Ochsenaugen 92
Ochsenschlepp 58
Öl 178
   Maiskeim-, Oliven- 128
Omelett 73, 96, 252

Omelette Surprise 272
Opferwurst 191
Osmose 191, 195, 238, 287
Ostern 88
Ovalbumin 75
Ovomucin 75

Packerlsuppe 48
Palatschinke 253
Pancake 253
Panier 132
Papain 142
Papin, Denis 24
Pariser Schnitzel 167
Petersilienkartoffel 225
Pfeffer 17, 127
   Cayenne- 64, 66
Pfeffersauce 39
Piperin 127
Platzen 80
pH-Wert 74, 287
Poren 73, 86, 284
Preiselbeergelee 40
Püree 221

Radetzky, Feldmarschall 136
Rasten 150, 158
Rauchpunkt 131, 161
Reaktion 287
Riahi, Natascha 279
Rieselhilfe 97
Rindsbratensauce 232
Rindsroulade 203
roh 29, 123, 152, 184
Rosinengugelhupfproblem, Wiener 237
Rosmarin-Huhn 165
Rostbraten, Esterházy- 171
Rührei 109
Rumford-Suppe 26, 37

Sachertorte 262
Sahelzone 219
Salat 219
Salsa-Sauce 71
Salmonellen 87, 99
Salz 96, 145, 152, 178, 197, 219
   Himalaja- 98
   Meer- 97
   Salinen- 97
Salzburger Nockerl 254, 261
Sambal 66
Sämigkeit 59
Sandteig 255
Sauce 31, 99, 106, 227
   Bier- 236
   Bindung 228
   braune Grund- 232
   Choron 112
   Dill- 235
   Fisch- 234
   Gurken- 235
   Hollandaise 105, 111
   Kalbseinmach- 234
   Madeirasauce 233
   Maltaise 111
   Mousseline 111
   Paloise 112
   Rindsbraten- 232
   Tatar 110
   Vinaigrette 222
   Weinschaum- 236
   weiße Grund- 234
   Weißwein- 234
Sauerrahm 63
Saunaeier 76
Säure 80, 220, 287
Schälbarkeit 74
scharf 64
Schaum 250, 268
   -gebäck 251

Schinkenkipferl 204
Schmelztemperatur 245
Schmoren 138
Schnee 247
Schneiden 56, 146
Schnitzel 128
   Backrohr- 135
   Berliner 169
   Holstein- 168
   Livorno- 168
   Pariser 132, 167
   Parma- 167
   Wiener, das beliebtere 167
   Wiener, das Original 166
Schokolade 244
   -glasur 244
Schwefelwasserstoff 84
Schweinsbraten 144, 169
Scoville, Wilbur L. 65
SCU 65
Sehnen 51, 58
Semmelknödel 185
Senf 100
Sicherheitsventil 25
Siedeverzug 214
Silber 85
SI-System 13
Soleier 202
Spiegelei 73
Spinat 220
Spritze 142, 155
Statistik 139
Steak 117, 163, 181
Stelze 170
Steurer, Michael 238
Strudel 256
Sulz 50, 69
Suppe 194
   Französische Zwiebel- 67
   Gemüse- 200

Gulasch- 46
Hühner- 195, 199
Kalbsknochen- 198
Packerl- 48
Rind- 198
Rumford- 26, 37

Tabascosauce 66, 67
Tafelspitz 194, 198
Teelöffel 11
Teig 237, 241, 243
   Biskuit- 256
   Brand- 257
   Germ- 258
   Mürb- 254
   Sand- 255
   Strudel- 256
Temperatur 35, 42, 76, 116, 129, 208, 287
Theorie 280
Thermometer 19, 20, 139, 149
Thompson, Sir Benjamin Reichsgraf von Rumford 26
Thousand-Island-Dressing 222
Tomaten 103
Topfenknödel 188
Torte 20, 237, 241
   Linzer 263
   Maracuja- 265
   Sacher- 262
Trans-Fettsäure 131
Treibmittel 258
Tripelhelixstruktur 52

Verdampfen 44, 140
Viskosität 229, 238, 278, 288
Vorhersagbarkeit 18
Vorurteile 22

Wärme 41, 84, 288
   -kapazität 46
   -lehre 26
   -leitung 116, 147, 289
   -strahlung 116, 147, 182, 289
   -strömung 116
Wasser 41, 139, 290
   -bad 49, 106, 139
   -glas 74
weich 29, 123, 152, 184
Weinschaumsauce 236
Weißweinsauce 234
Wellen 206
Welser Knödel 188
Widerspruchsfreiheit 18
Wiederholbarkeit 18
Wiener Schnitzel 34, 127, 134
   beliebte Variante 167
   das Original 166
Wild 127
   -sauce 233
Windbäckerei 251
Winzerbissen 204
Wodka 65
Wurst 191
   Curry- 201
   im Schlafrock 200
   -knödel 187

Xanthan 268

zäh 29, 123, 152, 184
Zellulose 268
Zitronensaft 103
Zucker 121, 250, 260
   -Trehalose 270
Zwetschkenknödel 189
Zwiebel schneiden 56
Zwiebelsuppe, Französische 67